自滅への道
道路公団民営化 II

角本良平

流通経済大学出版会

まえがき
―小泉改革は自滅する　その先を考えよう―

　国民の希望をふみにじる政権は永続できない。2004年小泉内閣が到達した道路公団改革がそうである。国民が期待したのは4公団の負債の処理であり，自立経営の新会社であった。しかし，負債処理の具対策はなく，経営は官支配の上下分離となった。国民は次の改革を求め，政権交代をも考える。

　本書は小泉首相が改革を唱えて登場し，3年後にはこの結末に行き着いた経過を，前著（『道路公団民化　2006年実現のために』）に続いて記録し，将来に向かっての私見を述べる。

　上下分離は当初は「改革」をいう人が債務返済のために提唱し，それを改革反対派が投資継続の方式に転用した。第2年目に改革派がそれに制限条件を付けたものの，第3年目に政・官・業はそれを無視し，上下分離は45年継続とされてしまった。

　この動きの背景には時代の変化への甘い認識があった。日本道路公団は今も優良企業であり，自力でもなお投資ができる。それに国の直轄を加えれば20年間に高速道路は2千キロ建設が可能とされた。しかも民営化後45年間に40兆円の債務が完済されるとの楽観論であった。その後は有料道路は「無料開放」されるという。日本の人口が急減していくこの半世紀に対し驚くべき展望だったのである。

　しかも現実の実態がばれないように日本道路公団では財務諸表の隠蔽という不信行為が続いた。ついに改革派職員が立ち上がってその総裁の解任にまで世論を喚起したけれども，なお守旧派の上下分離政策を崩すまでには至らなかった。国土交通省と道路派議員勢力は，今も実態を示さないまま，法案を提出し，その形だけの民営化に「小泉改革」の名をかぶせた。

首相は新会社に経営の自主性を与えず，債務返済策もあいまいにしたまま，建設投資額の大幅削減だけを強調する。しかしその金額の枠では2千キロの建設は不可能である。またその上下分離方式は公団時代よりもさらに政官の干渉の強い非効率運営であろう。複数の意思が複雑にからみあいながら支配し，現業は無気力に沈滞する。負債の減少は望めず，国民は負担を拒否する側に回る。それを一つの理由にして政権の交代もおこりうる。すでに国民の6割は高速道路建設に反対なのであり，それを忘れてはならない。

　改革推進のためには法案審議においてその欠陥を摘発し，その体制成立後にはさらに改悪の実態を追及すればよい。この論難を第2幕，第3幕と続けることになる。

　本書はその過程への一こまとして2003年を中心に攻防の推移を取り上げ，著者の解決策を国鉄改革と対比しながら述べる。1990年代半ばからの努力はやっとここまで来て最後の一押しの段階なのである。他面，改革反対側の不合理と困難がさらに明白になってきた。

　著者が特に指摘したいのは，政府が一貫して主張し，民営化推進委員会も支持した「将来は無料」とする誤りである。経営の論理として将来無料の企業に自己責任と自主経営の効果は期待できない。この形態面の対策が基本の条件である。

　さらに自己責任と自主経営のためには過去債務（累積負債額）の規模が株式上場を可能にする程度でなければならない。これが実態面の条件である。幸い日本道路公団は，自力によって20年以内にその水準に到達できる可能性がある。国民はその可能性を生かせばよい。形態（制度）において永続の民間企業とし，実態においてもその能力をもたせる政策を取れば，公団問題の重要部分は解決する。もちろん上下分離は採用しない。

　今回の小泉改革案では高速道路投資と債務返済をめぐり，「責任の空白」が発生し，納税者はさらに大きな負担を課せられる。それだけは避けなければならず，将来に向かっては著者の以上の提言が唯一の解決である。

　ところで新会社が外国勢力に支配されては困るとの民営化反対論がありうる

けれども，それには対策を法律で決めておけばよい．

各章の内容は次のとおりである．
　　○小泉改革への期待と失望(序)
　　○進展のなかった2年間(Ⅰ)
　　○日本道路公団に改革派の戦い(Ⅱ)
　　○政権公約のウソ，政治への不信(Ⅲ)
　　○ウソの責任者を解任(Ⅳ)
　　○改革という名の虚構(Ⅴ)
　　○2004年，改悪の枠組み(Ⅵ)
　　○永久有料制による解決(Ⅶ)

ここで「ウソ」というのは「タテマエ」と「ホンネ」を使い分ける政・官・業の態度であり，改革論の中にもそれがないとはいえない．「上下分離」の下で株式上場が可能と唱えるのはその好例であり，首相も上場を前提に国の持株比率を論じている．しかし上下分離の企業に民間が興味を持つはずがない．そのような虚構を捨て，まず民営の名に値する実態を作ろうというのが本書の趣旨である．しかもそれを急がねばならない．JRの2社が完全民営化を10数年で達成しつつあるように，それくらいで改革を完成したいと考える．将来の無料化にこだわらず，有料制を永続するのであれば，日本道路公団はそれに応える能力を持つ．

20年以上先に解決を持ち越し，当面の対策になお権力を振るう利益追求は許すべきでない．

今回も多くの方の協力を得た．お名前は次の機会にゆずり，記して厚く謝意を表する．（文中の敬称は省略した．ご了承願いたい．）

2004年4月　著者

目　次

まえがき―小泉改革は自滅する　その先を考えよう―……………………ⅰ

序章　さらに赤字投資20年―「改革」の名の「改悪」―………………………1
　(1)　事実，動かない現実……………………………………………………1
　(2)　建設優先・上下分離の系譜3年間 ……………………………………3
　(3)　公団方式の限界…………………………………………………………6
　(4)　日本道路公団に民営の実態を与えるには……………………………8
　(5)　小泉改革はここが間違い………………………………………………10
　(6)　専制政治・独断主義は失敗する………………………………………11
　(7)　小泉改革に見る反改革の筋書き………………………………………12

第Ⅰ章　話の始まり―首相の「民営化」指示………………………………17
　1　「改革」立ち上げに2年間（2001年4月～03年4月）………………19
　　(1)　国民の期待と政・官・業の抵抗……………………………………19
　　(2)　2年間の成果―論点の摘出…………………………………………22
　2　数字がなかった委員会意見書……………………………………………23
　　(1)　民営化の本旨と首相出題の拙劣……………………………………23
　　(2)　情報隠蔽と委員会決裂………………………………………………26
　3　日本道路公団は独自の動き………………………………………………28
　　(1)　藤井総裁の戦略………………………………………………………28
　　(2)　藤井戦略の渦と流れ…………………………………………………31

第Ⅱ章　改革派OB・職員の死闘と言論界の支持（2003年5～9月）…………33
　1　激動激震―迫真の責任追及………………………………………………33
　　(1)　財務諸表の攻防8カ月………………………………………………33
　　(2)　5月：朝日新聞による情報隠蔽暴露………………………………34

(3)　6月：財務諸表の公表に不信拡大……………………………38
　　(4)　7月：片桐旋風……………………………………………41
　　　　〔補論〕　片桐論文の主張と影響……………………………41
　　(5)　8月：文春第2弾旋風…………………………………44
　　　　〔補論〕　情報隠蔽作業の実態解明……………………………46
　　(6)　9月：文春第3弾，公団本社の惨状………………………49
　　　　〔補論〕　日本道路公団の実情…………………………………50
　2　両派指導者(片桐と藤井)の長期対決……………………………54
　　(1)　3人の主役(小泉・藤井・片桐)………………………54
　　(2)　改革指導者としての片桐幸雄の経歴…………………………56
　　(3)　片桐の先見性—民営化を主張…………………………59
　　(4)　藤井の主張と計算—時代の変化を無視………………63
　　(5)　小泉の不決断，財務の可否は司法の場へ………………65
　　(6)　9月1日民事裁判の開始………………………………67
　　　　〔補論〕　国鉄改革に中曽根首相の役割………………………68
　3　内閣改造前は改革先送り……………………………………71
　　(1)　首相は任務を果たしたか………………………………71
　　(2)　公団総裁の経営方針と担当相の判断能力………………73
　　(3)　民営化推進委員会との関係……………………………73
　　(4)　首相の「真意」「着地点」………………………………74
　　(5)　行政も企業も専制政治—すべては停滞………………76

第Ⅲ章　改造内閣の登場……………………………………………79
　1　国民の不安に政治の遅れ……………………………………79
　　(1)　関心の盛り上がり………………………………………79
　　(2)　借金累増脱却の道の有無………………………………81
　　(3)　両党の「政権公約」………………………………………87
　　(4)　転換点に時間を急がぬ怠慢……………………………89

(5) 障害は小泉の人事能力……………………………………91
　2　「政権公約」をめぐる国会論戦 ………………………………92
　　(1) 首相演説に失望……………………………………………92
　　(2) 政治も野球も監督の腕……………………………………93
　　(3) 小泉・菅の対決（「無料化」論争）………………………95
　　(4) 小泉は「有料」「無料」のいずれか ………………………98
　　(5) 投資能力の限界を理解できない政治家たち……………99
　　(6) 「政権公約」にオオカミ少年の寓話……………………103
　3　新国交相への期待は幻滅に …………………………………105
　　(1) 責任者の人事 ……………………………………………105
　　(2) 「監査」に耐える財務諸表の欠如………………………106
　　(3) 10月2日国交省案（償還主義）は民主党案（無料化）に勝てるか ……106
　　(4) 以上の要約―永久有料制のすすめ ……………………110

第Ⅳ章　ようやく藤井解任 ……………………………………………113
　1　自ら招いた解任劇………………………………………………114
　　(1) 道路公団をめぐるタテマエとホンネ …………………114
　　(2) ホンネ摘発の片桐を告訴した公団の時代錯誤 ………115
　2　個人も体制も"落日" …………………………………………117
　　(1) 藤井「更迭」………………………………………………117
　　(2) 責任は国土交通省にもあった …………………………119
　　(3) 常に数字が決め手 ………………………………………120
　　(4) 解任の手続き ……………………………………………122
　　(5) 「聴聞」(10月17日)………………………………………124
　　(6) 建設続行への守旧派の企て ……………………………128
　3　国民の目は冷たく………………………………………………129
　　(1) 国鉄改革との比較 ………………………………………129
　　　〔補論〕　株主と経営者との関係（福井義高）………………131

(2) 解任の理由と今後の方向(私見) ………………………132
　　(3) 行政訴訟の脅かし ………………………………………135
　　(4) 総選挙が示した「国民の批判」 …………………………136
　4　藤井解任のその後 ……………………………………………138
　　(1) 藤井が意図していた「改革」 ……………………………138
　　(2) 国土交通省案は残った …………………………………140

第Ⅴ章　投資強行の策略 ……………………………………………141
　1　3年越しの論争 ………………………………………………142
　　(1) 民主党との張り合い ……………………………………142
　　(2) 今一つの伏線—公団対策をめぐるウソと党内対立 ……145
　2　総選挙に自民の退潮 …………………………………………150
　　(1) 出そろった4案—有料か無料か ………………………150
　　(2) 建設推進・返済軽視の国土交通省 ……………………156
　　(3) 高速道路整備計画に反対多数 …………………………158
　　(4) 資金収支の不安 …………………………………………159
　　(5) 民主党も準備不足 ………………………………………160
　　(6) 直感だけの両党党首 ……………………………………161
　3　建設いちずの自民党 …………………………………………162
　　(1) 依然9,342km ……………………………………………162
　　(2) 「上下分離」の恒久化—形だけの民営 …………………164
　　(3) 原点逸脱の政権を捨てよう ……………………………165
　　(4) 先が見えてきた11月下旬 ………………………………166
　　(5) 改革を骨抜き ……………………………………………167
　　(6) 高速道路の建設に3案提示(国土交通省) ………………168

第Ⅵ章　国破れて道路在り（国交省）……………………………171
　1　最後の模索と探り合い ………………………………………172
　　(1)　国交相石原の"変説" ……………………………………172
　　(2)　まやかしの石原提案は国民への裏切り ………………175
　　(3)　近藤総裁の「正論」は1週間 …………………………179
　　(4)　小刀細工の妥協案(12月5日報道) ……………………182
　　(5)　不可能に挑戦の人たち―料金条件が致命傷 …………184
　　(6)　自力の投資能力はゼロの現実 …………………………186
　　(7)　自民党の基本方針（12月10日）………………………189
　2　12月中旬は買いたたき ……………………………………190
　　(1)　首相の去就に注目 ………………………………………190
　　(2)　自民党案(12月12日)と首相指示(12月15日) ………194
　　(3)　12月17日首相指示 ……………………………………198
　　(4)　骨組みは存続・数字だけ修正の妥協(12月20日) …200
　　(5)　今後の行程 ………………………………………………202
　3　今一度，国鉄の教訓 ………………………………………205
　　(1)　小泉内閣への期待は終わった …………………………205
　　(2)　歴史はくりかえす ………………………………………206
　　(3)　改めて「民営化」の意味 ………………………………207
　4　12月下旬の「儀式」―自滅への道 ………………………209
　　(1)　首相は評価，2委員は辞任，国民は失望 ……………209
　　(2)　委員会はなぜ成功しなかったか ………………………212
　　(3)　「亡国の政治」は滅びる ………………………………213
　5　小泉改革の到達点 …………………………………………217
　　(1)　法案作成にも買いたたき ………………………………217
　　(2)　ついに「責任の空白」 …………………………………219
　　(3)　民営化4法案の印象 ……………………………………220

第Ⅶ章　展望と提言—「永久有料制」こそ唯一の解決 ………………223
　1　小泉改革への国民の評価と展望 ……………………………………223
　　(1)　評価項目への配点に間違い ………………………………………223
　　　　　政府・与党案の評価を巡る対立 ………………………………223
　　　　　評価視角の取り違え ……………………………………………225
　　(2)　残された2割が基本 ………………………………………………226
　　　　　《裏切られた盟友》田中委員長代理の印象的発言……………226
　　　　　政府・与党案は何点か …………………………………………228
　　(3)　当面の展望 …………………………………………………………230
　　　　　民営化推進委員会の空中分解＝終焉と小泉首相の人間性 ……230
　　　　　国会での論議 ……………………………………………………231
　　　　　道路公団の当事者としての対応 ………………………………233
　　　　　マスコミ，有識者等の反応 ……………………………………234
　　　　　小泉への幻想の消滅へ …………………………………………236
　　(4)　道路公団改革に国民の責任 ………………………………………237
　　(5)　「無責任」と「責任の空白」を解決しよう ……………………240
　　　　　不可能の計画は誰も責任を負えない …………………………240
　　　　　長期の資金計画は人間の能力を超える ………………………241
　　　　　唯一の解決 ………………………………………………………243
　　　　　開き直りに「枠組み」は崩壊 …………………………………244
　2　望ましい民営化への提言 ……………………………………………247
　　(1)　全体の枠組み ………………………………………………………247
　　　　　提言1　市場に依存・市場を活用 ……………………………247
　　　　　提言2　永久有料の堅持 ………………………………………249
　　　　　提言3　経営の基礎は財務の数字 ……………………………249
　　　　　提言4　地方にできることは地方で—新会社の体制 ………252
　　(2)　改革案の作り方 ……………………………………………………254
　　　　　大切なのは正攻法 ………………………………………………254

　　　　　学問にとらわれず …………………………………………255
　　　　　外国にもとらわれず …………………………………………257
　　　　　国民に通じる表現を …………………………………………258
　　　(3) 投資半減の時代 …………………………………………………260
　　　　　改めて「無料化」案の意味 …………………………………260
　　　　　もはや道路ではない …………………………………………261
　　3　本書の結論 ……………………………………………………………261
　　　(1) 国鉄改革の成功と失敗に学ぶ ……………………………………261
　　　(2) ただちに次の改革を ………………………………………………264

参考文献 ……………………………………………………………………………271

年表1　1949～2004年 ……………………………………………………………272
年表2　2002～2003年　財務諸表を中心に …………………………………274

図表目次
図
2 - 1　日本道路公団の3つの財務データ …………………………………39
3 - 1　有利子負債残高と平均利率(日本道路公団) ………………………82
3 - 2　2002年度の収入・支出(5兆3,728億円)(日本道路公団) ………84
3 - 3　2002年度収入・支出百分率比較(日本道路公団) …………………85
5 - 1　改革案をめぐる力関係(2003年11月) ………………………………143
5 - 2　交通量が予測より少ない場合の日本道路公団の経営見通し
　　　(2001年6月) ………………………………………………………146
5 - 3　時代の推移 ……………………………………………………………151
5 - 4　「公団方式」改革の類型 ……………………………………………154
5 - 5　返済資金の還流 ………………………………………………………163
5 - 6　上下分離における債務返済方式 ……………………………………164

6-1	民営化後の高速道路建設の枠組み	174
6-2	建設投資の評価方法	177
6-3	今後の高速道路の建設方法(妥協案の一例)	178
6-4	高速道路残りの路線の対策 (2003年12月22日)	210
7-1	道路投資額の推移(2000年価格)	251

表

1-1	道路公団改革の方針	19
1-2	高速道路(営業中)の収支	21
1-3	日本道路公団の負債と収入	22
2-1	日本道路公団が作成した貸借対照表	35
2-2	道路関係4公団の民間企業並み財務諸表の内容(2002年度)	38
2-3	企業会計方式による財務諸表(1999年度)	40
3-1	日本道路公団の諸元	81
3-2	国鉄の財務(1963〜1985)	86
3-3	計画高速道路の事業評価(全国各地域の例)	102
4-1	公団発表と幻の財務諸表比較	121
5-1	道路公団に関する各党の主張	151
5-2	衆議院の新勢力分野	153
5-3	改革3方式の比較	155
5-4	主要国の道路投資額	158
6-1	道路4公団民営化についての主張	196
6-2	政府の道路4公団民営化最終調整案の骨格	202
7-1	日本道路公団2000年度仮定損益計算書	247
7-2	日本道路公団2000年度仮定貸借対照表	248

序章　さらに赤字投資20年
―「改革」の名の「改悪」―

　小泉改革は2004年，上下分離の下に投資を推進する政策を打ち出した。しかしそれが通用する現実ではない（第1項）。この発想に至るまでの3年間を指導したのは道路族議員勢力であった（第2項）。

　今必要なのは時代遅れの経営形態を捨てることと（第3項），過去債務の規模の圧縮である（第4項）。それらによって新会社の株式上場も可能になる。

　小泉改革はいくつかの点で間違っており（第5項），またこれまでの専制独断の道路政策運営は改めるべきである（第6項）。小泉首相は改革を唱えながら，実際には反改革を放任してきた。そのことは特に人事に現れていた（第7項）。

(1) 事実，動かない現実

　機械でも制度でも，能力以上の負荷をかければこわれる。これは事実である。本書が取り上げる「小泉改革」は今や道路公団に対しそのように行動し始めた。投資と債務返済の負荷が今後の能力に対して重過ぎる。企業の活力を生み出す自主性は与えず，逆に上下分離によってそれを低下させようとしている。これではうまく運ばない。

　小泉改革の成功は，おそらく2003年度からの本四公団へのてこ入れだけで終わる。それは改革というより緊急の救援措置であった。他方，日本道路公団については余力がなおあるとの思い込みが災いし，「赤字道路」を建設させても大丈夫といった「改革」なのである。しかも同時に債務を完済できるとする。これでは負荷があまりにも大きく，改革は成功するはずがなく，改悪に終わる。

　ふしぎなことに，政府はこれらの政策について資金の能力も必要な金額も示さない隠蔽である。2000年度についての数字は「幻」のままであり，2002年度

についての公表数字は監査に値しないと不評であった。改革法案の審議に当たっては事前に関係の数字が公表されるべきなのに，負荷拡大の投資目標だけが示された。

現行の公団方式は，単に有料で自立経営というだけでなく，数十年間にわたって債務を返済し，後は無料にすることになっている。本四連絡橋でさえこの建て前で始まり，案の定失敗した。その赤字対策が前述の緊急救援措置だったのである。これが公団方式による事実であり，この方式は今や限界に達した。

目下法案審議中の「民営化の基本的枠組み」（章末の「概要」参照）では，現在の7千キロの高速道路にさらに2千キロを20年間に追加し（新会社および国の直轄分など），しかも民営化後45年で負債を完済するという。いったいその主張者たち自身がその可能性を信じているのかどうか疑わしい。

歴史をふりかえって1990年代半ばから，何人かがまず日本道路公団について民営化を唱えたのは，今ならなお運営は自立採算でゆける，投資は自立採算可能の範囲にとどめ，超えるものは国の直轄によるとの趣旨であった。

それから10年になり，民営化の主張は新会社の上に独立行政法人を置くという仕組みにつながっていった。しかもその前提には高速道路2千キロの建設（一部国の直轄を含む）があり，この状態に対し誰が責任を持ちうるのか，「責任の空白」が心配されるのである。誰も計画の実行可能性を確認しないまま，数字だけが「公約」の形でひとり歩きし始めた。そのすべての路線に赤字が予想され，新会社にそれらの路線を完成する能力はとても想像できない。さらに債務の完済を伴うのでは誰が責任を負えるというのだろうか。

需要が現状維持，利率も今の低さとしても，実態は計画のように動くはずはない。まして二つのうちの一つが不利に変われば達成は絶望である。

本書は以上の政策を論評し，私見を述べる。2003年4月までの経過は前著に述べたとおりであり，今回は2004年3月までを主に取り上げる。この期間を支配したのは反改革の抵抗勢力（道路官僚と族議員，それに地方の首長と土建団体）の建設意欲だけであり，国民の負担への配慮に欠けた（その好例は第Ⅳ章第3節注(2)参照）。

序章　さらに赤字投資20年——「改革」の名の「改悪」——　　3

　この経過を眺めながら感じるのは，当事者の誰もがその実現を信じられないような計画が，誰も止めようとしないまま進んでいく状況であり，まさに上記の「責任の空白」である(第Ⅶ章第1節第4，5項)。

　同時に気づくのは，現実の実態がこの種の計画を阻止する力を作用させつつあることで，計画が受け入れられないことである。道路建設の諸条件は急速に悪化しており，まず第1に資金が続かず，第2に用地・環境の面でも困難は大きい。ただし責任者はそれをいわない。言えば弱者と扱われ，仲間外れにされるからである。しかしすでに行き詰まりが来ているのである*。

　　*法案では施行後10年以内に「必要な見直し」をすることになっている。それでは遅過ぎるのである。

(2) 建設優先・上下分離の系譜3年間

　上下分離は交通界では珍しいことではない。しかし道路について今回のような経過により採用されるのは珍しい。まずそれは小泉内閣発足後に設置された石原行政改革担当相の私的諮問機関(行革断行評議会)から8月22日に提案され，以後議論の中心になった。評議会は道路建設凍結による支出抑制を求めており，それとの関連で考えられたのであり(読売2001年8月23日)，債務返済のための提言であった*。

　　(評議会は) 4公団の資産と債務を引き継ぐ独立行政法人と，地域ごとの6つの運営会社に再編する分割民営化案を発表した。……
　　同案はまず，2003年度以降の高速道路建設について，国が直轄事業などの形で行うべきだとし，凍結するよう提案した。同時に，4公団の資産と債務の受け皿となる独立行政法人「道路保有機構」と，……6つの道路運営株式会社を新設するよう求めている。
　　4公団の債務総額は約38兆円にも上る。評議会では，道路建設凍結で支出を抑制したことで，運営会社が保有機構に納める賃貸料を年間約2兆円と試算。この結果，新たな国庫負担なしに，30年程度で債務償還できるとしてい

る。償還後は保有機構は解散する。
　＊4公団の受け皿としての機構であることに注意。

　他方，当時の国土交通省は民営化を認めるにせよ，現行整備計画をまず達成してから先の話との態度であり，特に本四の扱いが指摘された（日経8月27日）。

　　扇千景国土交通相は……
　日本道路公団など高速道路を建設している4公団の民営化について「（4公団を統合すれば）日本道路株式会社としてやっていける」と述べ，所管閣僚として初めて民営化を受け入れる見解を表明した。ただ，民営化の時期は「前倒ししても20年はかかる」とし，現行の道路整備計画は現行の組織のまま実行する意向を強調，大幅な民営化先送りを求める発言となった。
……
　国交相は「本州四国連絡橋公団の赤字を他の3公団で負担していいのかは国民の賛意が必要」と強調。償還計画が事実上破綻した本州四国連絡橋公団とそれ以外の3公団の統合の是非が争点になるとした。
……
　行革断行評議会は道路4公団を統合したうえで，6つの運営会社に分割・民営化する案を示している。扇国交相は「分割は好ましくない」と述べ，否定的な考えを強調した。

　国土交通省と道路族議員は首相が何といおうと，建設計画は死守の態度であった。すでに8月下旬には今回の2004年の法案につながる方針が明らかにされていた（日経8月23日）*,**。

　国土交通省も，表向きは日本道路公団の「将来の民営化」に含みを持たせている。しかし，内実は「直ちに廃止・民営化するのは困難」という主張。早期民営化には「道路公団を民営化すれば永久に高速料金を徴収することに

なりかねない」,「民営化会社は高速道路を切り売りする恐れもある」などと反論する。

　そこから「民営化を目指すが,それは50年後」という理屈も浮上している。同省は自民党道路調査会と「現行整備計画の9,342キロは公団が建設する」との一線を死守することで一致している。現行整備計画の建設が終わるのは20年後の2021年度,償還が終わるのは50年後の2051年度だ。

　　＊2004年の法案審議では,債務完済を民営化後45年と想定するので,ここに示された2051年ごろになる。
　　＊＊2001年石原は扇国土交通相と対立しているように見えたけれども,2003年12月に今度は石原が国土交通省の念願をそのまま推進した結果になった。立場が違えば個人の主張は変わるのであろう。

2001年秋には具体策の議論があって,12月には後述表1－1のように政府・与党の方針が決定した。償還期間は50年とされた。
　このころすでに自民党は上下分離方式を債務返済目的から投資推進目的に転用し,それによる建設達成を模索していたのである。ただし次のような一体論もあり,日本道路公団総裁もそうであったから,道路側あるいは改革反対側も単純に一つの見解だったのではない(日経11月23日)。

　　国土交通省の「高速自動車国道の整備のあり方検討委員会」(座長,諸井虔・太平洋セメント相談役)は22日,日本道路公団について,高速道路の保有・建設部門と料金徴収などの管理部門を分離せず一体のまま株式会社を作る「上下一体」方式の民営化案をまとめた。供用後の高速道路の採算も考慮せざるを得ない組織にして新規建設を抑止する効果を狙った。
　　これに対し,自民党は建設と管理を分ける「上下分離」方式で建設部門は公的機関が担当する仕組みを模索している。これだと建設部門は採算をあまり気にせず,国費を使って高速道路の建設に専心できるので,国費が歯止めなく投入されることになりかねない。

12月19日閣議決定した「特殊法人等整理合理化計画」では道路公団の今後の

経営形態と建設工事の凍結の可否は第三者機関の検討を求めることになった(後述表1−1)。その民営化推進委員会は翌年6月発足した。7人の委員は見解が分かれ,結論が注目された。しかし「工事推進か抑制か」と「上下分離か上下一体か」については,自民党と国土交通省は推進と分離の結論を出していた。石原行政改革担当相は前述評議会の経緯からは,抑制と分離になるはずであったのが,委員会発足直前には次のように述べ,すでに前述評議会の「凍結」の主張とは離れていた(日経2002年6月23日)。

　　石原伸晃行政改革担当相は「昨年私は『もう高速道路はつくらない』と言っていたが,今は『無駄な道路は作らない。必要な道路はつくる』と心を入れ替えた」と説明した。

したがってこの時点で政治も政府も推進と分離に進むのが予測された。委員会内部は抑制と上下一体の委員が3人いたので,12月の意見書では,抑制と上下一体(ただし10年ほどは分離)が多数決(5人)として通った。次に2003年において本書に述べる経緯を経てこれら3人の主張は否定され,政治と国交省とは,建設推進・上下分離を決定した。道路族議員の立場では,すべては2001年11月までに決まっていて,以後委員会などからの雑音を封じたということになろう。首相の工事凍結の意向も初めから無視したのである。

さて問題は推進・分離を今後の実態が受け付けるかである(第1項)。2001年時点の判断では日本道路公団はなお優良企業と思われ,需要も増加とされていた。しかし2004年には需要の停滞,経営の悪化が心配される。この状況に2001年の発想が通用することは期待できない。今回の枠組みは2001年までの発想の延長上にあり,新しい条件の下で新しい枠組みを作る必要がある。

(3) 公団方式の限界

我が国の道路公団方式は1950年代に生まれ,80年代までは成功であった。自動車の急増期であり,人口も経済も上り坂であったから,すべての条件が有料

道路の普及に幸いした。30年後に負債は完済という当初の条件は，当時なお未経験の高速道路に対し当事者の責任を明確にするためであった。皮肉なことにその30年が終わるころに公団方式の限界が来た。

　公団方式は投資を自立経営可能な範囲にとどめる趣旨であったにもかかわらず，それを政治と土建勢力の二つが不採算路線の建設に利用した。黒字線の利益で赤字線の損失を埋める形のプール制と，将来の子孫に負担させる償還主義とがそのために使われた。しかし増加するのは開通キロと負債だけで，利用量と収入は停滞という1990年代が来た。その半ばから日本道路公団の民営化がいわれるようになった。

　後半には東京湾アクアラインや本四3ルートの開通があり，国民の関心は路線よりも公団経営に向けられた。政治のほうは従来の国費投入をさらに拡大していたのを，小泉内閣は民営化への第1着手として2002年度から国費投入を中止させた。

　この首相の民営化方針に対しては道路関係の政・官・業はただちに反発し，阻止と骨抜きに動いた。まず公団方式でも計画は達成できるといい，やがて形だけは民営化し，投資は計画どおり実施と落ち着いた。体制に上下分離が提唱されたのは前述のとおりである。

　しかし組織を変えたからといって資金調達の困難が解決するわけではない。建設費は削減しても過去債務はそのまま残る。上下分離にしても収入がふえるわけではない。債務が極端に累積した状況に対しまず第1に措置すべきなのは経営の安定であり，投資の先にこの対策がなければならない。ここで指摘できるのは，45年で債務を完済するより「永久有料制」にしたほうが各年度の支出額は小さくてすみ，体制が安定することである。なぜ小泉改革がこの意味で永久有料としなかったのか不思議なことである。おそらく道路は「公物」であり，本来「無料公開」が原則であるとして自らの権益を守ろうとした道路官僚と彼らと結託した族議員の主張に災いされたのであろう。

　次に永久有料制とすればどのような経営になるのかを説明する。経営の実態面についての考察である。

(4) 日本道路公団に民営の実態を与えるには

日本道路公団を普通の企業として見れば，原材料を必要とする製造業や輸送サービス供給の鉄道業などと異なり，次の特色がある。

(1) 収入は安定しており，景気に左右されることも競争者に脅かされることも少ない。

(2) 収入に比べて債務が著しく大きい。JR東日本，西日本の場合，負債が収入の2倍程度に対し，公団は実に14倍なのである。

(3) 経費の構成において管理費・更新費の比重が小さく，利子と償却費・除却費が大きい。

以上の特色からいえるのは，経営の安定と永続のために負債減少に全力をあげるべきことである。ただし永続の企業として一定限度の負債は認められ，私見では他の諸産業以上に多く認められると考える。収入に対する倍率ではJRなどの事例と比較してまず5倍以下にする必要はない*,**。5倍であれば金利が利率4％として，収入100に対し500の負債に対する利子額が20であり，その費用構造から見て十分の支払い能力があると判断する。収入の14倍，すなわち1,400であれば利子額が56となり，誰でも不安を覚える。今はこの状態なのである。10倍なら利子額は40となり，不安は減る。(第Ⅶ章第3節第2項では7.0〜9.0倍説を述べる。)

*厳密には，負債残高と対比すべき金額 X は次の式になる。

$$X = 収入 - (償却費以外営業費用 + 更新投資)$$

なお実務家の間の簡便法としては次の金額(「キャッシュフロー」)と負債残高を比べる場合があるかもしれない。

$$利払い後利益 = 営業利益 - 利子$$

(文献11, p.101, 102)

**文献51は「負債／収益レシオ」をJR東海が4.06倍であったことから日本道路公団では収益2.1兆円の5倍の10.5兆円を民営化会社に引き継がせる判断を示した。(p.131, 132, 152, 数字はおそらくすべて1999年度)。

序章　さらに赤字投資20年―「改革」の名の「改悪」―

それでは最近どのような支出になっているだろうか。民間企業と仮定した計算例から次の枠を考えることができる（後述，表2－3，7－1参照）。

収入　　　　　　　　　　2.1兆円
支出　管理費等　　　　　0.5
　　　金利　　　　　　　0.8
　　　減価償却費・除却費　0.6
　　　利益　　　　　　　0.2

現在は異常な低金利により利子額が0.6兆円と小さく，それだけ債務返済額が増えている（1.1兆円）。今後に金利が上昇すれば逆にその余裕がなくなる。ただし金利上昇は料金単価を押し上げて解決となるかもしれない。

さしあたり，上記の枠を前提に償却費・除却費および利益の一部から債務を返済するとして毎年0.5兆円以上は返済できる。この規模では収入の5倍に負債を抑えるとの目標には20年でもはるかに及ばない。しかしそうかといって本四のようには国費投入は望めないし，この間経営への不信を生じないように努力していくことになる。

それでは投資はどうするかといえば，今後の路線はすべて赤字投資であり，民間企業としてはそれはできない。その赤字に見合う建設補助を得た上で銀行融資を受けるのが唯一の道であり，そうでなければ，今後の高速道路建設はすべて国の直轄方式によることになる。

2004年に法案が審議されている方式では，新会社がまず銀行から借り，その建設道路を債務と一緒に保有機構に移す。この方式は余りにも複雑であり，経営責任もあいまいになる。赤字部分を公共の組織が引き受ける以上は，世間一般の公共助成方式による方が紛争が少なく，責任がはっきりする。

このように考えてどれだけを建設に充当するのか。国の計画では新会社が20年間に7.5兆円というけれども，それよりはるかに多くを要しよう。とりあえずその前の計画が示した10兆円とすれば，毎年0.5兆円を銀行からの借入と国からの助成で調達することになる。このような枠の中で将来計画を検討すれば

よい。

　大切なのは民間企業の新会社が新投資によって損失をこうむる理由はないとの認識である。後に述べるとおり，この種の金額決定には根拠のない意見が横行してきたのであり，それを排除できないのでは，民営化は公団方式より悪い結果を招く。

(5) 小泉改革はここが間違い

　小泉改革には計画の進め方や経営の可能性の判断に次のように誤りあるいは難点がある。

　第1は将来の数字を長期に固定する進め方の誤りである。将来の可能性を見定めるのに目標の数値は大切でも，それは単に可能な幅を設定する机上計算でしかない。毎年の政策は舟をこいで行くように絶えず状況の変化に合わせていく必要がある。5年先の利率も交通量も予測できないのが現実である。まして20年とか45年先は虚構の計算でしかない。

　第2は過去の責任者になお責任を持たせる誤りである。郵政民営化の法案作りは首相の方針で郵政省に任せず，内閣官房で行うという（読売2004年2月14日）。なぜ道路公団民営化に同じ措置がなされなかったのか。次のように伝えられるのを読むと，首相自身が国土交通省に担当させた誤りを認めているのであろう。

　　道路公団民営化では国土交通省に法案作成を任せたことにより，「官僚や道路関係議員により法案が骨抜きにされる」との指摘が出たことも，首相の念頭にあったとみられる。

　第3は枠組みの中に，「論理の矛盾」を含む誤りである。民営化は企業経営に自主性を持たせ危険を伴うかわり，出資に応じて対価としての利潤を認める。ところが今回は料金に利潤を含ませないのだという。国土交通省が「料金の設定に当っては，利潤を含めない」というのは在来の「公物」思想にとらわれて

おり，また国民受けをねらった不合理としか思えない。

　第4は体制の複雑，責任の分散の誤りである。上下分離の下で双方の当事者が事前に数値を調整していても，新会社の赤字発生に機構が用意していくという処置が長期にわたって円滑に続くとは想像できない。資金の過不足をめぐり行き詰まる。しかも20年もの期間なのである。

　第5は資金の大枠において建設と債務返済の両立を求める誤りである。日本道路公団の現状は前述のとおりであり，いずれか一方なら成立するけれども，両立はありえない。

(6) 専制政治・独断主義は失敗する

　政治も企業も責任者の判断が重要であり，その指導は守られねばならない。しかしその言動が他人の意見を排除するのでは，いずれも永続できない。政治においては道路投資を絶対視する風潮があり，時代が変化しても過去の計画を改めようとはしなかった。4公団の40兆円の債務累積はその結果である。これに対し毎年の収入は2.5兆円に過ぎない。

　この体制に対して改革の意見があれば歓迎されねばならない。しかし現実には民間基準による財務諸表さえ，なお満足には作成されず，改革の意見は抑えられてきた。

　1990年代以来，日本道路公団はその投資に対し批判の言論があっても無視し，強引に建設を続けてきた。その公団総裁に内部の幹部職員およびOBから改革への要請が発表されたのに対しても，それを抑圧し無視した。しかしさすがに国民の方もその総裁を批判し，政府はついに解任した。その間の不手際は本書に記すとおりである（第Ⅱ，Ⅳ章）。

　今回の改革も具体策の説明はこれからであろうし，国民としては道路関係の政・官・業の専制と独断，それによる国民の重い負担を是正させる好機といえる。逆にいえば組閣早々に改革を唱え，3年後の成果がこの枠組みでは小泉政権の交代要求が高まるのはやむをえない。

　いま大切なのは，政治行政が改革派の意見に耳を傾けることである。まず今

回の枠組みに代わる民営化が求められる。上下分離でなく，上下一体の，単純な新会社とし，全責任を持たせればよい。私見はさらに本書の終わりに述べる（第Ⅶ章第3節第2項）。

(7) 小泉改革に見る反改革の筋書き

改革は痛みを伴うことであり，利害の対立をめぐって思いもよらぬ事件が発生する（例，公団総裁解任）。しかしその多くには，責任者の指導と人事の不適切がからむ。本書が特にくわしく取り上げた2003年5月以降の8カ月間もそうであった。

国民として最も理解困難な一つは，改革を唱える首相が，改革に非協力の国土交通相と日本道路公団総裁を長期にわたって在任させたことである。

それと同じ程度に不可解なのは，政・官・業が国民に財務の実態を解明しようとせず，日本道路公団については監査法人の監査に耐える財務諸表が今もなお公表されていないことである。

それらが障害となって，8カ月の経過を，部外者が把握するのは簡単ではない。しかし改革反対側の筋書きに着目すれば，すでに2001年から今日まで，一貫して上下分離，すなわち持株会社としての特殊法人に計画と資金管理の実権を持たせ，複数の「新会社」に現業を担当させるという枠組みを意図していたことがわかる。多くの事件はそれに関連して発生した。民営化推進委員会が意見書をめぐって分裂したのはその何よりの例証である。

改革側には日本道路公団職員およびOBの努力があり，言論界からの支援が続いたけれども，なお政界に首相への協力者が欠けた。首相がそのような協力者を発見しなかったのが「改革」の致命傷になった。

読者は以上に述べた事情を頭に置いて以下の各章を読んでいただきたい。断片の情報もこの筋書きでつなげば理解できよう。

反改革派の建設優先・上下分離の筋書きは第2項に述べたように2001年11月にすでに決まっていた。同時に予想されていたのは債務返済の不可能であった。

以上の筋書きは，債務返済の意思がないという見方でたどることができる。

4公団で40兆円，日本道路公団だけでも28兆円の負債が国民の心配であるのに，その対策にほとんどふれない。ふれる意思があったはずとの先入観で読むと筋がわからなくなる。

民営化推進委員会の田中・松田2委員が「基本的枠組み」の決定を見て辞任したのも，返済に充当すべき貸付料収入を建設に流用することにしていたからであり，また新会社の自主性を認めなかったからである。本来，改革というのであれば，これら二つの具体策が記述されていなければならない（第Ⅶ章第1節第2項参照）。

次に「民営化の基本的枠組み」の概要を掲げる。これに基づいて法案が作成されたのであった。この枠組みの意図と意味は第Ⅵ章に説明する。

道路関係四公団民営化の基本的枠組みについて（概要）

2003年12月22日
政府・与党申し合わせ

1 民営化の目的等
○「民間にできることは民間に委ねる」との基本原則に基づき，
　ⅰ）約40兆円に上る有利子債務を確実に返済
　ⅱ）真に必要な道路を，会社の自主性を尊重しつつ，早期に，できるだけ少ない国民負担の下で建設
　ⅲ）民間ノウハウ発揮により，多様で弾力的な料金設定やサービスを提供

2 民営化に向けた有料道路の対象事業等の見直し
(1) 高速国道の整備計画区間（9,342km）の扱い
○従来，全て有料道路としての建設を予定していた整備計画区間のうち未供用区間（約2,000km）の事業方法等を見直し
　ⅰ）直ちに新直轄方式に切り替える道路
　ⅱ）有料道路事業のまま継続する道路（今後追加的に新直轄方式に切り替わりうるものを含む）

に分け，そのいずれについても，
　　　ⅲ)「抜本的見直し区間」
　　を設定
(2)建設コストを含めた有料道路事業費の縮減
　　①建設費：既定のコスト縮減計画に2.5兆円程度を上乗せ，計6.5兆円(約3分の1)の縮減
　　　　　　　更に，新直轄方式に切り替える約3兆円を除くと，有料道路の対象事業費は最大で10.5兆円(当初計画20兆円に対し半減。会社発足後約7.5兆円)に縮減
　　②管理費：2005年度までに，3割のコスト縮減(対2002年度)を図る。民営化後は更なる努力
　　　　　　　また，長大橋の適切な保全に配慮

3 新たな組織とその役割

(1)会社と機構の設立
　　会社：・公団事業を引き継ぎ，道路の建設・管理・料金徴収を行う特殊会社として設立
　　　　　・将来，上場を目指すものとし，その時期，方法等については経営状況等を見極め，判断
　　機構：・独立行政法人として設立。資産・債務を保有し，会社からの貸付料収入で債務を返済
　　　　　・会社経営の自主性を阻害しない必要最小限の組織とし，民営化から45年後に解散
(2)地域分割等(当初6社⇒経営安定化時5社)
　　①道路公団は，3社に分割して設立。高速国道の債務は機構で3社分を一体として管理
　　②首都・阪神・本四を承継する会社は，国と地方が一体となって整備・管理すべき道路であること等に配慮し，それぞれ独立して設立

③本四は，経営安定化時点で，道路公団系近接会社に合併
(3) 債務返済の考え方
　①機構は，民営化から45年後には債務を完済。その時点で，高速道路等を道路管理者に移管し無料開放
　②機構の有利子債務の，高速国道・本四関係分は非拡大。その他も，極力上回らないよう努力

4　料金の性格とその水準
　①料金の設定に当っては，利潤を含めない
　②ETCの活用等により，弾力的な料金を導入し，各種割引により料金を引き下げ
　③特に高速国道料金は，平均1割程度の引き下げに加え，別納割引廃止を踏まえた更なる引き下げ
　　具体的には，マイレージ割引，夜間割引，通勤割引等を実施
　④民営化後，会社はこれらの引き下げられた料金水準を引き継ぎ，更なる弾力料金設定に努力

5　建設・管理・料金徴収
(1) 新規建設における会社の自主性の尊重
　○従来の，施行命令，基本計画指示等・国からの一方的命令の枠組みは廃止
(2) 既供用区間に係る管理等
　○民営化時に既に供用中の区間は，会社が管理・料金徴収を実施
(3) 事業中区間の取り扱い(経過措置)
　①国土交通大臣は民営化後速やかに，当該地域会社が建設する区間について同社と協議
　②これが進まない場合は，他の地域会社と協議(「複数協議制」の導入)
　③会社が建設しないことに正当な理由がある場合，会社が建設する区間とはしない(理由が正当なものであるか否かは社会資本整備審議会で判断)

④首都高速，阪神高速については，道路管理者の意見が適切に反映される仕組みとする
（4）今後新たに建設する区間の取り扱い（申請方式）
　○新たな高速道路等の建設は，会社の自主的な経営判断に基づく申請方式。国の許可の要件は予め法定
（5）会社による建設における資金調達と返済等
　①会社は，自己調達資金で高速道路等を建設。建設完了時に債務とともに機構に移管
　②機構を通して借入金債務を返済

6　承継する資産・債務の内容
　①道路資産は，新直轄方式（道路管理者による事業）となるものを除き，機構が承継
　②SA／PA等，関連事業資産は会社が承継

7　支援措置等
　①税制・金融上，必要な措置を講ずるため，民営化関連法に所要の規定を置く
　②災害復旧への対処等のため，必要に応じ財政上の措置を講じ得るよう，規定

8　今後のスケジュール等
　①民営化関連法案を次期通常国会に提出し，2005年度中に民営化を実施
　②民営化後，概ね10年後に，民営化の状況等を勘案して，必要な見直し

第Ⅰ章　話の始まり
―首相の「民営化」指示

　日本文化では音楽などの進み方に「序・破・急」がいわれる。最初はゆっくり(緩徐)，最後は急進，途中に転換が入る。小泉内閣の道路公団「民営化の基本的枠組み」(2003年12月，第Ⅵ章第4節)への到達も「導入・展開・終結」の3段階に分けて見るとわかりやすい。

　最初2年間は，首相の民営化提案に「政・官・業」反対勢力の抵抗が強く，進みは遅かった。国民多数が一貫して首相を支持したのにそうだったのである。方向が決まらず，民営化推進委員会の意見書も棚上げされそうに見えた＊。この「序」を継いで「破」を開いたのが朝日新聞記事と改革派論文であり，その激しい応酬は第Ⅱ章に述べる。次に政府・与党案という答えを「急」の3カ月が出す(第Ⅲ～Ⅵ章)。各章の論点あるいはキーワードは次のとおりであり，最後に展望と提言の第Ⅶ章を加えた（まえがき参照）。

　＊この期間の詳細は前著(文献11)参照。

Ⅰ　反対派の非協力
　　委員会作業に数字の欠如
Ⅱ　改革派片桐と反対派藤井の激闘
　　財務諸表隠蔽の暴露と世論の盛り上がり
Ⅲ　投資優先・返済後回しの政・官・業
　　高速道路無料化論の民主党
Ⅳ　償還責任放棄の日本道路公団
　　藤井解任
Ⅴ　内閣支持の低下・民主の躍進

形だけの民営化（上下分離の恒久化）案
Ⅵ　建設と返済は両立のウソ（政府・与党案）
　　　首相の後退，委員会の崩壊
Ⅶ　小泉首相への国民の失望
　　　永久有料制こそ唯一の解決

　この3年間を回顧して，第1年の2001年は国土交通省を中心に，反改革の意向が目立った。第2年の2002年は民営化推進委員会に対し国土交通省と日本道路公団とが反対の共同戦線を張っているように見えた。委員会は経営実態の数字を十分に把握できないまま，公団方式の「償還主義」をそのまま残し，かつ国土交通省のいう「上下分離」を10年間存続の限定付きで受け入れた。
　第3年の2003年には5月から改革派の攻撃が激化し，10月には藤井総裁（日本道路公団）は解任に追い込まれた。それによって明らかになったのは国土交通省と藤井の主張が一枚岩でなく，同省は2001年以来一貫して一つの構想を貫いていたことである。構想の大筋はそのまま12月の「民営化の基本的枠組み」に表現され，道路関係政・官・業の勝利，改革派の「完敗」に終わった。
　ただちに立法化の準備が進められ，2004年3月に法案が提出された。
　しかしここで40兆円の債務を45年で完済し，2,000kmの高速道路を20年間に完成するという両立不可能の政策を政治行政は宣言したのであり，戦略としては一度法律を制定した上で，数字は次に修正するのであろう。しかし国民はこれ以上の負担増加は困る。すでに国民の6割は建設自体に反対の意向なのである。したがって法案の成立後も政策の実施は予定のようには進まない。
　私見では将来無料制を永久有料制に切り替え，企業に全責任を持たせて進めさせる以外に解決はない（序章第4項）。
　本章ではまず第3年2003年の4月までを要約して述べる。

1 「改革」立ち上げに2年間(2001年4月〜03年4月)

(1) 国民の期待と政・官・業の抵抗

　我が国の政治は民主主義とされるけれども，民意を代表するはずの代議員たちは常に自己の利益追求に走り，特定の利益をめぐって「族議員」が誕生する。今日の道路公団改革も，ほぼ半世紀前の当初の趣旨どおりに公団が運営されておれば，必要は生じなかった。

　しかし改革の必要は10年前には指摘され，政治家では小泉がそれを唱えた。それに対してほとんどの政治家はすぐには賛成とはいわず，小泉が首相の地位に就いても，なおそうであったし，今も実際はそうなのである。

　政治評論家の中には，小泉が困難なはずの道路公団改革をいうのは，橋本派の資金を絶つためであり，この改革は実現するはずがないなどとの見方さえあった。

　国民の多くは小泉登場の前から高速道路造りには反対であり，道路公団改革を支援しつづけた。それは今日も変わらない。しかしこの国民の期待にもかか

表1-1　道路公団改革の方針

検討事項＼論者	小泉首相の意図(著者推定) 2001年8月	政府の基本方針 2001年12月	民営化推進委員会報告 2002年12月	著者の主張 2003年4月	政府・与党協議会「民営化の基本的枠組み」 2003年12月
工事の継続	凍結再検討	第三者機関に委託	3方式による建設	新企業の判断，国の直轄の併用	整備計画残り2000kmの達成
四公団	統合・分割・民営化	第三者機関に委託	上下分離，保有機構と5会社	上下一体，数社に地域分割	上下分離，保有機構と6会社
国費投入	中止	2002年以降打ち切り	本四公団にのみ認める	四公団とも改革時に投入	(すでに本四への投入決定)
償還期間	50→30年	50年	50年	永久有料	45年
(参考)永久有料化			しない	する	しない
プール制			名目上はしない	各企業も路線別を原則	
料金引き下げ			する	しない	平均10％引き下げ

(注)　文献11，p.5 に追加。

わらず，我が国の民主主義政治は，政・官・業のすべてにおいてそれに応じようとはしなかったのである。最初の2年間はまさにこの意味で進行緩慢の「序」であり，首相には忍耐であった。

その大きな流れはすでに前著に述べたとおりであり，表1-1に示されている（文献11, p.20）。

2001年4月に内閣が発足し，7月参議院議員選挙を無事終えて首相は表の左側の事項を検討させた。しかし国土交通省は実施の困難をいい，与党もそれに同調し，結局2001年12月の基本方針に決着した。小泉提案はすでにこの段階で勢いをそがれた。小泉の意志が通ったのは国費打ち切りだけであり[1]，大部分は「第三者機関」に預けられた。

ところが第三者機関（道路関係四公団民営化推進委員会）は6カ月の審議期間中に内部分裂をおこし，その中の多数派（改革派）が2002年12月報告（「意見書」）を提出した。委員会報告が出ると，その効果を失わせる動きがただちに始まった。通常政府の諮問機関は主管省の希望する内容を主軸とするので，すぐに法案の準備が始まる。今度は首相直接の指示により道路族・国土交通省・道路公団は既得権益を奪われると非協力を続け，報告にも改革色を弱め，報告後は実施の阻止となった。

2003年4月には改革はとても見込みがないと多くの人が思うようになった。上記の政治評論家もそう眺めていたに違いない。われわれは政治がそのような世界であることをまず理解しておく必要がある。この理解がないと，2003年12月に「民営化の基本的枠組み」への到達，2004年の法案審議までの動きがわからなくなる。

この4月の状況を見て，たとえ政・官・業がどうであろうと，著者は表1-1の私見の方向（永久有料制）でなければならないと考えた。このうち「国費投入が改革時に必要」としたのは，その後本四公団になされたように，企業が自立採算の組織となるための措置である。それまで存在した投資のための国費投入とは異なる。なお表1-1の右端には2003年12月に到達した「改悪」の姿を加えた（第Ⅵ章参照）。著者の結論は第Ⅶ章に述べる。

ところで道路関係の政・官・業勢力が改革に激しく反対した理由には，高速道路の利用量がすでに1990年代後半から停滞段階に入り，日本道路公団全体の経営では固定負債が年々増加なのに業務収入は横ばいの状況を知られたくないという事情があった。知られれば投資が批判されるので，財務諸表を隠蔽した（第2節第2項）。逆に国民の多数が高速道路建設に反対となったのはそのような実態を現に見ていたからである。

表1-2　高速道路（営業中）の収支

(単位：億円)

年度	収入	支出				
		管理費	金利	費用計	借入金返済	計
1995	17,394	3,289	7,193	10,482	6,911	17,394
1996	18,258	3,352	7,004	10,356	7,902	18,258
1997	18,375	3,421	6,995	10,416	7,959	18,375
1998	18,392	3,772	7,046	10,818	7,574	18,392
1999	18,608	3,754	5,642	9,396	9,213	18,608
2000	18,738	3,689	5,756	9,445	9,293	18,738
2001	19,271	3,848	5,547	9,395	9,875	19,271
2002	18,319	3,632	4,817	8,449	8,417	18,319

出典：JH決算ファイル，1996〜2003
(説明) 1999年度については民間企業並みの経営の場合，これらの管理費・金利の外に減価償却費3,959億円，除却費1,664億円を計上しても，当期利益は3,590億円との試算がある（文献51，p.77）。
　なお，「一般有料道路」は同様の計算では収入2,418億円，欠損金753億円であった（同，p.75）。

　高速道路の営業収支は表1-2のとおりで，収入の伸びは小さかったけれども，金利が利率の低下で減少し（後述，図3-1参照），かろうじて経営は好成績を維持していた。しかしそれは利率が変化すればたちまち崩れる均衡であった。
　日本道路公団の負債と収入の関係は前途の困難を警告していた。表1-3において固定負債は2002年度が1995年度に対し25.7%増加したのに対し，業務収

入は7.7%増でしかなかった(業務量は後述,表3－1参照)。

表1－3　日本道路公団の負債と収入

(単位)億円

	固定負債	業務収入
1995	221,244[a]	19,213
1996	230,090	20,344
1997	250,991[b]	21,054
1998	256,020	20,744
1999	262,947	21,155
2000	270,335	21,092
2001	274,577	21,654[c]
2002	278,047	20,693

〔注〕a このほかに政府に返還しなければならない政府出資金(無利子)がある。2001年度末22,849億円
　　　b 東京湾アクアラインの影響がある
　　　c 会計処理の一部変更(収益の計上時点)による影響を除くと,20,909億円となる。
出典:JH決算ファイル,1996～2003

(2)　2年間の成果―論点の摘出

当初の2年間が単に「序」の姿に終わったのは小泉首相の出題の仕方にも原因があったし(第2節第1項),委員会の人選も関連した(同第2項)。

しかしこの期間に国民は,なぜ改革が必要なのか,どのような措置が必要かを知った。特に委員会報告までの半年間は新聞が問題点をくわしく解説した。

表1－1の左側の諸項目が示すように,①建設投資続行の可否,②経営における「償還主義」と「プール制」の採否が主要問題であった。2002年の段階では,工事を継続するかどうか,その抑制のため,あるいは国の財政を助けるため国費投入を中止するかどうかという形で議論が進んだ。

運営についてはどのような企業体にするか,その料金は将来廃止するかどうか,廃止とすれば償還期間をどれだけに設定するかが取り上げられた。その委員会意見書の判断は民営化の趣旨を徹底するものではなく,さらに上下分離制が介入し,それが後に論争の原因になった。したがって「序」の段階は後の「急」にまで関連したのである。「序」はいわば各人がどのような見解を持つかを明らかにしたのであり,それが2年間の成果であった。

次にそれらの見解が鋭く対立する中で改革を貫こうという動きが続き，国土交通相も日本道路公団総裁も交代した。まさに「破」の段階に入ってからの結果であった。それは第Ⅱ章以下に述べる。

注(1) 日本道路公団の国費および建設費は1992年以降次のとおりであった。国費は1998〜2001年は3千億円を超えた。

(単位：億円)

	政府出資金	政府補給金	政府補助金	国費計	建設費
1992	674	300	−	974	15,075
1993	1,009	161	−	1,170	15,606
1994	348	1,116	38	1,502	15,099
1995	715	1,240	468	2,424	13,585
1996	838	1,259	321	2,418	13,055
1997	1,374	1,131	−	2,505	12,874
1998	3,363	978	−	4,341	16,560
1999	1,700	1,941	−	3,641	14,080
2000	2,074	1,008	20	3,102	12,830
2001	3,048	−	14	3,062	12,949
2002	−	−	−	−	9,920*

＊小泉指示の国費中止がひびいている。
出典：年報

2 数字がなかった委員会意見書

(1) 民営化の本旨と首相出題の拙劣

わが国の政治家に「道路族」が多いのは周知のとおりである。小泉改造内閣において行政改革担当の金子一義も自民党の高速道路建設推進議員連盟の事務局長を務めた「道路族の有力な一員」といわれる（日経2003年9月29日）。就任後に9,342キロの高速道路建設は「政治家が国民に約束した。その経緯は大事にしないといけない」と述べていた。

道路公団の民営化はこの高速道路計画をどうするかとは本来別であり，公団方式の建設では債務が累積するばかりなので他の方法を見つけようというだけ

であった。またこの組織の効率のためにも民営とするという意味の「民営化」だったのである。政治がなお建設を望むのであれば別途の方式を設ければよい。こう区別して出発すればよかった。

しかし表1－1で見たとおり、小泉首相の当初の出題は「工事の継続」と「四公団」の扱いを同時に取り上げ、それを一つの「第三者機関」に委託してしまった。その結果、公団の民営化は工事の不継続を含むとの誤解を生じたのである。正確には公団に代わる新会社にはもはやその能力がない。もちろん政治が別途の方式を工夫するのを妨げないというだけであった。（結果はこの方向に進み始めたのである。）

そうはいっても、この新たな工夫には資金の限界があるから、なお在来方式の修正により調達したい、新会社が返済する資金を建設に流用するとの案が2003年8月に報道され、国土交通省の持論が明らかになった（第Ⅴ章第2節第2項）。首相としてはその意図を見抜き、それでは改革にならないと判断すべきであった。

逆に建設推進側もそういう以上は高速道路建設に反対の国民に対し、今後の対策の全体像を説明する必要があった。しかし建設推進派もそれを避けたのである。2004年に入っても、建設と債務返済の両立の十分な説明がない。

ここでさかのぼって2002年の経過を見ると、6月に発足した委員会の審議に対し8月19日に自民党道路調査会の「高速道路のあり方検討委員会」は次のように「高速道路5原則」を提示していた。

高速道路5原則の要旨
▷21世紀の国土政策として地域の自立、地域間の交流、国内物流の効率化が重要で、高速道路網は必要不可欠。
▷財政制約の中で効率的かつ早期に整備するため有料道路制度の活用が必要。今後もプール制を最大限活用すべきだ。
▷高速道路網は償還期間終了後、無料開放するのが原則。永久有料制は不適切。

▷新組織の組織形態検討では①固定資産税等の非課税②円滑な資金調達—などの基本条件をクリアする必要がある。
　▷高速道路は国が責任を持って一体的に計画・整備・管理すべきだ。「まず凍結ありき」は国の意思決定に対する信頼を損なう。(日経8月20日)

　内容は(1)高速道路は必要不可欠(2)整備には有料道路制のプール制活用(3)将来は無料開放*(4)新組織の基本条件(5)凍結反対であった。
　一読してわかるようにそれらは国土交通省が主張し続けてきたことばかりだったのである。

＊高速道路等の有料道路は本来「公物」であり，無料開放すべきである。しかも有料とすれば地方自治体の固定資産税がかかるとの主張がある。
　しかし固定資産税は国民から国民への転移である。通過道路を設定される沿道自治体はそれにより損害を受けているのであり，この税の支払いを避けるべきではない。また金額は高速道路の場合，JRなどの発足時と同様の特例措置を設ければ500億円程度とされる。純粋の民間企業とする場合，公団経営あるいは独立行政法人方式に比べ，その程度は経費節減になると考えられる。
　2002年民営化推進委員会は固定資産税を理由の一つとして上下分離を主張した。しかしこの段階で純粋の民営にしておけば，その後の難点(返済資金の投資への流用など)は発生しなかったはずである。
　なお参考までにJR東日本の2002年度の数字は次のとおりである（有価証券報告書）。
〔鉄道事業〕　営業収益　1兆8,376億円, 固定資産額　4兆6,312億円, 固定資産税・都市計画税を含む諸税　722億円[a]　(数字は切り捨て)
　　a　固定資産税についての独自の特例はすでに発足後10年で終了している。

　この「プール制」の廃止が民営化の争点なのであり，それを確実にした上で，国の直轄は認めるというのが道路族との妥協案になりえたと考えられる。
　さらに12月6日の委員会意見書提示の後にも，高速道路建設推進議員連盟は在来の主張をくりかえし，次の方針を述べた（日経12月10日）。

①国の整備計画9,342km の残り事業約2,300km の早期整備
②民営化委の最終報告にとらわれずに地方の理解と協力を得て整備促進
③道路公団の地域分割はせず，道路は50年以内の債務償還期間終了後に国に帰属

　第1次内閣の改造前，国土交通相が改革推進の態度ではなく，日本道路公団総裁の改革非協力の言動を容認しつづけてきたのは(第Ⅱ章第2節第5項)，このような道路族の勢力があったからであろう。
　この種の議論ではまず公団の資金調達能力の確認が基本であった。しかし道路側は故意にそれをあいまいにし，委員会意見書は基礎固めの数字のないままの作文に終わった。この限りでは道路族の作戦勝ちであったといえる(次項参照)。

(2) 情報隠蔽と委員会決裂

　国民の期待を集めた委員会であり，多大の努力がなされたにもかかわらず，日本道路公団の財務状況については公団の情報隠蔽を打破できなかった。事情は2003年7月発表の片桐論文(第Ⅱ章第1節第4項)が明らかにしたとおりであった。作業していた財務諸表とその作業自体を公団は「なかったこと」にした。

　　2001年暮れ……道路公団の民営化を検討する第三者機関の設置が閣議決定され，道路公団も……資産再評価のプロジェクト・チームをつくり，翌2002年1月から準備を開始した。
　　当初は，この財務諸表作成は極秘事項でも何でもありませんでした。資産状況を把握するために，全国の支社に指示を出していますし，……公認会計士とも相談しながら作業が進められていました。当然，総裁がこれを知らなかったということはありえません。(p.98)
　　ところが道路公団はこの6175億円の債務超過という数字に驚いて，財務諸

表とその作成作業自体を「なかったこと」にしたのです。

　まず，昨年7月17日，民営化推進委員会でこの財務諸表の存在を聞かれた道路公団の妹尾喜三郎理事は，企業会計に従った財務諸表はないと回答している。この席には，藤井総裁も同席していましたから，債務超過隠しは彼らの共通了解だったと考えられる。今年5月21，28日には，民主党の岩國哲人議員の質問に，藤井総裁自らが財務諸表は作成していないと明言しています。(p.99)

　藤井総裁にとって，債務超過を明らかにした財務諸表は，何としても抹殺しなければならないものでした。その理由は2つあります。

　ひとつは，経営責任です。これまで藤井総裁は，道路公団の経営は順調だと言い続けて来ました，……この前提がそもそも誤りだったことを，昨年の財務諸表は暴き出してしまった。

　赤字道路を造り続けた責任も問われることになります。民営化論議が持ち上がるまで，道路公団はせっせと採算の取れない道路を作り続けてきた。その道路建設の前提になっていたのは，「道路公団は全体では黒字である」という神話だったのです。もし現時点ですでに債務超過だとすれば，これまで建設してきた不採算道路はいったい何だったのか。普通の経営者ならば，当然，進退が問われるはずです。(p.99)

　財務諸表を提示しない公団の態度に対し，これでは審議できないと委員会を休止しなかったのは私にはふしぎな気がする。また次に述べる審議状況では，せっかく事務局次長として出席していた片桐幸雄の知識と能力が生きなかったことに納得がいく(後述)。

　実態についての資料が十分に得られず，また委員会の議論が一つの結論にまとまらないままに「意見書」提出の時期がきて，全員一致の報告とはならなかった。

　それにしても今井委員長はどうまとめようとしていたのか，疑問が残る。最後に少数意見として示された内容からは，後に国土交通省が2003年8月に主張

した,「返済資金からの建設への流用」を含む意図であったと推測される。問題は委員長がそれが首相の真意と判断していたのかどうかである。首相の真意は2003年9月でも不明であり(第Ⅱ章第3節第4項),改造後の国土交通相と行政改革担当相の判断が注目された。後に第Ⅵ章に述べるとおり,結局,政府・与党の枠組みは今井案に近い内容を守り通したのである。

委員会の審議の状況は田中委員長代理によれば次のとおりであった(『行革国民会議ニュース』No.139, 2003年8月)。この文章を読めば,首相の人選に疑問が出てくるわけである(第Ⅲ章第1節第5項参照)。

　　会議は35回開いております。1回最低でも3時間半,半年間にトータルで150時間やっている計算になるそうです。週2回の会議は緊張の連続でした。かなり気を使って発言しないといけないし,黙っていると賛成したものと取られてしまうのですね。反対といわない限り黙っていれば賛成だというひとがおりまして,そのため,彼の発言についていちいち「反対」といってからかったこともありました。(p.1)
　　ヒアリングしていると委員長の了解を得ないでどんどん聞いていくひとがあり,委員長が「それはあとにして」というようなことを1,2度いわれたこともありましたが,それを無視してやるものですから,1度無視されると以後無視されるのですね。そういう意味では今井委員長も苦労されました。議論が委員同士や,ヒアリング相手(道路局長や公団の各総裁など)と委員との自由なやりとり,事務局が口を挟むと怒られたりと,委員長も事務局も大変だったと思います。(p.2)

3　日本道路公団は独自の動き

(1) 藤井総裁の戦略

道路公団関係の議論では「政・官・業」と一括されやすいけれども,藤井総裁の日本道路公団は独自の主張を持っていた。民営化が論じられた3年間の把

第Ⅰ章　話の始まり―首相の「民営化」指示　29

握にはこのことを見逃してはならない。

　2003年4月新年度を迎え国土交通省も4公団も，前年12月の委員会意見書を受けて，改革の準備を進めるはずであった。しかしそれまでも独自の行動をくりかえしてきた藤井総裁は，国土交通省とは異なる方向を模索していた（次項参照）。それによって改革反対派の動きは二つの渦を描くことになり，ついに藤井はそのため10月に国土交通相によって解任された。その経過は第Ⅱ章および第Ⅳ章にくわしく述べる。

　藤井がどのような戦略をいだいていたかは，たまたま4月16日に一部の人に話した内容が『選択』5月号に克明に記録された。その戦略のため公団内に諸井虔を本部長とする改革本部を作ること（第Ⅳ章第3節第1項参照）や何人かの「裏顧問」を置くことが述べられた。

　その中で特に注目されたのが財務諸表（従来の公団方式ではなく民間基準によるもの）の作成であった。藤井は懸念を交えて次のように話した。すでに当時，外部からはその作成方法が批判され，また前年の経緯（第Ⅱ章第1節第2項）があったからであろう。例えば『週刊東洋経済』4月19日号は《狙いは債務隠し？「会計手法」めぐる攻防戦》をのせていた。

　「私自身はどのように手を打ったらいいのか判然としないのだが，財務諸表を6月15日頃に総理に報告することになっている。とすると，6月末頃にはマスコミ，世間に漏れ出すこととなる。とすれば，財務諸表の公表についてどのような調整を図っていけばいいのかが自分も読めない。初めての作成ということもあって，必ずしも自信のある財務諸表というわけでもないし。今月中にでも高藪さんにしっかり説明して，5月の中頃までには誘導しておかなければ危ないのではないか。これを政治的に利用したい向きもあるだろうし，政局とも時期的にかぶさってくる」

　本来，操作する余地などないはずの財務諸表も，公団においては「調整」とか「誘導」が必要で，政治に利用されるほど，危ういものなのだ。

　さて，この裏顧問（高藪のこと，角本）の存在を国交省は知っているのか。

藤井流の財務諸表が以後半年にわたって国民の注目を集めたのは次章に述べるとおりである。それにも関連して公団幹部職員の片桐幸雄が東京の本社にいるのは、藤井として何とか排除したいことであり、次のようにその意図が伝えられた。その後の経過を理解するのに貴重な参考資料である。

　民営化をめぐる不透明な秘密人事の一方で、藤井総裁は左遷人事を急いでいる。
　片桐総務部調査役は、四公団民営化推進委員会事務局次長に出向し、最終報告書が小泉首相に提出された後の昨年12月末に日本道路公団に戻ってきたが、その彼を「海外に飛ばせ」というのである。
財務諸表のごまかしを示唆
　片桐氏は、公団経営企画課長や東京建設局次長、公団総務部次長などを歴任、前述の諸井氏らとともに公団の経営改善計画を作成した、腹の据わった理論派である。公団内部でひそかに民営化路線を研究し、非効率、不透明の公団体質に批判的な職員をまとめあげる存在とされてきた。
　民営化推進委員会は、事務方の六割が国交省職員で占められたが、片桐氏は、その力を評価する小泉首相の指示で事務局次長として起用された。建設省に有料道路課長補佐として出向した際には、当時、有料道路課長だった藤井総裁の下で働いたこともあった。しかし厚いベールに包まれた四公団の経営分析や内部情報の収集にあたり、「七人の侍に次ぐ八番目の民営化推進委員」と呼ばれたこともある片桐氏を、藤井総裁は大嫌いだという。……
　公団の幹部や職員は、藤井総裁が無理やり片桐氏を飛ばす理由を次のように解説する。
　「不透明な経営実態からファミリー企業の利権構造まで、この間、次々に判明した道路公団の粉飾をもらした張本人だ、と信じ込んでいるからだ。そして、もう1つの理由は、むしろこちらの方が大きいかもしれないが、公団の財務諸表をごまかすためには、経営分析に強い片桐氏がいては困るからだ」……

黒字を計上してきた日本道路公団も実際には大幅な債務超過に陥っている疑いが強く，2003年度中間決算で提出される民間企業並み財務諸表の行方が注目されてきた。債務超過がはっきりすれば，法人破産要件に該当し，道路公団による新規高速道路建設は難しくなる。

日本道路公団は，5兆円もの建設中の利払いや補償費まで資産に算入する方針を固め，資産水増しによって債務超過を何とか回避したいと必死だ。民営化推進委や公団の改革派職員はこれを強く批判しており，水面下の攻防で，民営化局や2人の裏顧問らが必要とされ，片桐氏が遠ざけられる理由はそこにある。

(2) 藤井戦略の渦と流れ

藤井の意図はこの雑誌記事とその後の報道から考えて，国土交通省とは次の点で異なっていた。いずれも委員会意見には反対の中で，また道路投資の永続をはかる点では同じでも，前者はすでに2001年以来，政治勢力と組みながら「上下分離」体制で行こうとしていたのに対し，後者は政治を排除し，かつ「上下一体」を求めていた（第Ⅳ章第4節第1項）。

大筋において両者は全く相容れなかったといってよい。国土交通省出身でありながら，独自の方策を考えていたのであり，そのことが2003年5月以降の推移を複雑にした。両者の主張の違いは国民に次第に明らかになっていった。

また藤井の戦略に対しては7月から9月にかけて片桐幸雄を初めとする改革派の藤井退陣要求があった。その改革派OB・職員の主張は，実態のある「民営化」を実現しようとする趣旨であり，国土交通省の形だけの民営化とは全く違っていた。改革派は藤井解任の後は，この国土交通省政策と戦うことが予定された。2003年秋以降の展開がそうであり，今後も続くのである。

大筋が以上のように流れる中で藤井問題はくりかえし話題にされた。公企業の1責任者の言動が2年にわたり注目を浴びたのは珍しいことであった。前記『選択』の記事も次のように国会で取り上げられ，質問された小泉首相の当惑ぶりがうかがわれた。

日本道路公団の民営化問題に関連し，23日の衆院予算委員会で，民主党の長妻昭委員が，「藤井治芳総裁は改革に抵抗している」として，小泉首相に更迭を迫った。
　長妻委員は，藤井総裁が4月中旬に開いた公団関係者による秘密会合の議事録とする文書を紹介。
　道路公団が民間から迎えた諸井虔・太平洋セメント相談役ら3人の非常勤顧問以外に，2人の民間人を外郭団体の非常勤顧問に任命したことについて，藤井総裁が「私は公団の理事を信用していない。スパイがたくさんいる公団職員には紹介しないが，(2人の民間人には3人の)顧問さんたちをコントロールしながらやっていただく」と発言していたと指摘した。
　長妻委員は「2人の『裏顧問』を改革つぶしに置いておこうということではないのか」とただした。
　これに対し，藤井総裁は「全く記憶にない。(私は)民営化に誰よりも情熱を持っているつもりだ。政府の方針に従い一生懸命汗をかいていきたい」と強調した。
　首相は「(長妻委員と藤井総裁の)どちらが本当か判断しろと言われても困る。それだけ根が深い問題だ」と述べるにとどまった。また，藤井総裁の更迭要求について首相は，「総裁が(改革を)しっかりやるか見極めたい。陰で変なことをやるなら考える」と述べ，当面，藤井総裁の改革に向けた姿勢を見極める意向を示した。(読売6月24日)

　ここで藤井が「全く記憶にない」と否定したことが，後に10月の解任に理由の一つとなった。6月当時藤井には想像もできなかった結果といえよう(第Ⅳ章第3節第2項)。しかし国会の質疑から半月後には藤井退陣を要求する片桐論文が公表されたのであり，矢は次々に放たれたのである。

第Ⅱ章　改革派OB・職員の死闘と言論界の支持（2003年5～9月）

　2003年5月それまでの停滞をいっきょに転換させたのが朝日新聞の暴露記事と片桐幸雄の論文であり，政・官・業は改革回避では通せなくなった。

　この過程で改革派職員を代表して片桐は守旧の藤井総裁（日本道路公団）に退陣を要求した。藤井はすでにその前に片桐を公団本社から追放しており，批判されてさらに民事・刑事の告発をした。道路公団改革は筋道としてはこれら二人の20年に及ぶ見解の対立であった。やがて藤井は解任されるけれども，その10月までの間に改革反対派は在来の戦略にさらに工夫を加え，整備計画の全面実施を進めた。その経過は第Ⅲ・Ⅳ章に述べる。反改革の戦略は12月に成功に近づく。首相は投資額を削るだけで，反対派の枠組みをそのまま認めた（第Ⅴ，Ⅵ章）。改革の実態は失われた。

1　激動激震―迫真の責任追及

（1）財務諸表の攻防8カ月

　2003年4月，高速道路を新直轄方式で建設する法律も準備でき，国土交通省側は，形だけの民営化をどのような姿で実現するかの模索に入るはずであっただろう。

　それには上下分離の制度を作ることと，長期の資金計画が必要であった。今日から想像すると，上下分離にはなお政・官・業内部にも具体案を固めるべき段階であり，また，資金を投資と債務の返済とにどのように配分し循環させていくかの方法にはいくつもの案があったに違いない。

　それらの決定には上下分離の細部を詰めることと，財務諸表の作成が予想さ

れた。5月以降にそれらの最終作業がなされるはずであっただろう。その際国土交通省には上下分離をめぐり日本道路公団との意見調整が最大の課題であった。また真偽は別として，企業として民間基準の財務諸表がないとすれば，まずその作業が必要と考えられていた。ところがその財務諸表に関し思いもよらぬ攻撃が始まり，次には日本道路公団内外から総裁退陣要求が高まったのである。

それでもこの間に国土交通省としては2年越しの改革案をまとめ，8月には要旨を発表するところまでたどりついた。あるいは国民の方が藤井報道に目を奪われている間に改革案を進めていたともいえよう。

すでに自民党内部は2001年11月には上下分離の方針であったから（序章第2項），国土交通省の作業は債務返済よりも今後の建設の進め方に重点があったに違いない。これらの点を頭に置いて以下の経過を読んでいただきたい。それまで知られなかった実態が次々に示されたのである。

この5月から藤井総裁解任の10月までは，攻撃側は背後に国民多数の支援を受け，防衛側は道路族勢力を意識した「代理戦争」であった。国民多数の意思と道路利益勢力との衝突であり，主導権争いだったのである。それが白熱化し，報道の目玉となるのは当然であった。半年にわたり，常に国民の話題になったのである。それに続く改革構想決定もこの熱気が続く中でなされた。政府・与党の枠組みは改悪との批判が多かった。したがってそのまま実施されたときの難航と行き詰まりが予想された。

(2) 5月：朝日新聞による情報隠蔽暴露

2001年以来，反対派が一貫して取り続けてきた戦術の一つは不利な情報は隠蔽であった。論争である以上，規則で認められた隠蔽はありうるけれども，それを超えてはならない。

ところが反対派が行なったのは，財務諸表の隠蔽という裏切りであった。前章第2節第2項に見たとおり，民間基準による算定では「債務超過」の数字が出たので，それを「なかったこと」にして隠蔽したのである。金額から見て特

に大きいわけではなく，説明も難しくはなかった。しかし隠したというのがいかにも官庁流・公団流であった。せっかく準備したのを2002年7月の委員会には提出しなかった。

この事実に気付いた中に朝日新聞があり，03年5月16日（続いて21日）に作業が存在していたことを報道した。

「債務超過の算定隠す　民間基準で00年度『6000億円』」（16日）

「民営化シナリオに暗雲　債務超過ひた隠し　料金収入減も響く」（21日）

21日には表2－1が発表された。それがやがて「幻の財務諸表」と扱われたのである（表4－1）。

表2－1　日本道路公団が作成した貸借対照表
（01年3月末。単位は億円，数字は概数，▼はマイナス）

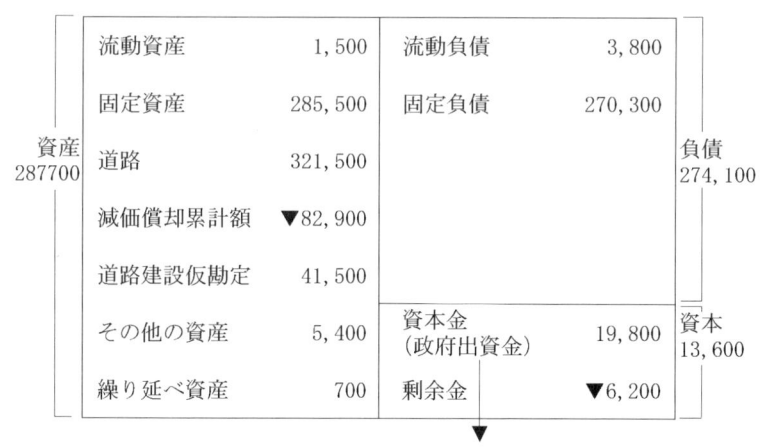

資産 287700	流動資産	1,500	流動負債	3,800	負債 274,100
	固定資産	285,500	固定負債	270,300	
	道路	321,500			
	減価償却累計額	▼82,900			
	道路建設仮勘定	41,500			
	その他の資産	5,400	資本金（政府出資金）	19,800	資本 13,600
	繰り延べ資産	700	剰余金	▼6,200	

　　　　　　　　　　　　　　　　　　↓
　　　　　　　　　　　　ここを負債とすると債務超過に

出典：朝日　2003年5月21日

（角本注）資本金は国鉄や一般の株式会社と異なり，政府に解散時に返済することになっている。したがって「債務」は　274,100＋19,800＝293,900　であり，それに見合う資産は287,700しかなく，6,200の債務超過であった。なお損益計算書では当期利益金1,631億円（表7－1参照）。

この報道に対し公団の藤井総裁はその「財務諸表」はありようがないと20日の委員会で答えた。その後さらに追及がつづいたものの，公団側は存在しないとの一点張りであった。さらに6月に公団側の財務諸表(2002年度)の公表があった(次項)。

　5月以降改革反対派はマスメディアから正面攻撃を受けた。6月の公表によりそれを鎮静できると考えたのが，逆に火に油を注ぐことになってしまった。

　資産再評価により道路資産額が変化した理由は次のイメージ図のとおりで，金額の差異は要因別の数字に示された。特に金利が費用化された結果が注目される(行政コスト計算書については文献11，p.24参照)。

方法の違いによる道路資産額の変化(イメージ図)

行政コスト計算書	本決算	資産再評価
	改良費・防災対策費等 ①	
改良費・防災対策費等	工費 ②	
工費		①
用地及び補償費 ③	用地及び補償費	改良費・防災対策費等 ②
		工費 ③
金利 ④	金利	用地及び補償費 ④
間接経費等 ⑤	間接経費等 ⑤	間接経費等

増減理由
①減価償却及び除却
②減価償却及び除却
③増減なし
④構造物に配賦された分の減価償却
⑤構造物に配賦された減価償却

増減理由
①減価償却及び除却
②減価償却及び除却
③再調達価格算出のための時点修正に伴う用地費の増及び補償費等の減
④単年度費用化
⑤埋蔵文化財発掘費用、海外技術導入費等の単年度費用化及び減価償却

本決算と再評価作業における資産額の差異の要因

(単位：億円)

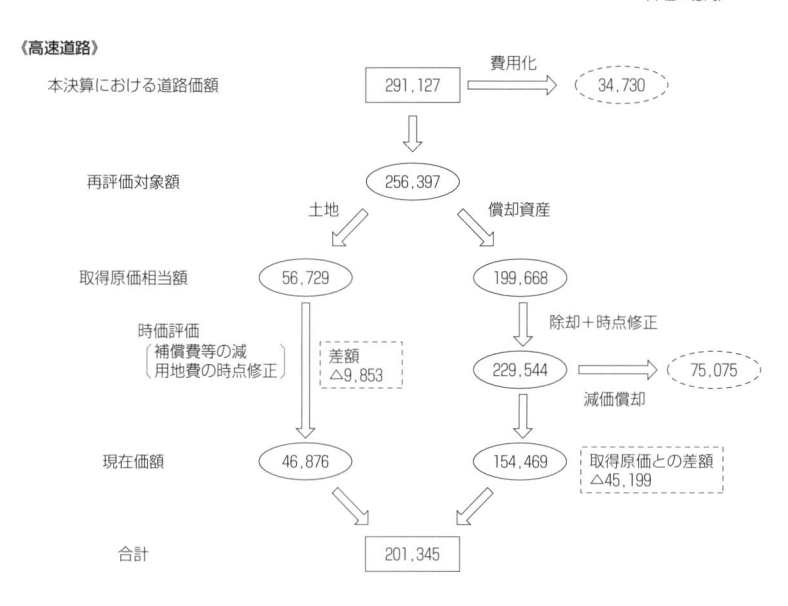

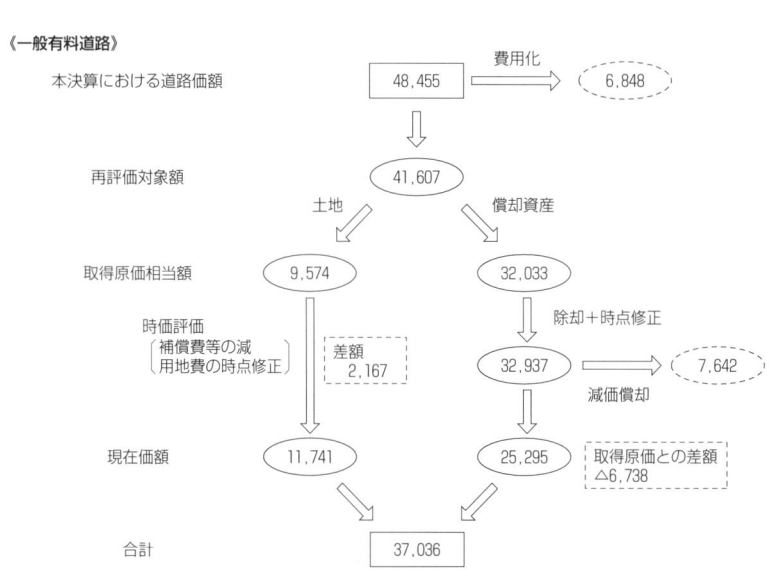

《高速道路》

- 本決算における道路価額: 291,127 → 費用化 34,730
- 再評価対象額: 256,397
  - 土地：取得原価相当額 56,729
    - 時価評価（補償費等の減／用地費の時点修正）　差額 △9,853
    - 現在価額 46,876
  - 償却資産: 199,668
    - 除却＋時点修正 229,544 → 75,075
    - 減価償却
    - 現在価額 154,469　取得原価との差額 △45,199
- 合計 201,345

《一般有料道路》

- 本決算における道路価額: 48,455 → 費用化 6,848
- 再評価対象額: 41,607
  - 土地：取得原価相当額 9,574
    - 時価評価（補償費等の減／用地費の時点修正）　差額 2,167
    - 現在価額 11,741
  - 償却資産: 32,033
    - 除却＋時点修正 32,937 → 7,642
    - 減価償却
    - 現在価額 25,295　取得原価との差額 △6,738
- 合計 37,036

損益計算書および貸借対照表の数字は表7-1, 7-2のとおりであり, 貸借対照表は債務超過でも, 損益計算書は黒字であった(利益額は収益の7.3%)。

(3) 6月：財務諸表の公表に不信拡大

朝日新聞の報道に公団不信を高めていた国民に対し, 6月9日4公団の財務諸表が公表された。朝日の指摘が2000年度の数字についてであったのに対し今度は2002年度である。一般論として2002年度はさらに数字は悪化のはずであったところへ, まったく意外なことに日本道路公団は巨額の資産超過を公表したのである。

表2-2 道路関係4公団の民間企業並み財務諸表の内容（2002年度）

	日本道路公団	首都高速道路公団	阪神高速道路公団	本州四国連絡橋公団
資産総額	343,010	61,050	39,490	28,500
負債総額	285,430	50,160	38,700	38,290
資産超過額	57,580	10,890	790	▼9,790
収入総額	(未発表)	2,520	1,730	810
費用総額	(未発表)	2,750	2,140	1,910
経常利益	(未発表)	▼230	▼410	▼1,100

出典：読売 2003年6月10日
その後6月13日発表では
日本道路公団
　　　収入総額　　　19,801
　　　費用総額　　　17,909
　　　経常利益　　　 1,892
4公団合計の負債総額は　412,580
　　　収入総額は　　 24,861

数字は表2-2のとおりであり, この外に2001年度について2002年10月に伝えられた数字があって, 日経は図2-1のように比較した。

ここでそれらの可否を論じる前に, この種の財務諸表には作成方法が2種類あることを述べておきたい。

第Ⅱ章 改革派OB・職員の死闘と言論界の支持(2003年5〜9月) 39

貸借対照表における資産額の計上には、①工事期間中の利子(建設仮勘定の利子)をその期間中の経費として処理し(すなわちそれぞれの年度の損益計算書の経費として扱い)、完成後の資産額に入れない方法と、②経費と扱わず資産とする方法とが認められている。後者②では資産額が大きくなり、稼動後の損益計算書の経費も大きい。

国鉄では後者が取られていたし、稼動後の収入が年々増加していくのであれば不安はない。しかしそうでなければ重い負担となる。(国鉄の最終23年間がそうであった)。公団も後者を選び、同じ可能性があった。利用量停滞の段階において現在の投資がすでに赤字路線であるから、この方法は不適切であった。

さらに今回は資産の評価について、次節に述べるように、取得価格ではなく、再調達価格が使用されていた。これでは当然、資産額が大きくなる。図2－1の中央と右側に対し左側の資産が大きいのは以上二つの違いがあったためである(第2節第5項参照)。

それでは損益計算はどうなっていたかといえば、減価償却費について耐用年数を延伸して金額を小さくする操作を行なっていた(次項)。それによって損益は経常利益1,892億円となっていたのである。

かつて1999年度について研究者たちによる表2－3の試算があり、表2－2をその延長として見れば、貸借対照表が資産超過、損益計算書が黒字であってもふしぎではない(第Ⅶ章第2節第1項参照)。しかし資産超過の金額が余りにも大きいので、逆に疑問が出てしまい、不信感を打ち消せなくなった。

図2－1

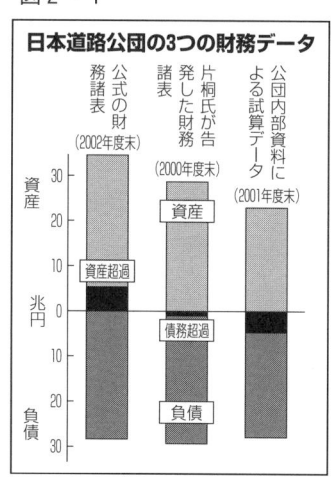

日本道路公団の3つの財務データ

公式の財務諸表(2002年度末) / 片桐氏が告発した財務諸表(2000年度末) / 公団内部資料による試算データ(2001年度末)

資産超過／債務超過／資産／負債(兆円)

出典：日経2003年7月15日

そこでこれらの財務諸表を監査法人の監査にかけるべきだとされ、しかもその監査を断られるという場面があり、さらに信用を失った(次項補論)。国土交

通相は何とかこの財務諸表で通そうとしているうちに，内閣改造で交代してしまった。行政もまた国民の信用を失ったのであった。

その後2004年3月まで信頼できる財務諸表は公表されていない。政府の隠蔽体質が続いているのである。

表2-3　企業会計方式による財務諸表（1999年度）

（単位億円）

		公団（1999年度）			
		日本道路公団	首都公団	阪神公団	本四公団
損益計算書	収入	21,026	2,643	1,899	871
	支出 管理費（営業費）	4,648	775	510	239
	金利	7,219	1,171	1,245	1,486
	減価償却費	4,534	621	522	530
	除却費	1,789	621	549	17
	計	18,190	3,188	2,826	2,272
	当期利益	2,837	△545	△927	1,401
貸借対照表	（道路）資産	234,032	29,318	26,153	30,466
	欠損金	－	3,051	8,689	14,144
	計	234,032	32,369	34,842	44,610
	固定負債	231,525	32,369	34,842	44,610
	剰余金	2,507	－	－	－
	計	234,032	32,369	34,842	44,610

出典：文献51.

（説明）①固定負債の収入に対する倍率および②キャッシュフローに対する倍率は次のとおりである（キャッシュフロー＝収入―管理費―金利）。

	日本道路公団	首都公団	阪神公団	本四公団
①	11.0	12.2	18.3	51.2
②	25.3	46.4	242.0	－

(4) 7月：片桐旋風

　6月までの以上の経過に対し公団内の改革派職員を代表してきた片桐幸雄は，文藝春秋8月号に論文を発表し，藤井総裁の責任を糾弾した。

「藤井総裁の嘘と専横を暴く」

　この論文の効果は絶大で，国民に何が真実かを明らかにした。戦いの形勢はいっきょに逆転し，改革派は主導権を回復した。論戦の主役は一変したのである。マスメディアの記事に関心が集まり，反対派のPRは力を失った（なお片桐については次節参照）。

　片桐は藤井総裁が朝日新聞の報道に対し財務諸表がなかったと否定したのに反論し，作業の経緯を述べ，嘘をいう総裁の退陣を迫った。委員会がすでに1年にわたって活動してきた成果以上の影響を政・官・業に与え，また国民に訴えたのである。片桐論文は批判勢力には大きな刺激になり，その勢いが盛り上がった。言論界だけではなく，国会の場でも財務諸表の存在が議論された（補論参照）。

　議論は6月公表の財務諸表にも及び，その問題点が指摘された。そのため監査法人の監査が必要とされるに至ったけれども，監査法人側は前述のようにそれに値しないと扱ったのである。

　なお日本道路公団だけが資料がないため資産額算定は再調達価格によったというのも管理の不適切を示し，この一つだけでも藤井は総裁の資格がないと考えられた。（第Ⅳ章に述べる解任は当然であった。）

　片桐論文の主張とその後の経過は次の補論に説明する。

〔補論〕　片桐論文の主張と影響

　7月10日の片桐論文（文藝春秋8月号）は7月9日までの停滞を吹っ飛ばし，形勢逆転をもたらした。この日にはその内容を同日朝に報じた朝日の記事（次頁），それらに合わせたかのようになされた道路公団OB95人（代表織方弘道）のビラ配りと総裁への申し入れがあった。

　片桐論文は朝日5月16日報道の財務諸表の存在を論証した。これに対する公

団側の7月10日の見解は「勉強会として作業は始めたが，途中でやめた」(平井・民営化総合企画局長)という主張であった(朝日7月11日)。

7月12日日経社説は1カ月前の主張(6月11日「道路公団民営化の妨害を許すな」)をさらに発展させ，公団と国土交通相を批判した。

片桐論文の紹介(朝日，2003年7月10日)

事情を明らかにしたのは，政府の道路関係四公団民営化推進委員会の事務局次長を務めた後，公団の総務部調査役から四国支社副支社長へ「左遷」された片桐幸雄氏。それによると，財務諸表の作成は公団内で02年1月から作業を開始。同年7月にまとめられ，6175億円の債務超過となった。片桐氏は経緯を示したうえで，「藤井総裁が知らなかったことはありえない」と指摘。赤字路線を造り続けた経営責任を問われることや，新規路線が建設できなくなることを恐れて隠蔽(いんぺい)したとしている。

さらに，同公団が今年6月に発表した公式の財務諸表について，建設中の資産の資金調達にかかる金利や補償費を資産に計上しただけでなく，税法で40年と定められている土工(切り土や盛り土工事部分)の耐用年数を70年に引き延ばし，資産を膨らますと同時に，毎年の利益を水増ししていることも指摘。「債務超過ではないという大きなうそをついたために，小さなうそを無数に重ねている」と批判している。

(日経社説)

日本道路公団の幹部が，債務超過を示す財務諸表を同公団が隠ぺいしていたなどとする内部告発の記事を月刊「文芸春秋」8月号に掲載した。……

片桐氏の寄稿で最も問題になるのは，公団が昨年7月に民間基準で財務諸表を作成したが，「6,175億円の債務超過という数字に驚いて」，財務諸表と作成作業自体をなかったことにしたという部分である。公団は6月に，初めて民間企業並みに資産状況を評価して，資産超過とする2003年3月期の財務諸表を発表したばかりである。

もし片桐氏の言う通り「債務超過」の財務諸表が昨年ひそかに作られてい

第Ⅱ章　改革派OB・職員の死闘と言論界の支持(2003年5〜9月)

たとすれば，6月発表の数字の信頼性が疑われる。……
　これだけ重大な問題に公団はきちんとこたえていない。……
　藤井総裁は数々の疑念を晴らせなければ今後，職責を果たせまい。所管する扇千景国土交通相の責任が重いことは言うまでもない。

　片桐論文は単にマスコミだけではなく，政界にも旋風を巻きおこした。
　7月14日衆議院行政監視委員会では木下委員がその指摘の財務諸表を資料として配布した。言論界の追及とは異なる次元に事態は発展した。
　この作業を藤井総裁は「データや専門知識の不足で成果を得られなかった」(読売7月15日)と説明した。しかし疑惑が深まるだけであった。
　日経は前述図2-1の比較を示した(同日)。公団対策の混迷には2002年10月に委員会が財務を十分に究明しなかったことも関連しており，図の右側の数字を確定しておれば，その後の混乱を阻止できたであろう(文献11, p.137, 138参照)。
　この日経記事で注目されるのは次の記述である。
　(6月9日発表の財務諸表に関し)「公団は客観性を担保するための財務諸表の会計監査を見送る方針だ。〈財務実態がうやむやになりかねない〉との声が市場関係者やエコノミストらの間で広がっている。」
　これらの論戦と批判に対し，ついに国土交通相も6月公表の財務諸表の「監査」をいわざるをえなくなった(7月18日)。
　またこの18日，2002年7月作業の基礎データが確認されていることが明らかになった(読売7月19日)。作業は「データや専門知識の不足で成果を得られなかった」といえる水準ではなかったのである。
　7月22日の委員会は，それを単に勉強会という公団説明に納得せず，藤井総裁の更迭を求める決議を行い，さらに8月5日にその責任者を呼ぶことにした。それに先立ち7月25日藤井総裁は就任以来初めての記者会見を行ない，「機関としての作業はしていなかったということだ」と述べた(日経7月26日)。ここで「言った，聞かない」という担当者と上司の間の奇妙な対立が浮かび上がっ

た。

　この日はまた監査法人側が「正式監査」は不可能と扱い，単に「検証する」*にとどめることになった(日経7月25日夕刊)。その業務は「新日本監査法人」が30日に落札した(日経7月31日)。

　　*この種の作業における監査と検証の違いは次のように解説された。
　　　資産の数量の確認は，全国約100ヵ所の事務所のうち2ヵ所，公団が管理する高速道路など約8100キロのうち，約20キロでサンプル調査するにすぎない。資産の算定に大きな影響を及ぼす舗装や照明などの単価についても，設定水準が適正かどうかは判断しない。

　8月5日委員会は藤井総裁を呼んだけれども，進展はなかった。あるはずがなかったのである。

　さて8月6日までは，作業の存在は認めたものの，財務諸表は公団には存在しないというのが藤井総裁などの釈明であった。しかし7日にはそれが存在していたことを国土交通相に報告し，8日の記者会見で存在を発表した(各紙8月9日，第6項補論)。つい7月25日には「4人の職員が作成したと証言しているが，どこにも見つからない」とされていたのである(日経8月9日)。守旧派側はさらに信用を失った。その経過を見るだけでも藤井総裁の財務についての管理能力が疑われた。あるいは詐術の証明であった。

　かつて公団内部に存在していた財務諸表の作業を否定し，次に監査法人が監査を拒否する内容の財務諸表を公表したのでは，藤井総裁の更迭が要求され，道路公団民営化を促進する理由となるのは当然であった。9月7日には石原行政改革担当相も更迭を述べた(第2節第6項補論参照)。しかし国土交通相はなお総裁側に立ち続けたのであり[1]，小泉首相は決断しないままに改造までの期間を終わった。8月，9月の状況は項を改めて説明する。

(5) 8月：文春第2弾旋風

　片桐旋風により2002年7月の財務諸表(2000年度を対象)の存在と2003年6月の財務諸表(2002年度を対象)の可否が論じられ，公団側は追い詰められていた。

第Ⅱ章　改革派 OB・職員の死闘と言論界の支持（2003年5～9月）　　45

さらにそこへ決定打として公団職員たちによる総裁批判が登場した。

　過去の作業の隠匿に知恵をしぼった公団の工作がいかに愚かであったかが明らかにされた。公団というのはそれほどに信用できない組織であり，奇妙な支配がなされていることが読者に伝えられたのである。改革側には大きな支援であり，反対側には打撃であった。片桐論文の評価を高めた。

　詳細はさらに補論で説明する。

　この論文が発表された直後に，国土交通省が「債務返済機構」から建設費支出を可能にする法案を提出することが伝えられた（読売8月14日）。すでに片桐論文によって道路公団への批判が高まっており，行政としても何らかの措置が必要であった。ただし伝えられたのは形だけの民営化に過ぎず，首相の改革の意思を改革反対派が甘く見た実証であり，首相はすでにその程度に軽く扱われていたのであった。報道内容は第Ⅴ章第2節第2項にくわしく述べる。

　8月18日日経社説「小泉改革を問う　道路公団利権構造へ切り込め」は次のように結んでいた。それが国民多数の判断であり，期待だったのである。その末尾には民主党の動き（高速道路無料化論の提唱）に言及があった（第Ⅲ章第2節第3項参照）。

　　特殊法人や特別会計の不透明な仕組みの中で国民の金を食い散らかす公共事業。なかでも道路は本丸だ。一般道，農道を含めた道路予算に全国60万の土建業者が群がり，族議員や地方議員の票と資金を支える。
　　首相の闘う姿勢が必要
　　行政は自己規律を失い制御不能に陥った。……
　　道路公団民営化による予算執行のガバナンス（統治）回復は，日本の公共事業改革のモデルと期待された。それは最初から政治闘争そのものだったのだ。だから，改革の成功を保証するのは首相の腕力だけだ。
　　求められるのは手を汚しても民営化をやりぬくという姿勢だ。特に大切なのは必要な場合に国費投入をいとわないという意思表示である。
　　適切な会計基準が決まり分割新会社の資産が確定したとき，各社はその

資産に見合う負債を背負うことになる。当然、公団の全債務を背負い切れない可能性もある。その分は国が引き受ける方針を明示しなければ投資家は新会社を信用しない。

　……首相は今度こそ闘う姿勢を明らかにし道路の利権構造の本質に真っ向から切り込まねばならない。妥協と問題先送りが続けば、高速料金の早期無料化をうたう民主党に人気が集まるかもしれない。

　８月中旬の国土交通省の方針と国民の側の批判が、その後2004年初めまでの大きな流れとなった。この流れに着目すれば政策の動きがよく理解できる。もはや藤井問題は副次の流れに過ぎず、国土交通省はそれから離れて本筋の主張に全力を挙げた。（第Ⅳ章はこの副次の流れを扱い、主要な流れは第Ⅲ、第Ⅴ、第Ⅵ章と続く。）

〔補論〕　情報隠蔽作業の実態解明

　８月７日、８日の藤井総裁以下の態度に息もつかせず反撃したのが文藝春秋８月10日発売（９月号）の第２弾であり、今度はこの業務に関し公団職員が経緯を明示した。言論統制の恐怖政治が日本道路公団内部を支配しつづけてきた実態が「告発」されたのであり、対策を急ぐべき事態が国民に鮮明になった。

　犯人探しの内部調査と前年の財務諸表作りの事情は次のとおりであった（p.148）*。ここには実名が示されている。戦いはここまできた。いわば最終段階である。

　　＊７月片桐論文は「藤井総裁の嘘と専横を暴く」。８月第２弾は日本道路公団「改革有志」による「片桐氏を訴えた〈亡国の総裁〉へ」であった。

　藤井総裁の主張の矛盾は、７月25日に総裁自身が開いた記者会見で発表された内部調査の中間報告でも明らかだ。道路公団監察室が行なったこの調査では、実際に作業を行なった40人の担当者と、それを監督する立場にあった40人の幹部に対して聞き取りがなされた。それによると、実務に当たった21

第Ⅱ章　改革派OB・職員の死闘と言論界の支持(2003年5～9月)　47

人の担当者全員が，作業を最後までやり遂げた，と回答している。担当者7人が財務諸表を見ており，うち4人はプロジェクトチームの責任者である2人の調査役に財務諸表を見せながら説明を行なったと証言した。しかも，監督者である幹部も半数近くが資産再評価作業を把握していた，と認めている。それでも藤井総裁は「財務諸表は存在しない」「作成作業は勉強として行なった」と強弁しているが，その最大の根拠となっているのは，「天地神明に誓って聞いていない」というプロジェクトチームの責任者であった芝村善治，荒川真両調査役(当時)の主張に過ぎない。つまり，担当者は責任者である調査役に報告した，と言い，芝村，荒川両氏は担当者から受け取っていない，と述べているのである。両者の矛盾について何の調査もしないうちに会見を開くこと自体もおかしいが，何の理由も示すことなく責任者の言い分だけを取り上げ，「だから，財務諸表はなかった」という藤井総裁の"結論"には何の説得力もない。……

　2001年12月末に道路公団民営化のやり方を審議する第三者機関(後の民営化推進委員会)が発足することが正式に決まり，日本道路公団内ではそれに向けての準備作業が始められていた。そのための窓口として設けられたのが，民営化プロジェクトチーム(PT)であった。

　チームのトップは企画課，高速道路計画課兼務の芝村調査役と総務部付の荒川調査役。

　こうしてみると，芝村，荒川の両氏が「財務諸表の報告を受けていない」と言い張る理由がよくわかる。彼らが財務諸表の存在を認めることは，ただちに藤井総裁もそれを知っていたことを意味するからだ。

　なお論文において注目すべき重要記述は2002年7月中旬の役員クラス会議においてその直前まで作業していた成果を「そんなものはないだろう」と存在を無視することにした謀議(p.150)と，2003年5月朝日新聞の財務諸表報道の直後に，それを単に"勉強会"の作業とした経緯(新発足の民営化総合企画局*の秘密会議)(p.152-154)である。前者では財務諸表は存在しないことと扱わ

れ，後者ではその存在が指摘されると，それは課長代理以下の勉強会と扱った。そして2003年6月に，「財務諸表作成の実務を担当した3名の中堅職員が，定期異動を待たずに，地方に転勤になった」（p.154，その意味は次項参照）。

　＊そのメンバーにPTの幹部がそのまま含まれていて，PTとして行なった業務を自ら否定したか，否定を強請されたことになる。

　7月10日から8月10日までの1カ月間に多くのことが国民に知らされた。ただし8月10日時点では，担当者から上司への報告の存在は公式には確認されていなかった。これが今後の争点の一つである。

　争点の今一つは6月9日公表の財務諸表（表2－2）が適正であり，日本道路公団が資産超過であるかどうか，仮にそうであるとしても今後に投資能力を持つかどうかである。

　前者は単純な事実の認定，後者は経営能力への判断である。なお6月公表の計数については前述の「検証」作業では特別の問題はなかった（8月30日）。

　昔から日本人に周知の言葉に

　「隠れたるより現るるはなし」（中庸第1章）

がある。今回の2001年8月以降2年間の経緯はまさにこの言葉を「地で行く」経過であった。なお中庸ではそのすぐ後に「独りを慎む」が続くけれども，そのような態度は全くなかったわけである。

　ここで今一度片桐の次の文章（片桐7月10日論文の最後のページ）を読めば2003年8月に伝えられた事柄の意味がよくわかる。

　　藤井総裁の考える「民営化」とはいかなるものか。……道路建設の続行を前提にした「2分割構想」というとんでもないものです。たとえば道路公団を東西に2分割するとします。これを仮にA社，B社とすると，道路の管理はA社が東日本を担当し，B社が西日本を担当する。しかし，道路建設についてはA社が日本全国を担当する，というものです。つまり道路管理の一部だけをトカゲの尻尾切りのように分離して，「分割民営化」の看板を麗々と掲げようというのです。そして，この全国の道路建設を行なうA社

の初代社長となるのは、もちろん藤井総裁です。

では、莫大な負債についてはどう考えているのか。借金など金利だけを払えばいい、本来なら元本の返済にあてるべき利益などが出ても、それは新規建設にあてるべきだ、とこれまで通りに考えているのだとしたら、事態は悪化するばかり。負債そのものはまったく減らずに、新たな赤字道路だけが延びていく。まさに「亡国の総裁」としか言いようがありません。

こんなことをいつまでも続けていいはずがない。藤井総裁の思惑通りにことが進めば、民営化とは名ばかりの新会社が発足し、嘘で固めた財務諸表のもと、赤字道路が営々と築かれていくでしょう。しかし、公団と違って、民間企業には破綻があります。そのとき、藤井"社長"はなんと答弁するのでしょうか。「高速道路事業は本来、国がやるべき事業を、道路公団が国の命令で国に代わってやっているだけ」という持論を、「道路公団」を「わが社」と置き換えて、平然と繰り返すのでしょうか。

8月14日の前述の報道（第5項初め）はこの予告どおり投資存続の準備であり、債務返済の軽視であったと考えられる。

(6) 9月：文春第3弾，公団本社の惨状

9月10日文春第3弾は、6月9日公表の財務諸表が作られた経過と正規の手続きを経ないで担当大臣に報告された経緯をまず説明する。これによって国民にはすべての事情が明らかになった。

「藤井総裁の「ウソ」の壁を破る」（日本道路公団「改革有志」）

なおそこには「扇大臣への媚びを最優先。新旧財務諸表のカラクリ」の文字が付けられていた。

この論文を読むと、前述の表2－2においてこの公団だけが収支の数字が間に合わなかった事情も推測できる。資産超過の数字が出ると、それを即座に扇国土交通相に報告し、さらに首相に伝えるため急いだのである。すなわち朝日新聞の5月の報道の直後に、本来の担当以外の人たちに作業をさせ、資産超過

になる操作をして結果を確認し,そのとおりに本来の担当者に寸分違わないように作業させた。その際は念を入れて作業中の3日間は外部との出入りを遮断したのであった。

さらに論文は,コンピューターから2002年作業の財務諸表を抹消するために,2003年6月に当時の作業担当者たちを転勤させていた経緯を教える。恐るべき恐怖政治であった。このような専制政治体制からは改革の構想は生まれない。適切な管理も望めない(第3節第5項参照)。

論文はまた本社の法律専門家を使い,片桐と文藝春秋を告訴した内情を伝えた。その実名入りなのである。すでに裁判は9月1日に始まっており,国民は司法の判断にも目を配ることになった(第2節第5,6項参照)

以上の詳細は「補論」のとおりである。

次に第2節は,道路公団改革が藤井総裁が代表する守旧派と片桐幸雄が指導する改革派職員との戦いであったことをさらに説明する。

〔補論〕 日本道路公団の実情

小泉改造内閣発足の直前,国民の関心は公団改革の内容よりも藤井総裁個人の進退に集まった。国民の目には小泉の改革と藤井への処置とが二重写しになってしまった。この総裁を更迭するかどうかが小泉の改革の意欲を測る尺度になったのである。(実際にはこの間に国土交通省は11月28日に発表する「たたき台」の準備を進めていた。)

9月10日の文藝春秋10月号の第3弾は6月9日公表の財務諸表(2002年度を対象)が,役員会の議決のない状態で国土交通相に報告された経過をまず説明した。

すでに述べてきたように日本道路公団の財務諸表は通常は受けるはずの監査法人監査を受けず,それが問題になると,単なる計算チェックの検証を求め,それが終わったとき,国土交通相は一件落着を思わせる発言をした(第2節第5項)。しかしこの論文が指摘したように検証はこの財務諸表の作成に協力してきた監査法人によるものであった(p.152)。こうなれば監査法人の中立性と

第Ⅱ章 改革派OB・職員の死闘と言論界の支持(2003年5〜9月)

権威までが疑われてくる。

　現在，道路公団が行なおうとしている検証業務は外部監査ではなく，単なる「検算」に過ぎない。8月29日，道路公団が公表した「検証業務報告書」には，次のように明記されている。
　〈情報およびデータについての作成責任はJH〔日本道路公団〕にあり，その正確性と信憑性についての責任を当監査法人は負わない〉(〔　〕内は引用者)
　つまり，この検証業務によって，監査法人は何の責任も負わない，と念を押しているのである。しかも，この検証業務を担当したのは，財務諸表の作成にたずさわった新日本監査法人だから，ダブル・チェックにすらなっていない。
　ところが，藤井総裁はこの「検算」をもって，監査証明に準じるものと言い張り，検証を打ち切ろうとしているのだ。ここにも分厚い「ウソの壁」がある。

　さらに論文は，作成作業が6月9日の直前の3日間に行なわれ，その結果(貸借対照表)を，それまで財務諸表作成について2002年10月から相談していた部外の専門家にも見せず，いきなり国土交通相に報告し，その上で公表したことを述べる(p.150)。

　6月9日午前8時過ぎ，出来上がったばかりの新財務諸表を受け取った藤井総裁は，その足で扇大臣に報告に向かった。扇大臣は，ただちに小泉純一郎首相に報告した。
　会計士のチェックも受けていない組み上がったばかりの数字が，いきなり担当大臣，首相に示されたのである。民間企業でいえば，経理課が組み，検算も十分でない会計報告がいきなり株主総会に提出されるようなものだ。
　しかも，驚くべきことに，出来上がった新財務諸表の作成方式が役員会で承認されたのは，なんと6月9日午後2時のことである。つまり，新財務諸

表は作成方式をきちんと定めることもなく作られ，役員会の承認もないままに扇大臣や小泉首相に見せられたのだ。藤井総裁は，2002年版財務諸表は役員会で正式に承認されたものではないから認められない，と繰り返し主張してきたのだから，言うこととやることがまったく違う。ダブル・スタンダートとしか言いようがない。

論文が指摘した今一つの重大事項は，2000年度に関する2002年作業についてコンピューターに入力されていたデータが抹消されたことで，それにはそこにいた職員を本社外に異動させねばならなかった。職員の机の上にあったパソコンも，本社のメイン・コンピューターからも抹消した。しかし抹消し切れない部分がなお残ったのであり，その確認が必要と論文は訴えたのであった（p.147，148）。

　それが，見つからない理由はひとつしかない。データの組織的抹消である。……
　まず,抹消工作が行なわれたのは,財務諸表を担当した職員のパソコンだった。今年6月，片桐氏が四国支社に飛ばされたのに続き，民営化プロジェクトチームで財務諸表を担当した職員2名も突然，地方に左遷された。そして，異動の直後，彼らの机にあったパソコンはすべて初期化（白紙に戻すこと）されてしまったのである。……
　彼ら2002年版財務諸表を担当した職員は，そのデータを，自分のパソコンだけではなく，メイン・コンピューターの民営化プロジェクトチームの領域にも残していた。
　しかし，内部調査によると，そこでもデータは発見されなかった。財務諸表およびそれに用いた資産評価の基礎データは膨大なものになる。それをうっかり消すことはありえない。意図的，かつ組織的に，民営化総合企画局から2002年版財務諸表のデータは消されてしまったとしか考えようがない。
　しかし，このデータ抹消工作には盲点があった。道路公団では年度末など

第Ⅱ章　改革派OB・職員の死闘と言論界の支持(2003年5〜9月)

の業務の節目にメイン・コンピューターのバックアップが不定期に行なわれている。そこに財務諸表を担当した職員が左遷される前のデータが残っていたのである。

　(角本注)地方左遷の2名は前項補論に記述の中堅職員3名に含まれている。

　公団は8月8日，財務諸表の存在を発表した。「隠れたるより現るるはなし」(前述)を実証した経過であった。
　ところで文藝春秋(社)は片桐幸雄とともに藤井総裁と日本道路公団から告発されていた(この民事訴訟のほかに片桐は刑事訴訟も受けている)。この論文はそのことも意識してか，公団側の法律専門家たちの実名をあげ，事情を伝えた(p.153, 154)。

　　藤井総裁ほど，道路公団を私有物のごとく扱ってきた総裁は珍しい。その典型が，検事出身の弁護士，いわゆるヤメ検をずらりと揃えたコンプライアンス本部である。……
　　今回，片桐氏と文藝春秋を名誉棄損で提訴した際の弁護士も，コンプライアンス本部のメンバーで，元警察庁のキャリア官僚だった垣見隆弁護士がつとめている。
　　さらに，2002年版財務諸表に関する内部調査に際しては，日野正晴コンプライアンス本部長から「本記事(片桐氏の記事を指す)に記載された財務諸表を公団が正式に作成しておらず，これをあたかも公団の正規の業務として作成したという虚偽の主張をする者の存在が明らかになった場合，公団は毅然とした態度をとることが望まれる」という意見書が道路公団に提出されている。
　　彼らコンプライアンス本部の弁護士への報酬などを負担するのは道路公団であり，ひいては道路の利用者であることも付け加えておきたい。

　このような状況の日本道路公団であり，内閣改造後どのような人事がなされ

るか，国土交通相と日本道路公団総裁について特に注目された。9月22日発足の改造内閣では国土交通相は交代し，新大臣の下で藤井総裁は10月24日解任となった。その経過は第Ⅲ，Ⅳ章に述べる。その前に第2，3節で片桐たちが小泉内閣の解決先送り政策にいかに苦労したかを取り上げる。

 注(1)藤井総裁と扇国土交通相との関係について後に毎日2003年12月24日は次のように記している。(過去の経緯から2000年に藤井は政界から孤立していた。)
 00年6月，念願の総裁就任前後，中尾栄一元建設相の収賄事件に絡んで自らも疑惑をもたれ，親しかった中曽根・亀井系列議員とも距離を置くようになった。
 孤立した藤井氏は，新たな擁護者を必要とした。01年7月の参院選で，当落線上だった扇千景国土交通相(当時保守党)を支援。扇氏は改革論議で藤井氏と歩調を合わせた。
 だが，政争の非情が藤井氏の独善を許さなかった。かつての後ろ盾，亀井氏は2度の自民党総裁選で，小泉純一郎首相に敗北。扇氏は退任し，藤井氏は「反改革派」のレッテルをはられた。
 小泉改革のスタート時点では，藤井氏は「私こそ改革派」と胸を張っていた。それは，民営化後の新会社に政治の介入を排除した新たな「技官の王国」を築こうという野望でもあった。
 なお第Ⅴ章第1節第2項参照。

2　両派指導者(片桐と藤井)の長期対決

(1) 3人の主役(小泉・藤井・片桐)

今日，道路公団民営化が政治の重要課題になったのは小泉首相の指示による。小泉が首相でなければ2001年12月民営化が政府の方針になることはおそらくなかった(表1-1)。

さかのぼって公団民営化はすでに日本道路公団内部で1996年ごろに片桐幸雄(当時同公団の経営企画課長)により提示されていた。ところが98年11月藤井治芳が副総裁に就任し(2000年6月には総裁)，投資拡大政策を進めた。そこへ今度は01年4月に小泉内閣が登場し，政策全般に構造改革を唱え，その一環に道路公団民営化を掲げたのである。

三者の関連はそれだけでは終わらず，02年6月発足の民営化推進委員会事務局次長に何と片桐が招かれ，改革推進の役割を与えられたのである（年表参照）[1]。通常の常識ではそこで片桐の多年の研究が役立ち，実行可能な改革案が作成され，首相は実行に移すはずであった。

しかし02年8月下旬，改革派にはすべてが暗転し，片桐の活動の余地はなくなった（次項）。小泉首相の方は12月に多数決による委員会意見書を受け，「基本的に尊重するが，内容を精査し，必要に応じ与党とも協議する」との考えを示した（その後1年間多くの曲折を経ながら，2004年3月の法案提出となった。第Ⅵ章）。もし委員会全員一致の意見書であれば「最大限尊重する」といっていたかもしれない。03年1月片桐は公団の総務部調査役という閑職に移された。2003年初めまでの3人の役割は以上のとおりであり，なお守旧派堅守であった。

この間の攻防の経過を正確に理解するために，まず小泉内閣でなかったらどうであったかと考えると，おそらく政治が公団問題を取り上げる時期が遅れた。しかし改革なしにすませたかといえば藤井総裁による投資拡大は永続できる状況ではなかった。高速道路利用量がすでに停滞段階だったからである（後述，表3-1参照）。

次に藤井がいなければどうであったか。1990年代後半早くに公団内部においてその限界が想定され，拡大政策を抑制した形で体制の永続をはかっていた可能性がある。

最後に片桐がいなかったらどうであったか。おそらく公団内部における改革派職員の誕生と増加が遅れた。2003年5月から9月にかけての攻防の代わりに陰湿な経営管理が続いていたであろう。

以上の3人のうち誰かがいなければ，2002年から04年ごろまでの状況は全く違っていたと考えられる。しかし04年にも改革論議なしですませたかといえば，公団経営が悪化し，誰かが別な形で改革を唱えていたに違いない。交通量が伸びないのに赤字路線が開通していくのでは誰の目にも限界が見えるはずであった。

それでは03年1月から9月に小泉が自民党総裁に再選され，内閣を改造する

まで，3人はどのように行動したのか。まず小泉首相は第三者のように沈黙し静観した。道路公団改革は口にするだけで具体策を示さず，人事も行なわなかった。改革派から見れば改革の意思を疑わせる態度であった。9月の総裁選を小泉は意識していたに違いない。

藤井は片桐に対し積極攻勢に出た。5月8日，すなわち5月16日に朝日新聞が財務諸表の存在を報道する前に片桐にフランス行きをすすめている。片桐は3月からこの話を持ち出されていた。総裁としては何としてもこの改革派指導者を国外に追放しておきたかったのである（第Ⅰ章第3節第1項参照）。

しかし外国勤務は雇用主の権力によって強制できることではなく，6月1日に四国支社に転勤させた。この方は命令できた（当初は副支社長，後に8月1日調査役）。辞令により彼の活動を封じうると考えたに違いない。特に時期として，6月9日の財務諸表の公表の前に東京から追放することを考えた[2]。

しかしかえって公団問題への国民の関心を高めることになった。藤井の行動は委員会に代わって国民に公団問題を意識させたのである（第Ⅳ章第1節第1項）。

片桐の方は7月10日発行の『文藝春秋』に藤井批判を書き，藤井は民事および刑事の裁判に訴えた（第5項）。自分で自分を批判させる舞台を作り，「時の人」になりたかったのであろうか。

2人の対決の準備が整ったころに内閣改造があり（9月22日），小泉が道路公団改革にどのような措置を取るか，まず第1に藤井総裁の人事を行なうかが注目された。その人事は首相への国民の評価を決定することであった。

小泉・藤井・片桐は2003年9月，以上のような関係位置にあった。藤井の更迭が10月に入って準備されるのは後に述べるとおりである（第Ⅳ章第2節）。

(2) 改革指導者としての片桐幸雄の経歴

7月10日の片桐論文は，守勢に追い込まれ絶望と思われていた改革派の力関係をいっきょに好転させた。この日を境に国民の関心は再び盛り上がり，公団改革が今後の小泉内閣の緊急課題であることが改めて認識された。しかしそれ

第Ⅱ章　改革派OB・職員の死闘と言論界の支持(2003年5〜9月)　57

だけに藤井総裁の敵視は激化し，片桐はついに民事・刑事両面から告訴され，その行方が注目された（民事は7月25日，刑事は8月22日）。

社会の地位からいえば，日本道路公団の一幹部職員とその「総裁および組織」との戦いである。ただし片桐にはマスメディアの勢力がついており，言論側は片桐問題を通して日本の政治行政の在り方を追究したのであった。いわゆる「政・官・業」の癒着への攻撃であり，その是正を求めた。公団民営化はそのための方策を意味し，かつての国鉄改革と同じ成果をねらうものであった。

片桐はまさに公団内部においてこの改革を推進した。彼は1973年に日本道路公団に就職し，1995年にはこの問題に専念すべき地位を与えられた（次項）。しかしその研究成果を好まない幹部と次に出会い，本来のコースから外れたものの研究は一貫して変わらなかった。

たまたま2001年には内閣がこの問題を取り上げ，2002年6月民営化推進委員会の発足に際しその事務局次長に任命された。6月から8月にかけては7人の委員に次ぐ実力者として「第8の委員」とまでいわれた。もし彼に全権をまかせて意見書を書かせておれば，国民が納得する内容ができあがっていただろう。しかし8月下旬，片桐の見解と異なる方向に委員会の議論が進み，その「中間整理」となった。以後片桐は自己の見解を盛り込む機会を与えられなかった（文献11，第Ⅲ章参照）。

8月下旬からの冷遇に直接のきっかけとなったのは，中村委員の上下分離案*に，すなわち当局側が最も強く期待した案に（あるいは当局作成といわれる案に）公開の席で真っ向から反論したことであっただろう）。この反対発言は新聞でも報道され，この問題の重要性が国民に伝えられた。一躍片桐の名が知れ渡った（文献11，p.105〜108）。

＊中村案の構想はその後の国土交通省案（図6−1）の主軸となった。

以後の委員会は片桐を排除したままの討議であり，やっと多数決により改革の名は守り抜いたものの，「意見書」は各委員の種々の対立意見の妥協合成に終わった。事情を知らない第三者が読んで論旨を一貫した体系として理解でき

るかどうかは疑わしい。

　委員会以前に片桐とそのグループが検討した成果は，外部研究者の名前で発表されており(文献51)，すでに民間基準による財務諸表も作成されていた(前述表2-3)。公団内外には前途に不安を感じ，改革を必要と考えていた人たちがいたのである。これはどこの組織でも当然のことで，国鉄もおそらくそうであった。そのOBの私自身は個人として発言していて，幸い公の場所でも私見を述べる機会を与えられた(文献52, p.85)。

　当然のことながら改革をめぐっては賛否が対立する。国鉄改革の意見をOBの私が述べた場合は現職でなかったから左遷などはありえなかったけれども，反対意見の人たちとの意見の交換はできなくなった。何かを犠牲にしなければ目的は達成できない。

　片桐の場合はその正論によって組織内部の反対派から圧迫されると同時に，その正論を支持する部外者，特に報道関係者に注目され，彼の意見はマスメディアの判断に反映したと考えられる。委員会内部の対立状態の中で長時間の討議を数行にまとめる記者の苦労は想像を絶するものがあり，時には活字に組んだ文章をまた書き換えることもあったという。そのような折には片桐の存在は特別の救いであっただろう。

　なおさかのぼっていえば，片桐には，以上に述べた1995年からの経過の10年前に，藤井有料道路課長(建設省)の下で課長補佐(公団から出向)として働いていた経験がある*。アクアライン建設をめぐって両者の意見は対立した(次項参照)。1985年11月から二人の長い闘争の関係が始まったのであり，それが今日まで続いたのである。しかもマスメディアだけではなく，司法の場にまでそれは広がった。

　　*片桐の出向は1985年8月(87年8月転勤)。藤井の同課長就任は85年11月(87年1月道路局企画課長)。

(3) 片桐の先見性—民営化を主張

　ここで今日の読者のために片桐がどのような風潮の中で改革の戦いを続けてきたかを説明しておきたい。政治の大改革も一企業組織の改革も，それらが実現し成果が得られた段階では，当然なされるべきことがなされたと扱われやすい。実現までに苦心した人たちの創意も工夫も忘れられる。しかし，時代の流れが必然性を持つにせよ，人材の有無により改革実現の時期と内容は異なる。「必然」の過程においても「偶然」が働く。片桐は所属組織のために改革案を早くから準備した。彼にはまず当時進行中の国鉄の教訓があった。私の見てきた限りでは，国鉄のような公共企業体（公企業）と私企業の民鉄とでは，この人材の活躍が大きく違っていた。鉄道は交通界全体の中で分担率が低下と予想されても，国鉄は労使ともに対応が遅れた。その背後には不可能を強制する政治行政があり，政治行政はやがて発生する赤字の負担を利用者以外の国民に押し付けるという不公正＝反正義を隠蔽した。彼らが使った抜け道は将来の客貨需要を大きく見込み，今は赤字でも先は黒字という釈明であった。政治行政も公企業労使も負担はすべて先送りにした。私企業ではそのような詐術を認めない株主がいるので，一般に投資に慎重である。経営状態が悪化すればたちまち「無配」の赤信号が警告する。

　この警告装置のなかった国鉄は何と1964年（東海道新幹線開業の年）から86年まで実に23年間も赤字を積み上げたのであり，その大部分が納税者の負担になった。しかも驚くべきことに，それでも政治家たちは赤字必至の新幹線建設を要求し，結局解決は大部分が税金による整備新幹線という妥協になった（第Ⅵ章第3節第2項参照）。ただしこの妥協は資金枠で押さえられ，改革の効果があった。その後2004年3月までの開通路線は340kmにとどまる（東京—上野間を除く）。

　国鉄改革は今日から見て時代の必然だとされても，その実施は余りにも遅かった。遅れの点でも道路公団改革の先例であった。すでに1980年代半ばに片桐はその経過を観察し，道路公団と比較していた。建設省有料道路課課長補佐という地位は国全体の道路計画（特に東京湾アクアラインのように「高速道路

以外の有料道路)を正義と合理性の理念の下に検討するのにかっこうの場所であった。

1980年代半ばといえば,60年代のような高度成長ではなかったけれども,日本はなお自信にあふれ,経済拡大政策の下に「バブル経済」(1987-91年)を作り出してしまった。次いで1990年代半ばにはその負の重荷が道路公団にものしかかっていた(後述,図7-1参照)。片桐が次のように書いた1995年は正にこの時期であった。

> 私が本格的に道路公団民営化の検討を始めたのは,……1995年,経営企画課長のときでした。当時の幹部に具眼の士がおり,「このままではいずれ道路公団は駄目になる。今から内々に勉強してくれ」というテーマが与えられたのです。そこで,当時の経営企画課を中心に,半ば業務命令,半ば自主性を尊重するかたちで研究が始まりました。(『文藝春秋』2003年8月号,p. 106)

その結論として自己責任をきびしく感じる経営者が得られない以上,民営化しかないという判断に落ち着いた。悲痛な結論であった。

> 私なりの結論をかいつまんで言います。実は,ある条件が厳密に守られれば,道路公団を民営化する必要はないと考えます。その条件とは,厳しい自己責任です。経営者が「この道路は有料道路として造れるか造れないか」を正確に判断し,万が一失敗したら,自分で責任を取るシステムがうまく働けば,道路公団方式で構わないのです。道路公団がきちんと経営責任を負える組織,もっといえば「まともな会社」になれば良い。これは今でもそう思っています。
> しかし無念なことに,検討を重ねれば重ねるほど,「自ら責任のとれる道路公団」は不可能と思えるようになってきました。道路公団のトップである総裁は,国土交通相に任命権があります。藤井氏のように,各方面からの批判に満足に答えることも出来ないような総裁であっても,扇千景国交相一人

の信任を得れば，その地位は安泰です。しかも，歴代総裁の大多数は国交省（旧建設省）からの天下り組。これでは，国交省に道路を造らせたいという意思がある限り，採算のとれない道路建設にストップをかけることは事実上，不可能です。さらにいえば，道路公団の半分を占めるのは技術系の職員ですが，彼らの多くは道路建設に自らの存在意義を見出している。内外どこをみても，道路建設への歯止めは見つからないのです。

　私たちが目指すのは，嘘をつかない仕事がしたい，ということに尽きます。必要な道路はもちろん造らなくてはなりません。しかし，そのとき，誰がコストを負担するのか，どういう目的で造るのか，それをきちんとオープンにした上でなければ，その道路は造ってはならない。それらを曖昧なかたちで進めたのが，本四道路であり，アクアラインでした。有料道路課長補佐としてアクアラインの建設にかかわったことは，今なお，私の人生の大きな負債です。

　片桐が評価されるのは，単に以上の結論に達したというだけでなく，その結論を実行に移そうとしたことである。しかし「民営化への働きかけに」「複数の財界人」に「協力を仰」いだけれども，「この作業は頓挫し」た。

　96年から97年にかけて，私たちは公団の特殊な会計を民間企業並みに置き換える作業に取り組みました。昨年行なった財務諸表作成と似た性質の作業を，6年も前に試みていたのです。当時，高速道路だけを対象に試算した結果は，かろうじて採算が取れているというカツカツの状態でした。民営化はもはや一刻の猶予も許されない。結果を幹部に報告した上で，複数の財界人とも相談して，民営化への働きかけに協力を仰ぎました。しかし，結局，当時の政治状況の前に，この作業は頓挫し，97年夏には私自身も経営企画課から異動になりました。

まもなく藤井が副総裁として公団に入り(1998年11月)，次に総裁となり(2000年6月)，極端な赤字投資政策が始まった。たまたま小泉内閣が2001年4月に発足し，その阻止に回った(第1項)。しかし小泉が任命した国土交通相はその意図のとおりには動かず(第1節注(1)参照)，すべてが次の改造内閣に持ち越された。国民の債務はこの間にも増大した(表1-3)。

さて2003年8月日本道路公団の内部は8月10日の論文(文春第2弾)が指摘した次の状況にあった(p.155)。

　藤井総裁の言動を見ていると，現在の道路公団がいかにまともな組織ではないかを日々公表しているようなものだ。また，そうした藤井総裁の暴走にご説ごもっともとへつらい，ときに先回りする濃添氏ら側近も同罪である。現在，藤井総裁の更迭が取り沙汰されているが，藤井総裁を替えるだけでは，真の道路公団改革にはならない。

　あるものをないと言い，正気とは思えないような秘密会議によって部下を陥れる。財務諸表の隠蔽というひとつの嘘が，無数の嘘の連鎖を生んでいく。これは予想交通量を水増しし，償還期限を延長し続け，優良道路に負債を負わせながら，赤字道路を建設しつづけてきた道路公団の体質そのものではないか。道路建設という結果さえ出れば，途中でどんな嘘をつこうと，手続きを軽視しようと構わないという体質を体現した藤井総裁の存在によって，その病弊が一気に顕在化したともいえる。

　真実に気付き「王様は裸だ」と指摘すると，嘘つきのレッテルを貼られ，片桐氏のように訴えられてしまう。このままでは道路公団という組織自体がモラルも自浄能力も失って，崩壊してしまうだろう。思い切った外科手術が，国民のためにも望まれている。まず，その最初の一歩として「亡国の総裁」は自ら，お付きの側近とともに，身を引くべきではないか。

この状態を解決するためには，片桐に全力を発揮させる総裁を迎え，彼にそのような地位を与えればよかった。それによって改革をめざす役職員の総力が

結集されたであろう。8月はそのように考えられた。

(4) 藤井の主張と計算―時代の変化を無視

　藤井に限らず，○○官僚とか○○族議員と呼ばれる人たちには，国全体とか国民の負担という観念が弱い。あるのはその集団の業務量の拡大，資金の獲得が主である。道路関係者が財投資金などの借入により建設することとした公団方式は設定当初の制約を超えた投資拡大の方向に運営されていった。

　交通量が増加する段階において調達枠を対応させながら投資していく限りではすべては順調に進む。しかしやがてその変わり目がきたとき，過去の惰性で仕事を続ければ，借入金の利払いさえむずかしくなる。特定区間に巨大投資の本四公団においてまずそのことが実証された。1988年瀬戸大橋が開通したころに国全体の道路投資に転換が必要だったのである。

　藤井はすでにその前から道路投資業務の中枢にいてその責任は大きかった。しかし彼は時代の変化に拡大政策一本やりで対応しようとし，その方針を一貫してつづけた。これに対し片桐の方は前述のとおり日本道路公団について方針の転換を1995年時点で考えていたのである。負債を累積しても建設さえ進めばよいという主張と，債務返済と建設の調整を考える見解の対立であった。

　一般に財界も国民全体も積極拡大を好み，それを縮小に転換するのを喜ばない。また公企業の方が民間企業よりも投資能力が大きく，事業拡大に適すると考える。おそらく片桐が財界に相談しても不調に終わったのにはこの理由も含まれていた。

　幸い国鉄はこの点では例外であった。鉄道には国有国営（あるいは公共企業体）とともに民鉄が古くから存在し高く評価されていた。また歴史をたどれば，1950年代占領軍の支配が終わった後に，公共企業体は非効率であり，民間企業に分割すればよいとの主張が財界からあった。したがって1970年代後半，国鉄の分割民営化が唱えられると，ただちに財界の支持が集まったのである（文献5, p.191～196）。

　1981年，第二次臨時行政調査会が発足したとき，国鉄の分割民営化の主張が

即座に受け入れられたのはこのような背景があったからである(文献52, p.85〜87)。それからしばらくたって、民営論が経済全般に普及した。

しかし道路投資について1996年ごろ片桐が民営化を財界に説得しても、国鉄の先例があったとはいえ、すぐには理解されなかった。おそらく多くの財界人は公団方式を収支均衡の範囲において維持し、それ以上は国の直轄事業と考えたのかもしれない。

なお道路は鉄道とは異なり、建設部門における比重がきわめて大きく、その投資規模の縮小は望ましくないとの判断があったと思われる。

すでに片桐が心配したように、投資を抑制すべきだった1990年代に藤井は公団の責任者として逆に投資存続政策を打ち出した。その際の計算は、道路関係の多くの人たちと同様に、利払いができる間は投資は存続できるとの発想であった。公団の会計方式では減価償却費は計上できなくても、管理費と利子を支払いうる間は黒字経営とされていたのである。実態が赤字でも、資産が老朽化しても、なお投資が可能とされた。

もちろんそれには警告がたびたび発せられていて、次はその一例である。

　道路公団は政府の信用を背景として巨額の借入金で事業を行う。この借入金はきちんと返済をしなければならない。ところが、道路公団方式では、財務諸表において、「健全経営」の観点から各期に経営者に求められる収益で賄うべき費用は、きわめて低いものとなる。減価償却費や除却費といったものが費用化されずに、すべて「先送り」され、これら本来の「費用」を除外して、1円でも借入金の返済を行えば「黒字」となってしまうからである。この会計方式では、償却前赤字となる(現在の本州四国連絡橋公団の現状がまさしくそれである)までは黒字ということになる。そして累積欠損が償還準備金と資本金を食いつぶしてしまうまでは、貸借対照表上は「経営は順調」ということになってしまう。つまり、貸借対照表、損益計算書とも道路公団の経営実態を示さず、経営状況が悪くなっていたとしても、決定的な破綻に至らないかぎりは、何の警鐘も鳴らさない。これは決して絵空事ではない。

この後に見るように、道路公団の一般有料道路では、それがすでに現実のものとなっているのだ。

しかし、こうなってしまっては遅すぎる。国鉄の会計方式は企業会計方式に準じたものであり、道路公団方式よりは、はるかに健全であった。減価償却費も除却費も計上しており、赤字、償却前赤字の順に、警鐘を鳴らすことができた。しかし、その国鉄ですら、改革にあれほどの時間を要したのである。(文献51, p.58, 59)

このような道路公団経営では、除却費が計上されていないため資産とされていた施設が「存在」しなかったり(したがって民間基準で計算すれば資産額が減少する)、減価償却費等を計上すれば損益が赤字になったりする可能性がある。この意味で藤井はその種の計算を行なうことを恐れた(第Ⅰ章第3節第1項)。事実、2000年度についての計算において貸借対照表が債務超過だったため、その作業までもなかったことにしようとした。

2002年度についての計算(表2-2)では資産超過となったものの、今度は逆にそれに伴う経費増加が心配され、減価償却費を低くする操作が加わった。そうしなければ損益は赤字になったのであろう。

この計算を命令した責任者に更迭の声が高まるのは当然であった。

(5) 小泉の不決断、財務の可否は司法の場へ

小泉首相が公団民営化を唱えたのは、財投資金による道路建設が過度に進んで、負債返済が不可能となることと国費の負担が重くなることをおそれたからであり、まず国費投入は2002年度は廃止した(第Ⅰ章第1節注(1))。しかし政・官・業は債務による資金調達を形を変えて温存しようと争った。

2002年には「上下分離」の提案があり、さらに2003年8月にはその工夫によって資金を調達する法案が伝えられた(第1節第5項)。要するにどのような形であろうと、資金ができればよい。それには現在の財務の状態が健全であると主張できればよかった。片桐などのようにそれに疑問をはさむのは論外であった。

まして2002年7月の「幻の」財務諸表の作業の有無など,昔話に過ぎない。2003年6月公表の財務諸表は資産超過であったし,したがって今後はそれらを前提に施策を進める。その具体策として8月に報道された資金調達方式を設ける。

このように行政と企業が画策し,それを道路族議員が支持する場合,その阻止は首相の権力でも容易でなかった。国鉄問題にせよ,道路公団問題にせよ,投資によって納税者の債務を増加する可否は経済の議論ではなく,政治判断なのである。政治家たちはどの政策が集票につながるかを考える。8月は次の総選挙を間近にひかえて特にそうであった。

国民多数が高速道路作りは反対（第Ⅴ章第1節第1項）でも,議員の多数がそれを望めば道路投資は続く。それが納税者の重い負担であることに気付いた政治家がそれを直そうとしても簡単には動かない。世論における不評がつづいてやっと首相が決断する。国鉄改革でも中曽根首相に時間が必要だったように,今回の小泉首相にもそうであった。小泉内閣はそのような中で9月の内閣改造まで動かなかった。

そこで新内閣発足後,中曽根が国鉄改革を決断した1985年6月までの期間を数えると,82年11月から2年6カ月余り後なのである。当初は与党内では改革勢力は大きくなかったし,田中角栄元首相はなお健在であり,慎重に決断の時期を見る必要があった。説を唱える者は田中が85年2月病気で倒れたのが一つの契機になったという。

小泉の方は与党内では当時の中曽根以上に地位が弱い。頼みは国民の支持である。内閣支持率は2003年8月30,31日の世論調査では57.7％（前回7月の52.2％より5.5％増,読売2003年9月2日）であった。しかし国民の支持は直ちに議会内の勢力にはつながらない。そこで公団をめぐる政・官・業の守旧勢力には首相は直接には意思表示しない。内閣発足後2年5カ月でもそうであった。

したがって9月2日扇国土交通相が,日本道路公団の2002年度の財務諸表が資産超過であることに「検証」があった以上,もはや総裁を更迭する理由はないといえば（日経9月2日夕刊）[3],首相はそれには触れなかった（なお第3節第5項参照）。

しかしここで誰でも気付くのは，それでは国土交通省としてこの財務諸表，すなわち非常に大きな資産超過という前提を認めるのかどうか，認めるとすれば次の投資計画とどのようにつなげるのかを明らかにしていないことであった。財務諸表の公表は6月9日であり，行政には9月初めまでにその時間があったはずである。

行政がその機能を果たさなければそれを告訴告発するのが国民の立場である。ところが，片桐個人には迷惑なことだけれども，片桐を民事刑事の法廷に引き出すことがなされ（第2項），国民はこの問題への行政と公団の態度に司法の判断を聞くことができるようになった。地裁・高裁・最高裁と時間を十分にかけて国民の負担を明確にしていけばよい。政・官・業癒着勢力の代表は藤井総裁とその公団であり，国土交通相の9月2日の発言もその中で適否が示されよう。9月22日改造内閣発足の直前に状況はこのように判断された。

(6) 9月1日 民事裁判の開始

5月には朝日新聞の報道（「幻の財務諸表」の現存の指摘），6月には新しい財務諸表の公表，7月には片桐の文春論文，8月は職員たちの文春論文と続いて，9月は司法による解明が始まった。解明を求めたのは藤井総裁側（総裁および公団）であり，片桐論文を理由に片桐と文藝春秋（社）に対し名誉毀損等に対する損害賠償を求め，民事裁判が始まった。

改革派には真相を究明するためにさらに一つの場所が与えられたことになる。国民としてはこの裁判の継続が守旧派総裁の地位の存在につながるのかどうかも見所となった。司法が結論を出すまでは総裁を変えるわけには行かないという主張になりかねないからである。その逆に裁判の状況が不利になれば，すなわち情報隠しが実証されていけば，総裁を国民世論の攻撃に対してかばい続けることはできなくなる。

新聞は次のように報じた。

片桐側は「裁判で適切な判断を下すには，財務諸表が何種類あるかを明らか

にすることが必要」として、公団側に証拠提出を求めた(読売9月2日)。

　文藝春秋側は「記事はすべて真実」と反論したうえで、公団側に財務諸表関連のデータや諸表の作成過程がわかる資料、打ち合わせの議事録などの開示を求めた(日経同日)。

　さてさかのぼって公団側が片桐側を提訴したのは7月25日であり、当時すでに藤井総裁への外部の批判は高まっていた。民営化推進委員会は3日前の22日に「藤井総裁の更迭を求める」決議をしており(日経7月23日)、「藤井氏の更迭時期　総裁選にらみ探る」と首相の意向が推測された(同、この総裁選は9月の自民党総裁選である)。

　この段階では公団は「債務超過を示す財務諸表が公式に作成された事実はない」としてきていた(同)。その後の経過はすでに述べたとおりであり、その作業の資料が確認されたのに対し、公団は公式のものではないと言い続けていたのであった。

　ここで第三者として見たとき、もし8月10日までの事実解明が進んでいたとしたら、7月25日の民事告発があったかどうか、疑問が起こる。8月10日までの経過があってもなお踏み切っていたかどうか。その判断は今後の進展を見ればつけられよう。

　いずれにせよ9月1日の法廷における片桐側の要求は、財務諸表作成の成果物の現存が8月7日には確認され、公表されていたことを前提とする。7月25日の訴訟提起はそれらをなお隠匿し不存在としていた段階である。この一連の経過が両当事者にどのように影響するかが注目されることになった。

　次に参考に国鉄の経験を補論として述べる。

〔補論〕　国鉄改革に中曽根首相の役割

　総裁が職員を民事訴訟の場に引き出し、さらに刑事でも告発するという事件は国鉄改革ではおこらなかった。ただし当事者がその検討をしたか、しなかったかは今となってはわからない。

　今日から回顧して国鉄改革に関し中曽根首相の人事が評価されるのはその後

第Ⅱ章　改革派OB・職員の死闘と言論界の支持(2003年5〜9月)

半の段階と考えられる。例えば田中一昭(道路公団民営化推進委員会委員長代理)は2003年8月8日に次のように述べている(『行革国民会議ニュース』No.130, 2003年8月, p.11, 12)。

【田中】私自身，長年中曽根さんと付き合ってきて偉いと思ったことは人事ですね。土光臨調に問題を丸投げしていて，それは小泉さんどころではないのですが，一点集中，国鉄問題で，運輸大臣をどんどんそのときにいちばんふさわしいひとを持ってきた。山下さん，三塚さん，橋本さんと，その時点でいちばんふさわしいひとをあてているのですね。ところが，小泉さんが道路問題，郵政問題を大事だとされるのであれば，それにいちばんふさわしいひとをあてないといけない。……

　国交大臣には女性の人気などそういうことではなく，自分の改革を実行してくれるひとをあてないといけない。そうすれば，うまくいきますよ。

　　(角本注)運輸大臣就任は山下徳夫が84年11月1日であり，このころ亀井委員長は報告書提出の準備が整っていた。三塚博の85年7月17日は6月の改革決定を受けていた。橋本龍太郎の86年7月22日は自民党の大勝により法案成立が確実となった段階である。

さらに田中は中曽根が国鉄総裁を退任させたことにふれる。

　それから，中曽根さんについて感心したことは，決定的な瞬間に首を切ったということです。中曽根さんは非常に慎重なひとです。その彼が後藤田さんという最も信頼している先輩のリードもあったと思うのですが，断固として国鉄幹部の首を切った。

このように中曽根を回顧した田中には小泉首相と委員会との関係についての意識があったに違いない。彼が2002年12月委員長代理としてまとめた意見書を首相は田中から直接には受け取らなかった。もし当初の今井委員長からであれ

ば石原行革相経由といったことはなかったであろう。この扱い方にも小泉の態度が示されていた。守旧派はそのことにも希望をつないだであろう。

その後，2003年9月まで総裁交代があってもおかしくない場面が続いたのに首相は動かず，国土交通相は総裁をかばいつづけた。

政府の中ではようやく9月7日石原行政改革担当相が藤井総裁を更迭すべきだとの考えを示した。それまではその人事は国土交通相の責任としていたのである(読売9月8日)。

「監査法人が(道路公団の財務諸表は)細かいデータがないから監査出来ないと言っている。そんな会社の長が存続していること自体がおかしい」と，藤井氏を更迭するべきだとの考えを強調した。

つづいて9月9日国土交通相も藤井総裁の問題について，「なるべく早く民間人がトップに就いて，改革を進めることがよいと思っている」と述べた(日経9月9日夕刊)*。内閣改造が意識されていたのかもしれない。

* 1週間前の9月2日の発言は「更迭する理由はない」(前項参照)としており，判断に変化があった。なお第3節第5項に紹介の9月5日の発言を参照。

注(1) 片桐の委員会事務局次長への就任には外からの力が働いていたと推定される。
　　幸い事情は2004年2月田中委員長代理の著書(文献56)刊行によって明らかになった。委員会発足に当り総理は「事務局には公団の人間を入れる」ことを求め，田中は(いくらか面識のあった片桐幸雄日本道路公団総務部次長(当時)を推薦した。
　　事務局は総理の意に反して「結果的には国交省の"回し者"ばかりになった，というのが実態であった。」その中で9月以降は片桐は孤立した(文献56, p.42～44)。

注(2) その直接の契機は『週刊新潮』(5月29日号)の記事であった。片桐の左遷は7月1日と予定されていたのが，この記事(同誌は5月22日発売)を見て藤井総裁が，記事の背後に片桐がいると激怒し，左遷を6月1日に繰り上げたという。6月に公表予定の財務諸表に含まれる「企み」を予告され批判されたからである。「健全なのか，道路公団の財務」(桜井よし子)は次のように指

摘していた*。

　公団の財務については激しく見解が分かれている。民営化委員の猪瀬直樹氏らのように公団を「超優良企業」とする見方も，債務超過に陥っているとの見方もある。議論が二分されている中での財務諸表の作成がとりわけ注目されるのは，それが道路建設のあり方をめぐる烈しい戦いに決定的な影響を与えるからだ。……
　委員長の加古教授が語った。
「公団の事務局が，中間取り纏めの原案を出してきました。内容はちぐはぐで，論理的整合性に欠けていました。会計専門家の目から見ると素人の作文のようで，これでは駄目だとしたのです」……
　公団の都合ばかりを念頭においた原案はちぐはぐとして拒否された。専門家らの仕事を悪用する公団の意図が巧まずして拒否されたとも言える。このような失態を続ける公団の頂点に立つ藤井総裁以下責任者の辞任が強く求められる所以である。

*（角本注）財務諸表検討委員会（日本道路公団）（委員長は加古宜士早稲田大学商学部教授）は5月16日に第6回会合を開き，中間整理を行なうはずであったのを委員長は反対した。

注(3) 日経9月2日夕刊は次にように伝えていた。
　　財務諸表問題で責任問えぬ　国交相
　　　扇千景国土交通相
　　日本道路公団の財務諸表に対する監査法人の検証結果に関連し，藤井治芳総裁の進退問題について「粉飾決算などがあれば責任問題になると申し上げていたが，それがなければ，責任を問う根拠が見当たらない」と述べた。政府内に藤井総裁の更迭論は強いが，財務諸表問題だけでは理由として弱いとの考えを示した。

3　内閣改造前は改革先送り

(1) 首相は任務を果たしたか

　道路公団が今後数十年あるいはそれ以上にわたってさらに国民の負担になるのを阻止しようとしたのは小泉首相の功績であり，それを理由の一つとして彼の評価は高い。

しかし首相は最高の権力者であるから，それを達成しなければ，結果として国民に失望を与えることになる。

改革の実施をめぐってはその阻止をはかっていた日本道路公団藤井総裁の更迭はすでに前年2002年8月の段階で民営化推進委員会で論じられていた。その理由は情報の隠蔽であり，特に財務諸表に関してであった(文献11, p.100)。

その1年後，委員会は2003年7月に総裁更迭を決議した(第1節第4項)。世論も総裁を批判していたのに首相はついに動かないままであり，藤井総裁の更迭は自民党総裁選後(9月20日後)と9月初めには伝えられるようになった。それには扇国土交通相が総裁の更迭は必要も理由もないとしていることが関連した(本節第5項参照)。

しかしかつての国鉄改革においてもそうであったようにこの種の措置は一日も早くなされるべきであり，それを遅らせるのは，特に財務諸表の不適切が明らかになった以上，経営管理の上で大きな損失であった。

8月末，日本道路公団が，監査法人の検証を終えた後に財務諸表の「信頼性が確保された」ように説明したのに対し，9月2日日本公認会計士協会は公団を批判する声明を発表した。(日経9月3日)。それは同時に国土交通相への批判とも解せられる。日経は次のように伝えた。

> 日本公認会計士協会は2日，監査法人による日本道路公団の財務諸表の検証結果について「(監査と同じように)信頼できるかのような誤解を招く(道路公団の)説明がある」と批判する奥山章雄会長の声明を発表した。会計士協が個別の案件に言及するのは異例で，道路公団に強い不快感を示した。
>
> 会計士協は8月29日に公表された検証結果が金額の正確さなどを単純に検算したものにすぎないことを指摘。財務諸表が適正かどうかを結論づける「監査」ではなく，会計基準に沿って債務超過でないと判断したものでもないとくぎを刺している。

藤井総裁と国土交通相の双方について首相がその責任をどのように果たすの

か，小泉内閣の改造後の措置が注目された。その後の経過は第Ⅲ，Ⅳ章に述べる。

(2) 公団総裁の経営方針と担当相の判断能力

2001年以来の日本道路公団の動きを見ていてふしぎに思われたのは公団が企業として適切に管理されているかであった。適切に管理されているなら，その民営化がいわれたとき，民間企業と仮定した場合の財務諸表を作成し，企業自体として検討していたに違いない。また公有の企業としてそれは納税者国民への義務でもあった（第Ⅳ章第3節第2項）。

しかしそのような資料を準備せず，計数を把握していなければその責任者はそのことを理由に交代させられるのが当然なのである。

不適切な公企業運営を監督するのが担当大臣であり，大臣が必要な措置を取らなければ大臣自身の判断能力の欠如でしかない。そのような大臣の交代は首相の責任である。首相は国民のために権限を行使すべきであった。ようやく10月にこの方向で総裁の解任手続きが進められた（第Ⅳ章第2節）。

(3) 民営化推進委員会との関係

2002年6月発足の民営化推進委員会にはこの種の組織としては異例の委員長辞任が12月にあり，委員7人のうちの5人が意見をまとめた。そうなった原因は人選にあったと考えられる（なお第Ⅵ章第4節第2項参照）。

しかし同時に，限られた時間内の審議であるのに，余りにも多くの事項を持ち込み，議論を散漫にしてしまった委員会も批判されるべきである。戦略としては目標を明確にし，重点をしぼる必要があり，それに直接役立つ重要項目だけを議論すればよかった。「意見書」には「将来交通需要推計」「関連事業」「役員退職金の廃止・見通し」など多彩な項目が論じられた。それらは個々には重要でも改革の大筋が見失われるおそれが大きかった。大筋は，建設投資と債務返済とが両立するのかどうかの究明であり，すべての議論をそれにしぼるべきだったのである。

委員会の運営において発足当初に財務の実態を確認して、そこから討論するのが順序であった。しかしその基礎を固めないまま審議が進み、秋以降は多くのことが不十分な討議で終わった。その最大の原因は最後まで数字がなかったことである。

　数字を示さなかった公団側は2003年に入って数字を作成した。委員会が意見書を出した後はもはや安全と見越して自分たちの主張のために数字を作ったと解せられる。この状況において委員会の権威を回復するには、首相が今一度、正攻法*の作業を命じるのでなければむずかしい。すなわち監査法人の監査に耐えるだけの財務諸表を作らせ**、今後の経営と投資の可能性を算定し、それに基いて実現すべき新会社を示すことである。この一連の措置がなされるかどうか、すべてが改造後の内閣に持ち越された。(2003年12月までその種の作業の結果の公表がないまま政策論議が続いた。)

　　＊正攻法については第Ⅶ章第2節第2項参照。
　＊＊2003年6月発表の日本道路公団財務諸表は前述のとおり監査に値しないとされた(第1節第3項)。

(4) 首相の「真意」「着地点」

　改造前小泉内閣の政策を回顧して最後まで関係者を困惑させたのは最高責任者としてどのような解決を望んでいるのかという「着地点」「落とし所」が関係者にも報道人にも探りかねたことであった。2003年7月20日頃、すなわち片桐論文を受けて藤井総裁更迭の気運が高まったものの、その後は国土交通相が鎮静に向かわせた。また前年12月の多数決による報告を全面実施なのか不採用なのか、それもはっきりしなかった。

　しかし別な見方もできる。権力者は情報の洪水の中にあり、一つ一つの案件に自分の意見を持つことなどできるはずはない。周囲の様子を見ながら道筋が見えてくるまで待つ。あるいは主張者たちの勢力の均衡ぶりをにらんでいるのである。あるいは建設投資と債務返済の両立可能・不可能について適切な情報が入らなかったのであろう。

第Ⅱ章　改革派OB・職員の死闘と言論界の支持(2003年5〜9月)　75

　今回の道路公団対策と同じ経験をわれわれがしたのが国鉄問題を抱えた中曽根内閣であった。臨調の分割民営化答申が出たとき翌年にも実現するように思われたのが、決断は3年後であり、実現はその翌々年であった。

　その間に改革に不向きの総裁をそのまま在任させていたり、消極の運輸大臣を任命した(文献52，p.172〜176)。おそらくこの期間中は自分自身の判断をなお決めかねていたのであろう。

　小泉首相は「丸投げ」の定評がある。それに対して中曽根の改革「決断」がよくいわれるけれども、後者の決断も長期の丸投げの後であった（第2節第5項、第6項補論参照）。

　さて小泉首相の経過をたどると、2002年末に委員会の報告が出るまで、首相の真意がどこにあるのかがしばしば話題になり、委員会の多数派も少数派も自分こそはその意向を代表しているように考えていたらしい。特に今井委員長は首相と直接に話ができる信頼関係があったから、そう考えていてもふしぎではなかった。しかし実態が急変しつつあることに首相も気づいていてなお踏み切らず、真意を伝えなかった可能性がある。政治史のたとえでいえば、もはや「改良」ではなく「革命」の段階なのに、旧来の「経営改善」ですませ、「改革」を先送りする今井案は通用しない。かつて国鉄当局と運輸省は「経営改善」で大転換を免れると楽観した。しかし国民は「民営化」という改革を要求したのである。この発想の切り換えがどの程度に必要かを確認できるまで首相は時間を置いたとも考えられる。

　首相が途中でどう判断していたのかは国鉄についても不明のままだし、今回、道路公団にもそうであろう。すなわち首相には真意というべき判断があったのに委員長も多数派も見誤ったので首相は実行に移らなかったのか、それとも前述のように方針を決断できるまで時間かせぎをしていただけで真意などはなかったのか。

　さらにこれには今回の委員会報告が全員一致ではなく、多数決によったことも関連していよう。首相としては委員長との信頼関係があり、同じ内容を委員長の名で、全員一致の形の報告であれば、大改革ではあっても採用しやすかっ

たであろう。しかし，内容がたとえ賛成したくても「多数決」の報告では最大限尊重するとはいえなかった。自分でもさらに考えようとしているうちに時間が過ぎた，このようにも想像される。

(5) 行政も企業も専制政治──すべては停滞

2003年6月公表の公団財務諸表は発表と同時に批判が集中し，それに答える発言が9月5日に国土交通相からあった（日経9月5日夕刊）。守旧派の見解を代表していた。

　監査法人による日本道路公団の民間企業並み財務諸表の検証結果について「故意に粉飾したものでないことがわかればそれでいい。公団の基準に基づいて作成されたことは証明されており，私は納得している。これ以上，だれにどう尋ねればいいのか」と述べた。検証で財務諸表の一定の信頼性は確保されたとの考えを示したものだ。

この発言にはおそらく多くの人が驚いたに違いない。国民の聞きたかったことに答えず，討議を打ち切り，疑問の多い財務諸表をそのまま押し通したからである（第2節第5項参照）。

「公団の基準」がそのまま守られておればよいというのではなく，この基準自体が適切かどうかが問われているのに，それに答えていない。この談話では監査法人が前述のように「監査」はできないと拒否した意味が理解されていないのである（第1節第4項補論，本節第1項）。

このように問答無用の態度は戦前の強権政治を思い出させる。さらに日本道路公団は過去の資料がないので再調達価格により資産額を算定したという。他の3公団はそうではない。まずその事実を解明すべきであった。たしかに資産額の算定は企業独自の判断により選択できる（第1節第3項参照）。しかしそれには資料の有無と同時に，その選択により今後の経営にどのようにひびくかを公表時に明らかにしておくべきであった。公団が示さないときは，行政が国民

に代わってそうすべきであるのに今回の発言なのである。これでは絶対王政の専制政治でしかない。

　専制政治の下では権力組織が利益追求の中で合理性を失い，崩壊する。不可能を求めるからである。司馬遼太郎『坂の上の雲』は1904，5年の日露戦争を取り上げ，開戦当時にアメリカ大統領が，専制政治のロシアが敗北すると予想したこと，当時のロシアの陸海軍もそれ以外の政治行政も権力主義，官僚主義の下に硬直し，かつ腐敗していたことを述べる[1]。その数々の事例は今日のわが国を考える上で多くのことを教える。

　専制政治の政治家と行政官はすべての条件を自己に有利なように設定し，それを強権で押し通した。途中で状況が変化しても修正に時間がかかり過ぎた。道路公団の例でいえば，交通量が伸びず，料金収入もそうである段階に入っても，過去の高度成長期の計画に固執しているのに似ていた。今回の財務諸表の場合は，収入の急増期ならば資産額を大きく算定しても経営に不安はない。そうでなければ財務は行き詰まる。

　守旧派の硬直した発想を是正しようというのが公団民営化を求める改革派の主張なのである。それに対して行政の責任者が守旧派の頂点に立つのでは，その後の小泉内閣の前途は危ぶまれた。政府の公約がもっともらしく書かれていても人選がそれを裏切れば，国民の支持は得られない。周知のとおり日露戦争はやがてロシア革命の導火線になった。

　第Ⅱ章を終わり，第Ⅲ章に改造小泉内閣の措置を取り上げるにあたってゲーテの言葉を紹介しておきたい。彼は政治の責任者として改革に苦心した。その体験からの主張であった。

　　現代は，誰も沈黙してはならない。誰も負けていてはならない。わたしたちはどしどし物を言い，積極的にうごくのだ。相手を征服するためでなく，自分の陣地をまもるために。だから，多数意見か少数意見かは，もはや問うところでない。（人文書院『ゲーテ全集11』p.144）

　歴史家の義務は，真実と虚偽，明確と不明確，疑問と非難を，はっきり区

別することだ。(同 p. 155)

　専制政治は「真実と虚偽」が識別されることを嫌い,批判者の発言を封じる。国鉄改革以来,公企業の「民営化」がいわれるのは,まさにこの弊害を排除するためであった。
　残念ながら本章に取り上げた改造前の期間には小泉内閣はそこまでは踏み込まなかったし,期待は内閣改造後に持ち越された。ただしその期待も当面は失望に終わるのは第Ⅵ,Ⅶ章に述べるとおりである。それだけにゲーテの言葉の意味は大きい。

　注(1) 参考までに司馬の文章のいくつかを掲げる。
　　――ロシヤは独裁国だから負ける。
　ということを,日露戦争のはじまる前において予言したアメリカ大統領セオドル・ルーズベルトの言葉は,ロシヤ外交のこういう面にでも応用されるであろう。(文藝春秋刊(四) p. 256)
　……ロシヤの官吏は文官であれ武官であれ,もっともかれらが怖れるところのものはその国家の専制者――皇帝――とその側近者(皇后をもふくめて)であり,かれらはつねに対内的な関心のみをもち,その専制者の意向や機嫌をそこなうことのみを怖れ,「人が何といおうともロシヤ国家のためにこれが最善の方法である」といったふうな思考法をとる高官はまれであった。専制の弊害はここにあり,ロシヤが戦敗する理由もここにあり,さらにはニコライ二世皇帝がついにはその家族とともに革命の犠牲になり果てるのもここにあった。(同(六) p. 65)

第Ⅲ章　改造内閣の登場

　公団改革への支持が片桐論文によって盛り上がったのに，扇国土交通相はそれを押さえる側に回り，首相は沈黙のままであった。9月22日発足の小泉改造内閣には国民は従来ほどの期待は持たず，改革法案の行方と藤井総裁の進退に注目しながら，同時に民主党の政策提案（高速道路の無料化）にも関心をいだいた。

　しかし11月9日の総選挙に対して与野党いずれも，改革の具体策を提示しなかった。政治がいかに国民軽視であるかがよく示された。彼らの「政権公約」は背信の一語に尽きた。この間，新任の国土交通相はその前職（行政改革担当相）の経歴にもかかわらず，改革の方向を示すことがなかった。数字により実態を把握する訓練が欠けていたためであろう。

　改造内閣および第2次内閣は，民主党の脅威を感じながら，結局，国土交通省の筋書き（8月報道）をたどった（第Ⅵ章第4節）。本章はその始まりを述べる。

1　国民の不安に政治の遅れ

(1) 関心の盛り上がり

　2003年秋，公団問題に国民の関心がさらに高まったのは，改革派の努力により状況が周知されたからであり，小泉首相として改革をいう以上はこの好機を利用すべきであった。公共資金を借り入れて建設し，長期にわたって返済した後に無料とする「公団方式」が，1990年代に限界に達していることが理解された。東京湾アクアライン（1997年）や本四公団3ルート（1999年）が実証したように，最近の投資は永久赤字に転じてしまった。すでに4公団の債務は40兆円を

超え,その収入総額2兆5千億円の16倍以上に達する(表2－2)。債務をこれ以上膨張させてはならない。国民はそのことを認識した。

　今後の投資がすべて赤字であるとき,債務はさらに増加し,企業は返済不能に陥る。期待されていた利用量の伸びは今や停滞の永続である。公団への公共資金(財政投融資)の貸主は国民の郵便貯金などであり,貸し倒れがあってはならない。国民はそのことを認識した。

　対策として公団方式の赤字投資はただちに中止し,赤字営業は改善する。あるいは一般道路に移す。投資は社会として必要であれば他の方式(実際には国・地方の直轄)に転換し,在来路線の営業は民営に変える。その際返済不可能の債務は国が肩代わりする。

　かつてわれわれは国鉄に対してこれらの措置を取ってJRを発足させ,成功と評価される。再び同様の対策に支持が集まってきた。

　しかし国鉄についてそうだったようにこの改革には政・官・業の反対が根強く,改造前小泉内閣2年5カ月では実現できなかった。法案の準備への着手さえ先送りされた。この間に状況はさらに悪化し,対策は改造内閣の緊急課題となった。

　改造前は国土交通相は慎重,道路族議員は反対,公団は非協力であったところへ民主党の「高速道路無料化論」が出現し,与党も対策を明示せざるをえなくなった。

　国民にとっては次の選挙を通じて選択の意思を示すべき時期が来た。委員会提案の方式でいくのか,民主党のいう「無料化方式」(国の直轄)を選ぶか,それともJRのように通常の民間企業とするか。大別してこれら3案にしぼられてきた(後述,図5－4参照)。

　いずれにせよ,各案はまず費用負担方法とそれによる収支均衡の説明がなければならない。単なる文章では思いつきにとどまる。

　さらに利用者負担か納税者負担かには,いずれが国民の公正公平の判断に適うのかという条件がある。経済合理性とともに「正義」の判断が大切である。

　たまたま2003年11月には国民が判断を示す機会として衆議院議員選挙が行な

われることになった。しかも直前の10月には日本道路公団総裁の解任手続きが国民に事の重大性を知らせた。任意の辞表提出でも注目されるところを，強権による解任となり，公団方式の欠陥を改めて認識させた（第Ⅳ章）。ただしこの措置がその後の政策に影響したのかどうかは確認できない。11月には過去の話題になったように感じられた。それでは日本道路公団経営は藤井総裁の下にどのような状態であったか。次項にそのことを取り上げる。

(2) 借金累増脱却の道の有無

公企業の民営化にも，あるいはその逆に民間企業の公有公営化にも，準備の最初に必要なのは業績の実態把握であり，それを有能な熟練者が判断して将来の可能性を確認することである。奇妙なことに，公企業はつぶれないとの確信のためか，公企業内部にはそれらの数字を深く読み取る訓練が十分であったと

表3-1 日本道路公団の諸元

	業務収入等	調達額	建設費（予算）	高速道路			料金収入
				総延長(km)	走行台キロ（百万）		
1975	2,523	6,449	4,610	1,888	12,636		2,145
1980	5,155	10,927	7,400	2,860	22,305		4,429
1985	8,535	18,926	9,200	3,721	31,494		7,342
1990	14,392	24,802	12,982	4,869	49,409		12,782
1995	19,385	24,005	13,585	5,930	63,411		17,442
2000	21,205	34,705	12,830	6,851	68,362		18,623
2001	21,803	32,110	12,949	6,949	68,478		18,462
2002	21,469	30,537	9,920	7,187	67,888[a]		18,176

出典：年報

（説明）公団の財務は1956年度から。高速道路開業は1963年。一般有料道路の営業は1956年から。調達額残高は2002年度末288,147億円。
　　　a　2002年度は約240ｋｍ開通したものの交通量は0.6％減（日経2003年5月13日）。例えば東名1.2％，名神0.4％などの減。

はいえない(第Ⅶ章第2節第1項)。公企業は行政の財政当局や政治家にもっともらしく説明し，予算案を通過させれば，後は予算いっぱいに使うことに慣れていた。「公企業」といっても「企業経営」の観念が弱い。

　日本道路公団の例でいえば，前途の不安が指摘されていても，公団自体として普通の企業ならばという判断基準を使わず，公団方式の尺度で経営は健全としてきていたのである。しかし最近はその公団資料でさえ前途の困難を隠すことができなくなった。

　日本道路公団の年報には表3－1の数字が示されている。まず業務量と収入を5年刻みで見ると，1995－2000年の5年間に伸びが急に悪化しているのがわかる。高速道路路線延長は従来どおり5年間に1,000km前後として収入はわずかしか伸びない。企業経営にこれ以上の危険はない(なお表1－2，1－3参照)。さらに2002年は悪化である。

　すでに2001年1月の世論調査において，高速道路拡大の必要がないと意思表示した人が必要があるとした人より多かったのは，国民各人がこの実情を身近に感じていたからであった(第Ⅴ章第1節第1項)。

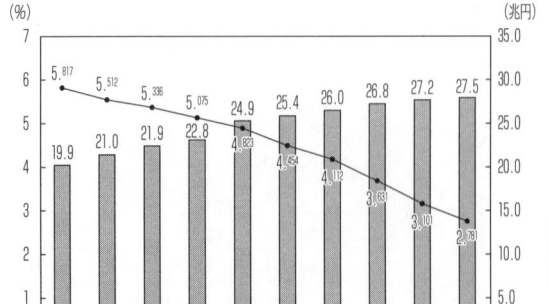

図3－1　有利子負債残高と平均利率（日本道路公団）

年	有利子負債残高（兆円）	平均利率（%）
1993	19.9	5.817
1994	21.0	5.512
1995	21.9	5.336
1996	22.8	5.075
1997	24.9	4.623
1998	25.4	4.454
1999	26.0	4.112
2000	26.8	3.631
2001	27.2	3.101
2002	27.5	2.763

$$\text{平均利率} = \frac{\text{総発生利息}}{\text{有利子負債平均残高}}$$

(注) 1992は有利子負債残高18.6兆円　平均利率6.100
出典：JH決算ファイル2003, P.7

路線を延伸すれば負債が増加するのは不可避であり、1993年度以来の10年間有利子負債残高は図3－1のとおり増加した。幸いこの間は利率が低下という好条件があり、経営は救われた（表1－2）。しかし下げ止まりとなり、あるいは若干の上昇となれば、たちまち利払いが重い負担となる。周知のように企業経営は一般に負債の軽減に努めている＊。この図の場合、負債が20兆円だとして利率が0.1％上がれば利子は200億円増なのである。0.5％では1,000億円となる。利払いが突然1,000億円ふえたとしたらどうするのか。これが経営者の頭から離れない関心事である。

　　＊例えばJR西日本は承継時（1987年4月）に長期債務残高が21,558億円であったのを、2002年度には11,161億円（51.8％）に減らしている。

　まず負債の増加だけでもとりあえず抑えられないか。経営者なら当然そう考える。まして赤字が不可避の路線のために借りるのは図3－1の状態では致命傷となる。しかし公企業はそういう心配はしないというのがこれまでの慣例であった。

　公企業は資金の貸し主は国であり、国の事業は国から借りっ放しでよいと考えやすい。その投資を要求してきた政治家もそうであるかもしれない。しかしその金利さえ払えなくなったらどうするか。影響は郵便貯金を直撃する。

　その時も、利子補給という方法がある。国の事業だから納税者が負担するだけの公共性がある。そう考えられやすい。事実公企業にはその例があった。

　しかしそう考えているうちに借り入れ額が極端に大きくなったらどうするか（後述、図5－2参照）。4公団で今や40兆円を超える。現に借金は道路の形に変わって役に立っているからそれでよいと政治家はいい、あるいは有料を原則無料にすればよいとの主張がある。しかしその背後には貸した国民がいるのであり、その元利を踏み倒すことはできない。

　突き詰めればこれらの措置だけは決めねばならない。金額は大きいけれども、話の筋は非常に単純である。そこに何か妙案を入れ込む余地など全くない。要するに借りた金は返さねばならない。

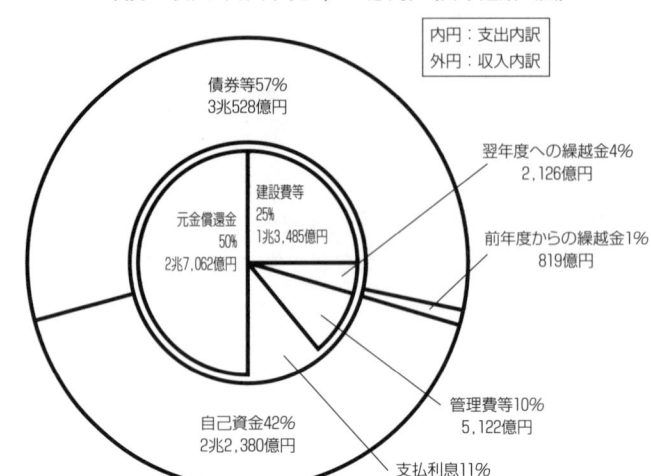

図3-2　2002年度の収入・支出（5兆3,728億円）（日本道路公団）

内円：支出内訳
外円：収入内訳

債券等57%
3兆528億円

翌年度への繰越金4%
2,126億円

建設費等25%
1兆3,485億円

元金償還金50%
2兆7,062億円

前年度からの繰越金1%
819億円

自己資金42%
2兆2,380億円

管理費等10%
5,122億円

支払利息11%
5,933億円

端数処理の関係上、合計が計数の総和と必ずしも一致しません。
出典：JH決算ファイル2003，P.7

（説明）
(1) 自己資金－（管理費等＋支払利息）＝11,325億円
(2) 元金償還金－(1)＝15,737億円
(3) 債券等－(2)＝14,791億円
(4) (3)－(1)＝3,466億円
　　(1) は自己資金による返済
　　(2) は借り換え
　　(3) は新規借り入れ
　　(4) は債務等の純増

　すでに図3－1で見たとおり2002年度にもこの図では負債が3千億円増加している。そこで2002年度の資金収支（図3－2）を見ると，債券等の収入が3兆0,528億円あって，それが建設費等に1兆3,485億円充当されていたことがわかる。この債券等収入の充当先は，この図から推測して1兆5,737億円は元金償還金になっている。すでに自己資金2兆2,380億円から1兆1,325億円返済した残りを借り換えしたわけである。債券等はこれらの他に1兆4,791億円計上されていて，それが建設費等1兆3,485億円などと見合っている。この1兆4,791

億円と自己資金からの返済1兆1,325億円との差の3,466億円がここでは債務純増額であり，図3－1の3千億円に相当する（表1－3では3,470億円）。

　この方式を今後も続ければよいというのが公団方式支持者であり，あるいは最近，返済額から道路投資に還流せよとの主張があるのもこれに似る。債務返済・無料化の時期は遠く先に延びるか永久に来ない。

　もし諸条件がすべて安定しておればこの発想でも永続できるはずである。しかしそれは幅3mの橋から落ちないように車を運転し続けよというようなもので，何かの条件が加われば落ちてしまう。まず心配されるのが需要予測の誤りであり，需要が伸びず，赤字路線が次々に加わるのでは負債増加の圧迫に耐えられない。

　対策としては負債を増加させないことを前提に

　　a　債務返済に徹底して建設を抑制する
　　b　建設を優先して返済は先送りする
　　c　両者の中間を行く

図3－3　2002年度の収入・支出百分率比較（日本道路公団）

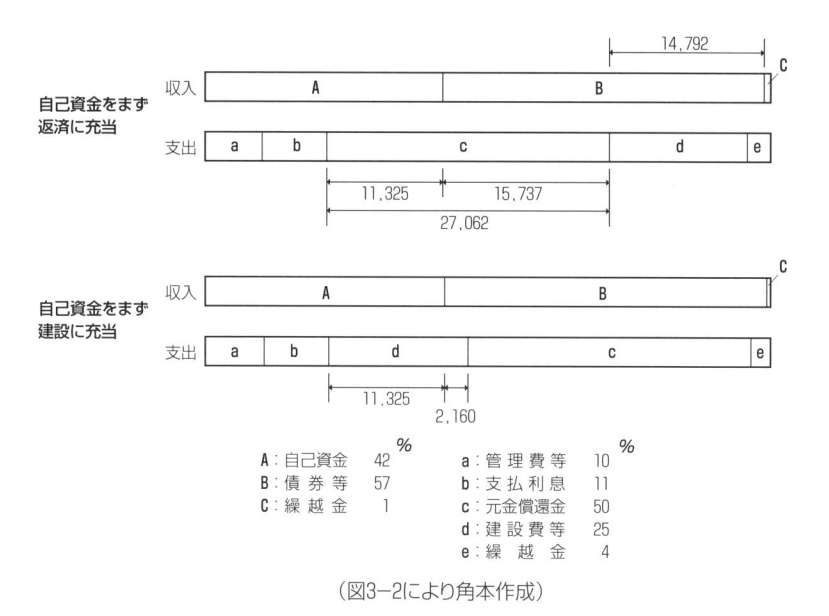

```
A：自己資金  42 %      a：管理費等   10 %
B：債券等    57        b：支払利息   11
C：繰越金     1        c：元金償還金 50
                       d：建設費等   25
                       e：繰越金      4
```

（図3-2により角本作成）

の三つが考えられる。

　図3－3は図3－2を100分比で示し，棒グラフとしたものであり，上段はaの場合を，下段はbを示す。まず上段では，債券等（B）を借り換えの限度内に収めねばならない。まず建設（d）をあきらめることになる。

　次に下段では自己資金の余裕分を全額建設に回すとしても，すなわち負債を全額借り換えにしたとしても，なお建設費等に若干不足する（100分比では42－(10＋11＋25)＝－4）。対策は経費すべてを節減するか，建設そのものも一部あきらめねばならない。

表3－2　国鉄の財務（1963～1985）

			国鉄						
			1963	1964	1965	1970	1975	1980	1985
損益計算書		収入	5,687	6,002	6,341	11,457	18,209	29,637	35,528
	支出	管理費（営業費）	4,082	4,843	5,396	9,464	20,590	30,900	37,637
		金利	252	386	646	1,522	4,055	4,764 [b]	12,199
		減価償却費	676	988	1,362	1,753	2,348	3,415	4,624
		除却費	133	109	167	267	452	563	1,268
		計	5,144	6,326	7,571	13,006	27,444	39,643	55,728
	当期利益		543 [a]	△323	△1,230	△1,549	△9,235	△10,006	△20,201
貸借対照表	資産		21,021	22,547	24,468	35,661	59,378	99,215	119,028
	欠損金		－	－	－	5,654	31,610	11,788	88,011
	計		21,021	22,547	24,468	41,315	90,988	111,003	207,038
	負債		7,733	9,491	12,568	28,987	72,591	102,628	198,664
	剰余金		13,288 [c]	13,057	11,900	12,328	18,397	8,375	8,375
	計		21,021	22,547	24,468	41,315	90,988	111,003	207,038

（注）項目は表2－3と比較できるように類似の表現とした。次の点に注意されたい。a 営業外損益を含まない。以下同じ。b 債務の一部棚上げがあった。c 資本金，資本積立金，剰余金合計。以下同じ。

（説明）表2－3と同様に，①負債の収入に対する倍率および②キャッシュフローに対する倍率は次のとおりである。

	1963	1964	1965	1970	1975	1980	1985
①	1.36	1.58	1.98	2.53	3.99	3.46	5.59
②	5.72	12.28	42.03	61.54	－	－	－

この事情はかつての国鉄とは全く異なる。道路公団改革は国鉄改革と比較され，たしかに本四公団は表3－2の国鉄1970-75年の状態，すなわち収入が利払いに不足し，利子が利子を生む状態になっていたけれども，日本道路公団は，もし新規投資の負担がなければ，昔の国鉄と同様に「永久有料制」の下では健全経営の状態，元利を収入から支払える状態だったのである。国鉄の1963年度（赤字転落直前）の状態といえる。ただし以上の事情では両案の中間を行き健全経営を続けるのは至難といえよう。

これに対し都市2公団は表2－2および表2－3から推測して償却後は赤字でも償却前では黒字という，国鉄の1964～1970年度の状況であった。

4公団それぞれに事情が異なるので，それぞれに対策を講じるべきである。3公団の赤字を消すために日本道路公団と当初に統合し，日本道路公団に負担をかけるのでは，自立経営による改革の精神が失われる。

(3) 両党の「政権公約」

前項のように数字を読んで国民が知ったのは，借金して道路等を造る公団方式が限界に達したという事実である。対策はその制度による投資を中止し，新規の投資は別の方策を探す以外にない。ようやく与野党も，国民にこの方策を，何らかの形で示さざるをえなくなった。政治家たちも，単に道路建設をいうだけでは信用されなくなったのである。

公企業が赤字に転落したとき，あるいは転落しそうなときに通常次の施策がなされる。まず(1)が論じられ，それが困難なときは(2)か(3)となる（それらとともに不利な供給，不利な投資は中止する）。なお政策転換の際には企業経営責任者の交代もありうる。

(1) 現体制のまま経営改善を図る。
(2) 国か地方の経営に移す（後述，図5－4の左方）。
(3) 民有民営とする（図5－4の右方および上方）。

2001年小泉内閣が唱えたのは(3)であり（正確には結果として図5－4の右方であり），たまたま03年11月の総選挙をひかえて民主党は(2)の国の直営（図の

左方)を掲げた。

両者の政権公約は次のように伝えられた(日経10月15日)。

〔自民党〕
○道路関係四公団民営化推進委員会の意見を基本的に尊重し，2005年度から4公団を民営化する法案を2004年の通常国会に提出する

〔民主党〕
高速道路は3年以内に無料化
○高速道路は8年以内に一部大都市を除き無料にし，日本道路公団と本州四国連絡橋公団を廃止
○高速道路の債務返済と維持管理の経費は9兆円の道路予算の一部振り替えと大都市部の通行料でねん出
○2005年度中に道路特定財源の廃止法案と自動車重量税半減・自動車取得税廃止の法案を国会に提出
○炭素含有量1トン当たり3,000円程度の環境税を創設

　国民は投票を通じてその一つを選ぶか，あるいは両者とも否決するかである。しかしその前に，政治は政権把握後は公約を守らないという不信感がある。公約といっても各候補者個人は必ずしもそれに賛成なのではない。選挙が終われば再び現行制度について「公約違反」の運用が続くおそれが大きい[1]。(事実，後述の経過はそのとおりであった。)

　責任者の交代も日本道路公団総裁の解任手続きがこの時期に同時に進められ，総裁は徹底抗戦の構えを続けた。通常は非公開の「聴聞」を公開にせよと要求した(10月14日)。手続きが長引くだけ従来の経営が続くことになるはずであった(第Ⅳ章第2節)。

　国民は，責任者の交代遅延と政権公約という虚構を通じて，道路政策の実態をさらにくわしく知ることになった。しかしいつまでも情報提供だけではすまされない状況が迫ってきたのである。もはや政治の怠慢は一日も許されない。

そのことを次項に述べる。

（4）転換点に時間を急がぬ怠慢

　まだ先があると構えているうちに，急に危機が迫ってくる。それがかつての国鉄であり，今の道路公団である。経営でいえば最初は赤字が毎年少額で，いつでも何とかできると思っているうちに急にはね上がる。複利計算の恐ろしさが突然姿を現す。表3－2の国鉄の1970－75年度間がそうであった。その直前であれば何とか手を打てたであろう。

　日本道路公団では1999年ごろが境い目であった。不幸なことに2002年の民営化推進委員会の関係者は，この転落直前の実績が永続することを前提にして対策を議論した。2000年度について検討作業をした公団側は事態の悪化に気づいたけれども，隠蔽し通知しなかった。委員会の結論が不利に出るのを恐れたからである（第Ⅰ章第2節第2項）。

　2002年12月，実態がすでに悪化へ転換していたのに，新会社にもなお自力で建設する能力が残ると楽観論の意見書が出来上がった。そこで今度は2003年それに基いて政策を立てようとしても，実態とは食い違ってしまった。再び国鉄の例でいえば，1960年代の議論が1970年を境に1970年代に通用しなかったのに似る。

　今度の委員会意見書でいえば，本四は除いて，他の3公団は自力で何とかなる。自助努力で足りるとの発想が強い。国民の負担を最小にするため，国費は投入しない。この判断がそのまま首相にまで伝わっていたのか，03年9月の所信表明演説や直後の論戦（次節）は実態遊離の楽観論であり，危機感に欠けた。

　この経過の，裏からの例証には2003年に入って日本道路公団が財務諸表に工作して実態を有利に見せかけたことがあげられる（第Ⅱ章第1節第3項）。公団の投資能力が信頼できるものなら，工作の必要はなかったはずである。この経過を見て為政者は実態の悪化を悟るべきであった。首相は個々の数字を見る余裕がないとしても，誰かが要点を知らせればよかったはずである。

　一つの企業の歴史を見ると，ある時点まで順調だった経営も転換点を曲がろ

うとするときに時間を急がねばならない。国鉄の場合は1970年がそうであり，さらに次に今一つの転換点があった。80年，それまでの経営改善努力では対抗できない絶望状態がきたのである。いずれも1日も早い体制一新を迫られた。

2003年10月われわれは道路公団に関して，もしすぐに体制を一新すれば被害は大きくないという転換点にいた。心配なのは，委員会がそれに気づかず，その中から知恵を借りる首相も事の重大性に対応しない場合であった。

対策は別にむずかしいわけではなく，実態を正確に把握すればよい。自分の能力が正確にわかれば，対策は教科書どおりなのである。大切なのは事実隠蔽の方針を改めさせ，関係者の責任を明らかにすることであった。この意味で事実を隠蔽してきた責任者の退陣が重要だったといえる。それは次章に取り上げる。

以上に述べたことを要約して次のように図示することができる。国鉄でも道

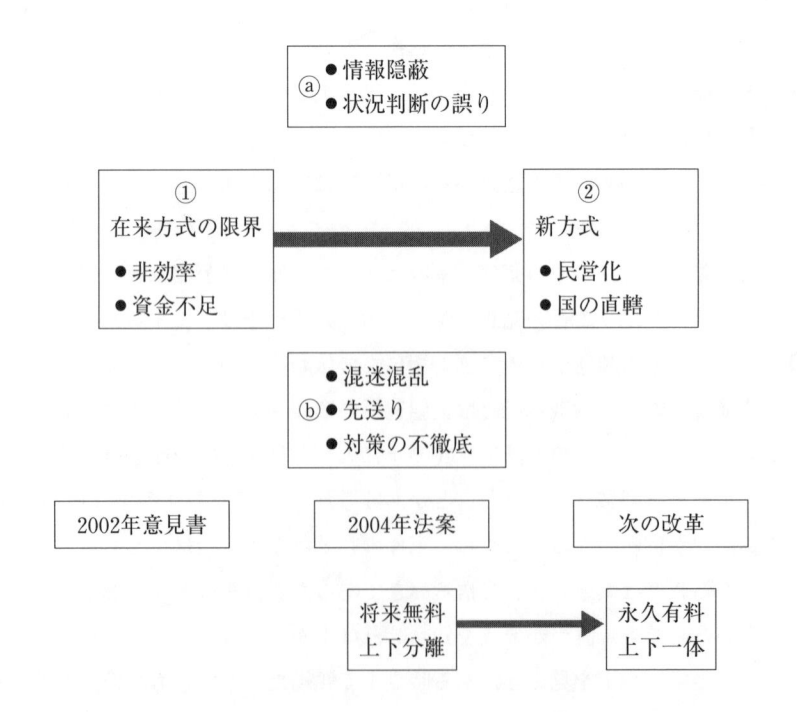

```
                  ┌─────────────┐
                ⓐ │ ● 情報隠蔽      │
                  │ ● 状況判断の誤り │
                  └─────────────┘

   ┌──────────┐                    ┌──────────┐
   │    ①      │                    │    ②      │
   │ 在来方式の限界│  ━━━━━━━━▶    │   新方式    │
   │ ● 非効率   │                    │ ● 民営化   │
   │ ● 資金不足  │                    │ ● 国の直轄  │
   └──────────┘                    └──────────┘

                  ┌─────────────┐
                  │ ● 混迷混乱     │
                ⓑ │ ● 先送り       │
                  │ ● 対策の不徹底  │
                  └─────────────┘

   ┌──────────┐    ┌──────────┐    ┌──────────┐
   │ 2002年意見書 │    │ 2004年法案  │    │  次の改革   │
   └──────────┘    └──────────┘    └──────────┘

                      ┌──────────┐    ┌──────────┐
                      │ 将来無料   │    │ 永久有料   │
                      │ 上下分離   │━━▶│ 上下一体   │
                      └──────────┘    └──────────┘
```

路公団でも改革がいわれたのは，在来方式が経営において非効率であり，投資に資金が不足したからであった。その対策論議において情報が隠蔽され，状況判断の誤りがくりかえされた。政・官・業は解決を先送りし，不徹底な対策ですませようとした。そのことは次の各章にも述べるとおりであり，2002年の委員会意見書も2004年の法案もそうであった。国鉄改革はその段階を突破して，民営化を一般企業並にし，企業に不可能な投資は国の直轄にしたときに成功した。公団対策は将来無料論と上下分離論から脱却する必要がある。

(5) 障害は小泉の人事能力

道路公団改革は，その実態(数字)と経営の論理から考えて，改革派がもっと早くに勝っていてもおかしくはなかった。

しかし2001年小泉は国土交通相と行政改革担当相に，その改革遂行に不適切な人を選び，それだけではなく，委員会委員の構成もそうだったのである。しかもそれ以前から懇意の特定の委員の情報を今日まで求めてきていた。そこで2003年9月まで改革の業務は停滞を続けた。

さらにそれにこりずに，改造内閣では国土交通相に，前の行政改革担当相を選んだ*。周囲は施策が期待通りには進まないことを心配した。しかも首相はなお丸投げを続けたのである。

> ＊石原は02年12月の意見書決定の際には態度が不明確であったと批判される。03年5月7日日経は田中委員長代理の次の見方を伝えている。
> 　「最終報告には実現不可能な部分もある」などと語った石原伸晃行政改革担当相への不満も募らせており，「行革は政権の要。最終報告より後退した場合，閣僚を辞任するぐらいの覚悟で臨んでもらいたい」とけん制。怒り心頭のあまり，「石原氏を任命した責任がある」と首相批判まで口にする。

人選が大切なことは前国土交通相の改革への非協力で身にしみていたはずなのに，再び同じ誤りをくりかえした。改造前の段階で日本道路公団藤井総裁が財務諸表の提示にからみ更迭されるべきであったのに，国土交通相はその措置を取らず，そのまま改造後に問題を持ち越したのである。これでは改革は進ま

ない。(第2節第2項)。

注(1) 読売新聞2003年10月26日は11月9日衆議院議員選挙に立候補の予定者について次の調査結果を伝える。
  道路四公団の民営化に
   賛成   39.4%
   反対   42.4
   その他   13.5
   答えない   4.7
  政権公約に民営化を掲げる自民党でも
   賛成   73.7%
   反対   9.4
   その他・答えない 16.9
 と別れ，必ずしも全員賛成なのではない。
  なお立候補者全体の答えを地域別に見ると
   賛成多数 南関東・東京・北陸信越
   反対多数 それ以外の地域
 特に中国地域は賛成30%に対し反対56%。

2 「政権公約」をめぐる国会論戦

(1) 首相演説に失望

　どのような内閣でもすべての政策に合格点を取るのはむずかしい。内政と外交と，内政に強くても外交に弱い。あるいはその逆もある。しかし内閣が目玉商品として掲げる政策が2年5カ月たっても進展しなければ，その間は失敗だったことになる。

　改造内閣の発足にあたり，9月26日首相は所信表明演説を行なった。道路公団改革には次のように述べた。

　　道路関係4公団については，総額4兆円を超える建設コスト削減やファミリー企業の改革を既に実施しています。民営化推進委員会の意見を基本的に尊重し，年内に具体案をまとめ，2005年度から4公団を民営化します。(日

経2003年9月26日夕刊)

　周知のとおり道路4公団の最大の問題は今後に赤字発生ゼロの体制に切り換えることであり，かつ巨額の過去債務の処理方法を決めることである。しかしそれらの方策を示さず，「年内に具体案をまとめ」というだけであった。今日までの成果としてあげた「総額4兆円を超える建設コスト削減」と「ファミリー企業の改革」は一体，全体の中でどれほどの比重だというのか，粗末に過ぎた。

　建設コストの削減はそれまで2000km余りの建設に20兆円といわれていたのを車線の減少などにより4兆円削ったという話である。しかし今後16兆円の建設予定といわれ，それだけの資金調達能力が我が国にあるか，また建設が必要かという根本の疑問が残った。そのうち3兆円は国・地方の直轄で進める話はあっても，他の大部分は困難が大きい。状況がそれほどに煮詰まっているのに，それにはふれなかった(第Ⅴ章第3節，第Ⅵ章第4節参照)。

　ファミリー企業の改革は，公団OBなどが公団の外注業務のコストを高くしている仕組みを是正する措置であった[1]。しかしそれらの企業の責任者からOB等を外す行動が始まったからといって，それを首相の演説に入れるだけの重要性があったのだろうか。

　「年内に具体案をまとめ」といったけれども，その具体案の概要はそれまでの段階ではなお国民には伝わっていなかった。伝わっていたのは2002年の委員会が多数決の意見書を提出し，公団方式の欠陥(償還主義・プール制など)をそのまま引き継ぎ，問題を残していることであった。しかも03年に入って改革反対の勢力が巻き返しに転じ，前国土交通相は明確な方針を示さなかった。その後ようやく12月に枠組みを決定した(序章第1項，第Ⅵ章第4節)。

(2) 政治も野球も監督の腕

　たまたま所信表明演説のその日に，プロ野球では巨人軍の原辰徳監督辞任のニュースがあった。NHKテレビで感想を聞かれた小泉首相は「野球界も権力闘争があるんだね」と答えた。まさに「テレビ政治」を思わせる一場面であり，

首相の反応を強烈に印象づけた。政治における権力闘争を勝ち抜いた直後だけに本音の本音が出たのであった。

道路公団改革はその権力闘争の重要な一部門であり、これに失敗すれば首相の政治生命に傷がつく。あるいは与党全体が打撃を受けるのであり、手腕が問われた。

それでは首相は今日まで「監督」として有能であったか。たしかに政治全般としては国民の支持率は高く、自民党総裁に再選された。それは業績全体への評価が高かった結果といえる。しかし道路公団改革についてなお前項の状況だといえば、その指導力を見直す必要がある。果たして小泉は成功するだろうか。

ここで誰でもすぐに思い出すのは「丸投げ」の言葉である。首相であろうと、野球監督であろうと、すべての事項に精通して判断力を持つことはありえない。だからこそ担当相や委員会、あるいはコーチの制度がある。

そこで何よりも大切なのはそれらの人選となる。首相の「丸投げ」が悪いのではなく、人選を誤ったときに失敗が起こり、責任が問われるのである（前節第5項）。

一体この2年5カ月間の改造前期間に、選任された人たちは適切に働いたか。委員会は7人の委員たちが5：2に分裂し、2のほうに委員長が含まれた。返済資金の建設への還流を認めない意見書では首相が困るという判断であったらしい。しかしそれでは改革にならないと5人が反対した。国民は議論の内容の前に人選への疑問を感じた。さらに5人の意見も実態を適切に見ていたかといえば、その実態を隠匿する作戦がマスメディアの監視の下で平然と行われ、意見書は数字を欠いた。

企業経営の改革は実情を正確に把握することから始まる。国民のこの常識に対して日本道路公団・国土交通省と委員会の関係はまことに奇妙であった。前二者は財務諸表を隠蔽し、後者は数字のないままに立論した。その結論を「基本的に尊重」したとき日本の政治はどうなるのか。答えは停滞か混乱しかない。2003年はまさにそのような過程をたどったまま、2004年に引き継がれた。

この一連の過程に参加した責任者たちはすべて首相の任命か、あるいは間接

に人事権の及ぶ人びとだったはずである。野球の例でいえば失策つづきの選手を交代させねば監督の責任が問われる。打席に立たせる選手の選定でもそうである。道路公団改革は2年5カ月間進展しないどころか，チーム内が奇妙な混乱に陥った。そこで改造内閣発足前から話題になっていたのが日本道路公団総裁の進退であり，前内閣の無能ぶりを実証していた。

あるいはそのような話題によって国民の関心をつないでおこうとしたのであろうか。

ところで野球の例では試合が終わって勝っておれば「結果オーライ」となり，途中の監督采配の失敗は余りとがめられない。道路公団改革もそうであり，過去2年5カ月は失敗続きでも，「年内に具体案をまとめ」，2004年通常国会で改革法案が成立すれば，首相は功績が評価されよう。果たしてそうなるかが今後の見所になった(第Ⅵ章参照)。

もちろん評価は内容によることで，形だけでは国民は政権交代を求めよう。

(3) 小泉・菅の対決（「無料化」論争）

首相の所信表明演説に対する代表質問と回答の論戦が9月29日衆議院で行なわれた。道路公団改革について，民主党代表の菅直人は，首都圏と阪神圏を除く高速道路は3年以内に無料化，道路公団は廃止と述べた。公団債務は道路予算から毎年2兆円弱返済するという。

小泉首相は民営化推進委員会の報告を尊重して民営化すると応じた。その要旨は次のとおりであった。

道路公団改革

首相　道路関係4公団の民営化後の高速道路料金は，「現行料金を前提とする償還期間は50年を上限として，その短縮を目指す」との閣議決定の趣旨も踏まえ，今後十分検討すべきだ。現時点では，高速道路を永久に有料とすると決定していない。大都市以外の高速道路を無料化するなどの民主党の提案は，収支のつじつまが合わない。大都市の利用者に不公平だ。(読売9月30

日)

両者の対立点は次のように整理された(日経,同日)。

[政府]

民営化推進委の意見を基本的に尊重し,建設費の大幅削減,ファミリー企業見直しなどを推進し,債務の確実な返済及び必要な道路の建設が可能な政府案をまとめたい

[民主党]

大都市を除く全国の高速道路を3年以内に無料化する。日本道路公団などの債務は国が肩代わりする。年9兆円にも上る道路財源から2兆円を償還に振り向ける

　この論戦の中で「無料」問題に関し,菅が「首相の言う民営化は,永久の有料化を意味する」と批判したのに対し,首相は「現時点で永久に有料と決めていない」と答えた(日経9月30日)。これがこの日の最重要部分であったと私は考える。

　なぜ重要かといえば,菅も小泉も「無料」を一つの判断基準に選び,菅は無料が価値のあることとしたのに対し,首相はそれを否定しなかったのである。ここで「有料」が望ましいといわなかったのが,それを不明確にしておいたほうが有利と判断したのであれば,後に火種を残したことになる(次項参照)。

　前節第3項に述べたとおり,赤字の公企業の対策には「民有民営」という選択肢がある。それを選ぶ人は,民営化の企業が成功した後に,その企業を今度は国などの直営とし,しかも「無料」にするなどとは考えないはずである。もし無料にするとなれば,有料期間中に永久有料の場合より高い料金を取り債務の全額を返済し終えねばならない。それは企業経営として著しく不利なことであり,また企業内の役職員がやがて消える組織のためにまじめに全力を尽すと思うのもおかしな話といえる。そのような企業は首相の望む「上場」ができるはずはない(第Ⅶ章第1節第3項参照)。

　残念なことに小泉首相が「基本的に尊重する」としていた委員会報告はその

ような内容であった（次項）。だから菅の挑戦に対しては，自分も「現時点で永久に有料と決めていない」と返事したのであろう。

ところで国民の方はといえば，いずれを支持しているのか確認の資料はない。しかし公団を民営化すると聞いて，50年先に無料になると知ったので賛成とか，その条件があるので賛成という人はいても少ないと考えられる。

無料化論の問題点の第1は公平論である。

国民の判断では，この半世紀近く高速道路の有料制をふしぎには思わなかった。一般道路とその差があるのが当然としてきたのではなかろうか。これは世論調査によって確認すべき課題である。およそ「正義」とか「公正」「公平」は各人の価値判断によることで，政治や行政が独自に決定すべきではない。権力で決定する役割は司法機関が持つだけである。

第2に両者の対決では，実行可能性を確認しなければならない。菅のいう無料化には債務返済の対策と毎年の運営および投資の対策を必要とする。机上の計算ではどのようにでも操作できる。しかしそれぞれ果たして可能であるか。

しかもこの場合，事業が効率よく運営されるのかという根本問題がある。官庁経営も公企業も民間企業よりは低能率というのがこれまでの経験であった。

第3に他への影響である。高速道路利用者などは料金免除の利益を受ける代わり，自動車所有者を始め新税の負担者が出るかもしれない。また「道路財源9兆円」を利用していた事業は2兆円削られる。

ここで参考までに，2002年度の「道路投資」は次のとおりであった。

　　一般道路事業　　　58,092　億円
　　地方単独事業　　　36,200
　　　計　　　　　　　94,292
　（有料道路事業）　　（21,692）

なお，この種の主張には有料道路を無料にすれば大都市と地方との間の交通費が安くなり，地方の発展に貢献するとの見方がある。しかし結果は大都市側に有利に働く可能性が大きい。その誘引能力が強いからである。

また諸外国では高速道路は無料であり，日本だけが例外だといわれる。しか

し日本の方が進んでいるとの説明がありうる。利用者負担を徹底しているからである（第3節第4項）＊。

 ＊2003年12月9日イギリス初の有料高速道路が開通した(バーミンガム市付近，43 km)。サッチャー政権下の民間資本導入政策による(日経2003年12月11日夕刊)。

以上のように見てきた結論として，民主党の提案は自民党案と真っ向から対立し，後者の特色を浮かび上がらせる効果があった。たしかに前者は利用者以外に負担を転嫁するだけでなく，効率向上を期待できない（なお第5項参照）。しかしこの論戦において後者の主張が不完全な民営化であり，数十年の収支計画に疑問のあることが感じられた。自立採算の責任があいまいであり，いわば「擬似民営化」なのである。遠い先の子孫にまで不明確な負担を及ぼすより，常に現在の者が責任を持ち，負担を先送りしない体制のほうが勝るといえる。次項にさらにこの点について述べる。

(4) 小泉は「有料」「無料」のいずれか

 小泉首相は委員会報告を「基本的に尊重する」といってきた。
 それでは委員会の意見書はどのように述べていただろうか。
 まず「中間整理」では「永久有料化」の用語については，今後使用しない，とされていた。これは単に表現だけの話なのか，それともある時期に無料とするのか，不明であった。
 他方，その基本方針では「50年を上限としてなるべく早期の債務返済を確実に実施する」と示されていた。
 そこでおこる疑問は債務返済後は完全無料なのか，それとも管理費・減価償却費・除却費に見合う収入のため料金を設定するのかであった。永久有料化反対がそれらまで否定するのでは企業は消滅する（第Ⅵ章第1節第3項に紹介の近藤総裁の発言を参照）。
 この02年8月30日の文章に対し意見書(12月6日)は次のとおりであった。
 債務返済の文章はそのままであり，永久有料化への言及はなくなった。した

第Ⅲ章　改造内閣の登場　99

がって首相が前述の論戦において「現時点で永久に有料と決めていない」という答弁は委員会との関係では矛盾があるとはいえない。委員会は将来は無料ともいっていないのである。

　ところで民主党が「永久の有料化」は望ましくないという立場であれば，その政権公約に首都圏と阪神圏の有料を認めるのと矛盾する。これら2地域は例外というのであれば，一般道路に対し高速道路等も例外であっておかしくはない。

　それよりも問題なのは委員会意見書が「償還主義」に立っていることで，これでは国民多数が理解する民営化ではない。すでに現行制度において償還期間は50年に延びており[2]，委員会は「50年を上限としてなるべく早期の債務返済」と述べた。しかし国民多数は国鉄をJRにしたような民営化を求めているのであり，それには高速道路に固定資産税がかかっても，永続の企業であることが望ましい。その方が高能率の民間企業でありつづける可能性が高い（第Ⅰ章第2節第1項）。

(5)　投資能力の限界を理解できない政治家たち

　当然といえば当然のことながら，9月30日今度は参議院において前回と同じ問答がくりかえされた。両当事者が問題の本質，事柄の核心を理解しているかを疑わせた。要は「金」であり，それをどうするのかなのである。

　民主党は前日どおり「無料論」を述べた。

　千葉氏　道路公団を廃止し，3年以内に高速道路を原則無料化すべきだ。
　首相　借入金の返済，道路の維持管理，必要な道路の建設を行なうために要する財源として税収が減ることも想定される。収支のつじつまが合うのか心配だ。債務返済を一律に税金で行なううえ，大都市の高速道路の利用者はさらに料金を負担しないといけないのは不公平だ。（日経10月1日）

　首相も前日どおりに答えた。特別の進歩はない。

この質問の前に藤井総裁について問答があった。ここでもくりかえしである。

【道路公団民営化】
千葉氏　藤井治芳道路公団総裁を即刻更迭すべきだ。
首相　藤井氏が民営化の方針に協力することは言うまでもない。人事は任命権者の石原伸晃国交相が適切に判断する。国交相が藤井氏から話を聞くと聞いている。その結果を待ちたい。

すでに前節第4項に述べたとおり，1日も早く解決すべき段階において，首相はすべて先送りであった。国土交通省の状況も次章第2節第2項のとおりだったのである。

それでは野党の民主党に与党より優れた理解力があったのだろうか。民主党が掲げる「無料論」の難点はすでに第3項に見たとおりであり，それらについて十分な説明を必要とする。

ことに道路特定財源の転用は在来の一般道路への資金を削減することである。道路政策全体を見るのが政治である以上，政治家がそのように行動するのは理解できることである。ただしその際には長期にわたる全体像が必要であり，道路財源全体の具体策を示さねばならない。前節第3項に引用の公約に基づき，道路特定財源の廃止後にどうなるのかを国民は特に知りたいのである。

民主党の「無料論」は道路政策全体について税収をどれだけ，どのような方法で作り，それを一般道路・高速道路にどう使うかに帰着する。単に高速道路等の料金をただにすればよいとの話なのではない。

次に首相の側に理解力の進歩があったかといえば，相変わらず委員会の意見の基本的尊重である。しかしその意見書の根本の認識が時代錯誤であるなら，またその提言が数字の実証を伴わないのであれば，単に思いつきでしかない。

委員会意見書は将来の無料開放を前提とする償還主義に固執していた。しかし実態は表2-2や図3-2，3-3に見たとおりであり，日本道路公団においてさえ，債務返済と投資の両立は望めない状況になっている。したがって首相がその意見書を「基本的に尊重する」といっても，財務についてはさらに別

途の対策を必要とする。

このように検討していくと，結論は次のとおりになる。

まず公団方式あるいはその変形（料金収入の活用）により建設と債務返済が両立というのは詐術に過ぎない。その投資財源の不足を補うには追加の対策が必要であり，しかも債務返済の完了は期待できず，「永久有料」に転じなければならない。もちろんそれでも可能な限界がある。

次に「高速道路無料化」方式は，政治が国民を説得できるのであれば，論理としても数字としても実行可能である。多くの国民は道路投資全体の縮小を歓迎しよう。しかし高速道路等の有料制はすでに国民に定着しており，それを続けて道路関係の税を軽減するのが望ましくないだろうか。

首相は就任当時と状況が変わったことに気づいているのかどうか。気づいたそぶりは見せないで，委員会意見の尊重をいっても，意見書そのものが時代遅れになった。公団方式による余裕（投資能力）が全く失われてしまったからである。民営化後に新会社に予定されていた投資能力はもちろんありえない*。すでに負債の山が築かれているのである。

* 2002年12月の意見書は次のように新会社による建設を予定していた。それらの見直しが必要なのである。
  - イ　新会社発足時における建設中の路線又は区間に係る道路施設については，新会社が残事業を実施するものを機構は承継し，その他は国等に譲渡する。建設仮勘定に係る長期債務については，全て機構が承継する。
  - ウ　今後の道路建設に関し，新会社は，公益性にも配慮しつつ，採算性の範囲の中で当該自動車道事業（路線又は区間ごと）に参画する。その場合，新会社は，当該事業への参画について自社の経営状況，投資採算性等に基づき判断し，自主的に決定する。なお，工事により形成された資産は，新会社に帰属する。
  - エ　新会社は，その設立目的に照らし，今後の高速道路の建設に関し相応の役割を果たすべきであり，本委員会としては，そうした点を配慮の上で新会社が設備投資の意思決定をすることを希望する。

その後11月28日，国土交通省は以上の主張を裏付けるような数字を発表した。全国70区間（1999km）の各地域の例を並べた表3-3において進捗率0から

48％まで，将来交通量1800（台／日）から50300（台／日）まで，採算性（料金収入で返済できる建設費の割合）は借り入れ金利4％の場合最高42％までであり，70区間の最高でも62％にとどまる。

したがって今後の開業路線は通常の企業経営ではすべて大赤字であり，在来路線に大きな負担になる。今後の投資が新会社において7.5兆円としてそのすべてがそうであり，日本道路公団の2002年度末の債務28兆円とこの債務の合計とを国民は払わねばならない。返済が45年間の長期といっても，それがいかに

表3-3　計画高速道路の事業評価（全国各地域の例）

	路線名	評価区間	延長 (km)	建設費 全体建設費（億円）	建設費 残建設費（03年以降）（億円）	進捗率 (%)	将来交通量 有料ケース（台／日）	将来交通量 無料ケース（台／日）
1	北海道縦貫自動車道	七飯～国縫	78	2,503	1,825	27	3,800～4,900	9,900～15,700
10	日本海沿岸東北自動車道	温海～鶴岡JCT	26	1,243	1,172	6	1,800	7,500
20	東関東自動車道水戸線	三郷～高谷JCT	20	11,384	9,529	16	34,100～47,500	58,600～83,500
30	第二東海自動車道	吉原JCT～引佐JCT	89	16,173	8,474	48	47,700～50,300	89,500～107,500
40	近畿自動車道紀勢線	紀勢～勢和多気JCT	24	1,054	675	36	5,900～12,200	12,300～14,400
50	中国横断自動車道姫路鳥取線	播磨新宮～山崎JCT	12	614	614	0	7,400	7,600
60	四国横断自動車道	須崎新荘～窪川	22	1,044	1,022	2	4,100～5,100	8,200～9,000
70	東九州自動車道	志布志～末吉財部	48	1,616	1,577	2	2,300～4,600	5,500～10,900

○建設費
　03年3月のコスト削減計画を踏まえ，03年以降の残建設費に対しては，平均約2割を削減した額となっている。
○進捗率
　全体事業費に対する02年度末までの事業執行額の比率。
○交通量，費用対便益，外部効果
　有料ケース：整備計画9,342kmを全て有料で整備した場合。
　無料ケース：03年迄供用区間（7,343km）を有料，残る整備計画区間（1,999km）を無料で整備した場合。

(6)「政権公約」にオオカミ少年の寓話(ぐう)

03年11月9日の衆議院議員選挙をひかえて国民は政治に関し一段と利口になった。この間に政・官・業の実態を見たからである。

以前は「選挙公約」といわれていたのが，今度は「政権公約」に昇格した。しかし看板を塗りかえたからといって信用が増えたわけではない。選挙公約は候補者個人の口約束であるのが，政権公約は政党としての約束だといったところで，「政党」という組織が信用されていなければ何の効果もない。

政権公約はビラに印刷されるので，国民には証拠の書類は残る。だがそれに基いて告訴告発ができるのだろうか。第1その文言は巧妙に書かれていて，言い逃れができる。最後には「事情が変わった」といわれるのが落ちであろう。

政権公約の配布をめぐっては万年野党は無責任に何でも書けるから野党に有利で与党に不利との反対が制度の法律化（公職選挙法）の折に与党内にあったという。しかしそれほどに思い上がっていては与党は足をすくわれると心配になった。万年与党の言うことが信頼でき，実行されていたのなら，今日の道路公団民営化の政策など生まれるはずはなかった。前の政策がウソであれば今度の政策もウソと国民は疑うのである。

国民は小学生の段階で政治と政治家は信用

費用対便益	採算性（投資限度額比率）		費用対便益
無料ケース	借入金利4%ケース(%)	借入金利0%ケース(%)	有料ケース
4.2	10	21	1.6
1.7	-	-	0.5
1.6	11	25	1.3
8.9	42	92	3.5
5.4	29	63	4.4
3.4	18	40	3.3
2.2	9	19	1.1
2.2	10	21	1.4

○採算性
投資限度額比率とは，料金収入で返済できる建設費の割合。「-」については，料金収入で管理費を賄えない区間。

してはならないと教えられてきた。大人になればそれが実体験でさらに身につく。私個人の経験では，1930年ごろに「オオカミ少年」の話を聞かされた。先生の方は人はウソを言えば自分に返ってくると言いたかったのであろう。しかし生徒の方はウソをつく人間がいるのだとも受け取った。子供心に警戒心を与えられた。この教育に感謝しなければならない。

そのころカレンダーに「言う人は行なう人にあらず」と書かれていた。約束は守れと教えられていた者にはふしぎだったので，大人たちに尋ねた。彼らは「それは○○さんのような人だ」といって大声で笑った。その○○さんは地元選出の有名代議士で，子供でも知っていた。その名は今も地元に伝わる。

大人になって毎日見る新聞はそのような話が余りにも多い。道路についていえば黒字のはずが赤字である。それではおかしいのではないか。ところが政治がいうのは，高速道路何千kmの建設は国民への公約だから実現しなければならない，である。都合の好い話だけ忘れずに持ち出すのが政治なのであろう。第一それは「公約」ではなく，単に政府の計画であったに過ぎない。

その政治が今頃になって突然「政権公約（マニフェスト）」をいうのであれば，「事前，事後に検証する方策」（読売10月4日）が必要である。その準備があるはずのない既製品を国民が信用すると政治家たちは考えていたのだろうか。そうではなかっただろうし，総選挙後の行動は再び元にもどったように見える。第Ⅴ章第3節に見る国土交通省3案（11月28日）もそうであった。政権公約など国民は信じるはずがないし，自分たちも守る必要はない。政治も行政もそう考えていたから，そのような提案になった（前節注(1)参照）。

注(1)「ファミリー企業」は道路公団については次の意味に使われてきた（文献51, p.225）。

ファミリー企業

日本道路公団が料金収受や維持修繕等の業務を外部発注している会社の多くは，出資制限のある公団に代わって旧道路施設協会が出資していたり，国土交通省や公団のOBが社長であったりするなど，人的，資本的つながりの強い巨大なファミリーを形成している。公団では，発注方式を競争入札に切替えたり，施設協会も出資をほとんど引上げたりはしているが，実態的にはファミリー関係は継続しているという批判が多い。

注(2)償還期間50年の経過は次のとおりであった(同，p.216，217)。
償還期間

　償還計画において，換算起算日から料金徴収期限までの期間を指すもので，正式には料金徴収期間という。高速道路事業については，当初は30年間を償還期間と定めていたが，1992年6月の道路審議会中間答申において，「交通量予測精度も向上してきている」ことから，当面5年程度，将来は10年程度の延長を検討することも考えられるとされたことを受け，1994年料金改定で40年に償還期間を延長した。さらに1995年11月の中間答申において，「平均的な耐用年数(おおむね45〜50年程度とされる)を，施設資産にかかる償還期間とする考え方もある」とされたことから，1999年改定では，45年間とされた。なお，1972年3月の道路審議会答申に従い，償還年限に5年程度の幅をもたせ，これを超えて増減する場合において料金改定を行うこととされている。

3　新国交相への期待は幻滅に

(1) 責任者の人事

　改造内閣において石原(前行政改革担当相)が国土交通相に選任されたとき，彼を知るものは前途に不安を感じるとともに，それでも前内閣における停滞を打破してくれるとの期待があった。期待はまず藤井総裁の更迭，次に同総裁の下に隠蔽されていた財務諸表の作成公表，第3に国土交通省が準備しつつあった民営化の具体策を本来の趣旨に戻し，今後の予定を明確にすることであった。
　次にそれらを項目に分けて説明する。
　すべて物事の成功は人事による。適切な人材をそれぞれの職務に配置すべきことはいうまでもない。すでに03年6月の時点までに日本道路公団の藤井総裁は更迭されるべきであった。例えば1年近く財務諸表の作業を公表せず，突然発表したものは監査法人の監査に耐えない内容であった。この事実一つだけで更迭の理由になるのに小泉内閣は9月までその措置を怠った。これでは改革という難事業が進むはずがない。
　改造内閣が道路公団民営化を掲げる以上，まず責任者の人事を行なわねばならない。かつて国鉄改革においても，まず総裁人事があって改革準備が進んだ

のは周知のとおりである(前章第2節第6項補論)。国鉄の場合は総裁だけでなく，改革反対の役員も辞任した。これがこの種の業務の進め方といえる。

　今回も人事の遅れが改革準備の時間を奪っていった。その後ようやく藤井総裁の解任(後述)があり，改革の前進が期待された。しかし新総裁の「正論」がすぐに抑圧されたのは第Ⅵ章第1節第3項に見るとおりである。

(2)「監査」に耐える財務諸表の欠如

　すでに繰り返し述べてきたように改革の出発点は財務諸表である。それにもかかわらず，改造前内閣では信頼できる財務諸表の作成を日本道路公団に命じなかった。国土交通相のあいまいな態度を首相が黙認したのは，首相自身がこの種の業務を理解していなかったからであろう。しかしその影響は専門家に聞けばすぐに判断できたはずであった。

　その結果が表2－2のような数字でなく，表2－1をいま少し悪くした状態であったとしても，それはそれとして教科書どおりに対処すればよかった。かりに悪いといっても債務超過の比率は小さく，損益計算書でも収支はほぼ均衡なのである。国費の投入は少額ですむ。おそらく「政府出資金」の扱い方が論じられるだけであっただろう。

　表2－2については他の3公団は損益計算書の欠損の問題がある。本四公団の債務超過に対しては，有利子債務の一部，約1.34兆円を切り離し，国の道路特定財源により，2003年度から5年間で返済することになっていた。

(3) 10月2日国土交通省案(償還主義)は民主党案(無料化)に勝てるか

　改造内閣の発足後10月は以下に述べるように考えられた状況であり，結果は後に第Ⅵ章に見るとおりである。すでに改革の実態を失わせる試みが進んでいた。国土交通相がただちに決定し指示すべきだったのはその後の作業手順であった。改革業務は集団の作業であり，指揮官の指図によって成否が決まる。

　作業は大別して次のように分かれる。

第Ⅲ章　改造内閣の登場

(1) 新会社の体制
(2) 新会社の財務
(3) (1)，(2)のための法律

　これらは同時併行の形ですすめなければならないし，また相互に関連する。その際，例えば(1)において5分割でも6分割でも(3)の法律の構成にはほとんど影響しないから，同時併行でできるのである。

　それらの作業を期限内，すなわち04年の通常国会に提出するには行程表がまず必要であり，それを示して，その時々に進行を確認していくのが責任者の業務であった。また国民もそれに合わせて自分たちの主張をまとめていくはずであった。

　3項目のうち(1)新会社の体制について10月2日，国土交通省の案が以下のように固まったと伝えられた（日経10月3日）。

　それによれば，「保有債務返済機構」と管理運営の新会社に上下分離し，新会社は2〜5社の複数案である。数の方は政治に委ねる。石原国土交通相は5分割にはこだわらないと述べていた。そこに自分の意見を持たない態度がうかがわれた。

　なお「高速道を建設する仕組みについても，複数案を用意する。」

　この案に石原の意思が入っているのか，それともそれ以前の段階なのかはわからない。しかし委員会報告について態度が不明確だった経緯から見れば，この案を了承していてもおかしくはなかった。

　そこで上下分離において建設資金の還流が入るのかどうかが問題であった。「複数案」を用意する中にはそれが含まれよう（第Ⅵ章第1節第1項参照）。

　上記の内容を小泉首相の立場で見れば，一応は「委員会の意見を基本的に尊重した」ことになる。この案では道路族議員も反対はないだろうし，2004年の通常国会には不安はない（このことの意味は第Ⅶ章第1節第1項参照）。

　国民の立場ではそれによって何が改革なのか，果たして効率が上がるのか，新会社に高速道路建設がどの程度に可能かが問われた。

　まず固定資産税の回避は可能である。次に機構からの資金還流は阻止できな

い。

　以上のように考えて，それではこの体制によってどれだけの建設が可能になるのか，投資の資金調達が問題であった。すでに述べてきたように高速道路利用は停滞であり，収入は伸びない。今後の路線が赤字となれば，通常の枠組みでは建設資金は回らない。まわすには「詐術」を伴う。ただしいかに工夫しても調達可能額は低く抑えられる。本来は自力ではゼロであろう。そのように考えられた。

　さて問題はこの案で民主党の無料化案に対抗できるかであった。要するに上下分離の結果は債務をさらに将来，すなわち50年よりも先に延ばすほどの将来に広げて建設をし，子孫を苦しめるのではと心配された（後述，図6－1の国土交通省案参照）。民主党案は，利用者負担をゼロとし，国民の公平感を逆なでするけれども，現代と将来との間では現代が負うべきものは現代が負うわけである。納税者と利用者との公平感よりも世代間の公平の方がより重要であり，人口が減りつつある日本において将来への配慮が大切といえる。

　民主党案では当初に負債の処理が不可避であっても，一回限りですむ。国土交通省案では次々に発生して終わることがない。そこに不明朗な政治干渉が加わり，「償還主義」の悪弊が恒久化するのである。それでは民主党案に議論では負ける。

　この危険はすでに8月国土交通省案（機構からの資金還流案）が伝えられたときに批判され指摘されていた。その8月18日日経社説「小泉改革を問う　道路公団利権構造へ切り込め」は次のように結んでいた（第Ⅱ章第1節第5項）。この心配が現実のものになってきたのであった。

　　2005年の民営化まで残された時間はわずかだ。首相は今度こそ闘う姿勢を明らかにし道路の利権構造の本質に真っ向から切り込まねばならない。妥協と問題先送りが続けば，高速料金の早期無料化をうたう民主党に人気が集まるかもしれない。

なお上記の2〜5分割という中にはすでに片桐の指摘した「藤井案（第Ⅱ章第1節第5項補論）」が含まれる可能性もあった。すなわち数社のうち1社が新路線の建設を独占するのである。

しかしながら，第三者にはこのように推測できる将来も，国土交通相には見えず，まして丸投げの首相には見えない。あるいは別な見方とすれば，首相にはすべてが読み込みずみで，このような"偽装"の改革案で押し通すために，石原を任命していたとも受け取れる（第Ⅵ章第4節第3項に紹介の北沢栄の指摘を参照）。政治の世界は通常の経済判断では理解できない。しかしそれを国民が見逃すかといえば，国民負担のいっそうの長期化がおこりうるし，今度は小泉内閣の改革構想全体が信用を失う。小泉の意図は結局，道路族と同じだったし，郵政改革などもそのように思われてくる。中身のない主張は一度疑いが始まれば，全面崩壊となる（第Ⅵ章第3，4節参照）。10月にはこのように感じられた。

ここで国民多数に救いは，いかに操作しても，やはり資金は出てこない現実である。おそらく国土交通省は年率1〜2％の成長を希望したい。しかし最近の交通量の実績は期待ほど大きくはないことが示されるだろうし，前途の困難が予想される（後述，図5−2参照）。

国土交通省案を石原が主張し，それを小泉が支持し，道路族も賛成と進めるとき，国民はそれよりは民主党の「無料化」の方がよいと判断する可能性がないとはいえない。しかし国会内の勢力ではなお自民党案が成立する。国土交通省側がそれに基づいて道路投資額をどれだけ確保できるかが注目され，私見ではそこで限界にぶつかると考えるのである。11月の総選挙では民主党支持の増加という形で国民の批判が出たし，やがて2004年以後の総選挙が来る。

2003年10月は，道路公団改革について国民が自民党および小泉内閣を支持するかどうかの分かれ道であった。9月の内閣改造で改革反対の扇国土交通相を再任しなかったので，国民は次に藤井総裁の更迭があり，改革は具体化すると期待した。しかし藤井問題に国民の関心が集まっているかげで，形だけの改革ですませる策略が進行していたのである。もはや首相はそれを修正する力は持

たなかったし，11月にはついに守旧勢力による「国土交通省案」提示となってしまった。状況は坂道をころげ落ちるように悪化していった。その結果が2004年の法案審議である。後述のとおり改革の実態はなく，国民の負担はますます増加する。(ここで結論を急がれる場合は第Ⅵ章に移っていただきたい。)

(4) 以上の要約——永久有料制のすすめ

　道路の歴史においては一般に無料開放が普通であり，例外として有料制が存在した。18世紀のイギリスで経済学者のアダム・スミスは当時の有料道路ターンパイクを推奨していた[1]。わが国の高速道路有料制は，道路は本来無料公開が原則だけれども，さしあたり30年は有料制として資金調達するのが望ましいと考え実現した。1950年代日本道路公団発足のころアメリカ東部に有料道路（ターンパイク）の開通があったことがそれに影響していた[2]。この思想は今日も続いている。

　イギリスのターンパイク制はその後中止となったけれども，今日の自動車時代において，一部の国では高速道路などは有料制の永続が適切ではないかとの判断が存在する（第2節第3項のイギリスの例を参照）。わが国の高速道路は将来は無料といいながら，現実には政治は有料期間を延伸してきた。それが永久であってなぜ悪いのかというのが永久有料の立場である。

　さらに現在のわが国では，永久有料でも採算不可能の路線を「将来は無料」と偽装して建設する弊害，すなわち国民が気づいたときには重い負担が国費として課せられる弊害が広がっている。その好例は本四連絡橋であり，東京湾アクアラインである。その対策としては，永久有料でも赤字の路線は，もし必要というのであれば事前に納税者負担額を示して国民の判断を仰げばよい。

　それを正確に徹底すれば，道路企業に公共助成するよりも，自立採算可能な路線は民営の道路企業に任せ，自立が不可能の路線は国または地方自治体の「直轄」とすることになる。(その際料金の徴収は認める。)このように民間企業と国などの直轄の二つとするのが，国民あるいは納税者・利用者として支払い額が明確になり，また業務の効率も上がる。このように判断される。小泉と菅の

主張の違いも大きくはない状態となる。

注(1) 彼の次の文章は今日のわれわれに強く訴える。

　　道路，橋，運河，港など，商業を便利にする公共事業を起こし，また維持する経費は，その国の土地と労働の年々の生産物，すなわち，そうした交通機関を利用する財貨がふえれば，それにおうじてふえることは明らかである。

　　こういう経費を国家収入でまかなう必要はない。たとえば，公道，橋，運河は，その利用者に少額の通行税を課せばよく，港は利用船舶のトン数におうじた港税を課せばよい。……

　　車輛や船の重量とトン数に比例する通行税は，交通施設の損耗の度合に比例するから，施設維持の方法としては最も公正なものである。それに通行税を前払いするのは運送業者だけれども，財貨の価格はそれだけ高くなり，けっきょくは消費者が支払うことになる。しかし，こういう施設のおかげで運送費そのものはうんと安くなるのだから，財貨は通行税を取られてもなおかつまえより安く消費者の手にはいる。

　　このやり方だと，施設は商業上必要で，したがって適当な所を選び，その場所相応のものをつくることになる。そうすれば，たまたま知事や大貴族の別荘があるからなどというので，人煙まれな田舎を通ってすばらしい道をつくったりするわけにはゆかなくなる（『国富論』世界の名著31，p.511，512）。

注(2) アメリカの有料道路延長は，州際道路が4,400.2km，州際道路以外が3,403.4kmであった（1995年現在，中間に一部無料区間を含む）。そのうち，ニュージャージー・ターンパイクは211.6km，ニューヨーク・ステート・スルーウェイは856.0kmである。その供用年は前者が1952年，後者は1954年であり，わが国の高速道路有料制にこれらが参考とされたと考えられる。なおペンシルヴァニア・ターンパイク（526.1km）は1940年開通である（高速道路調査会『世界の高速道路』1999年による）。

第Ⅳ章　ようやく藤井解任

　前3章の経過から国民には藤井総裁の解任さえあれば道路公団改革が進むように見えたけれども，それには小泉首相が，委員会意見書・藤井の経営方針・民主党の高速道路無料化論を超える優れた対策案を提示する必要があった。しかし，すでに8月には国土交通省は投資優先・債務返済後回しの独自案を準備し，10月にもその方向を進めていたので，藤井辞任も改革を本来の民営化に向かわせることにならなかった。

　当時までの主張を要約していえば，委員会意見書は，たしかに民営化推進でもなお将来は無料とする償還主義であり，民営化としては不十分であった。藤井の発想は将来の償還責任を放棄して債務を累積する投資優先に徹底していた。民主党案は税収入の枠内に投資を抑制しようとした。いずれも小泉改革と称しうる内容ではなく，あるいは相反するものだったのである。

　9月下旬に内閣改造があり，新任の石原国土交通相は藤井更迭の事務を進めたけれども，同時に投資存続の政策を「改革」と称して発表していき，藤井の主張は形を変えて引き継がれた。この間小泉は自己の意思を示さず，改革の前途が危ぶまれた。

　10月は小泉改革には(1)過去債務40兆円の措置　(2)自主自立の民営組織の設立という二大眼目を確保できる最後の機会だったのに，それは生かされず，11月には次章に見るとおり改革の崩壊が始まる。投資の判断を新会社にまかせる「民営化」にはならなかった。結局それが後に田中・松田両委員の辞任につながったのである。

1 自ら招いた解任劇

(1) 道路公団をめぐるタテマエとホンネ

　政治も経済もタテマエとホンネが異なる。それはわが国だけのことではない。大切なのは両者の間隔であり、二つが著しく離れていてはホンネが通用しなくなり、信用を失う。

　世の中には「例外のない規則はない」という規則があり、この規則だけは例外がないとされる。そこでホンネがタテマエと少しばかりずれていても、その例外は大目に見られる。「許容範囲」であればよい。それが範囲を超えて極端にずれると、タテマエは詐術であり、ウソと扱われる。

　道路公団方式は借金によって造り、出来上がった道路の黒字で借金を完済する。これがタテマエである。その期間の30年が40年に延びそうでも、人は約束がウソだったとはいわない。しかし50年、60年、あるいはその先でも完済の見込みがないとなれば詐欺と扱われる。私企業とは違って公企業は国と一体だからウソはないと思われやすいので、余計に公然とそれが行なわれる。かつては国鉄の赤字再建策がそうであった。何回も再建策を立て、赤字は23年間も続いてしまった。

　道路関係四公団では本四公団がまずウソの見本を示した。それでは他の3公団は大丈夫か。国民は今そのような目で公団改革を眺めている。本来はその前に民営化推進委員会が国民を代表して実態を解明してくれるはずであった。しかし委員会は実態を数字で確認せず、タテマエだけの意見書を提出した。それに国民は失望したし、またそれを「基本的に尊重する」のはタテマエとして当然でも、先行きを国民は心配したのである。しかしその心配は「ウソ」のくりかえしに慣れてうすらいでいく。改革反対論者はそれを待っていた。

　そうなったころに今度は国土交通省が、通行料収入を活用する案を検討中と伝えられ、やがてそれが第V章第3節で述べるとおり、国土交通省の正式提案に含まれてしまった。首相が委員会意見を「基本的に尊重する」と言っている

うちに，それとは相容れない案が併列で示され，ついにそれが本命だったことが明らかになった(それに抗議し，委員会の2委員が辞任したのは第Ⅶ章第1節第2，3項に述べるとおりである)。タテマエを切り捨ててホンネがむき出しに出てきたのである。

首相がタテマエを述べているそのかげで，国土交通相はホンネを与党の政策にと仕組んだのであった。しかし道路公団の歴史ではそれは不思議ではなく，そのホンネを摘発する者は愚か者とされ，排除されてきた。すでに第Ⅱ章で紹介し，次項にも述べる片桐幸雄も従来の公団ではそう扱われたに違いない。しかし今や時代が違ってきた。国民はタテマエを重視し，筋を通すことを望むようになったのである。このことは道路公団改革も昔流には抑圧できないことを意味する。今後の動きはこのような目で見る必要がある。

(2) ホンネ摘発の片桐を告訴した公団の時代錯誤

道路公団方式のタテマエとホンネの使い分けは，すでにくりかえし述べてきたように次のとおりである。

タテマエ＝開業後の利益で債務を完済し，その後は無料とする。その時期はおおむね40年後。

ホンネ＝開業後の利益は元本返済に当てず，その分は新規道路に再投資。利払い能力の続く限り建設しつづける。最終段階では元本は借り換えをつづけ，利子だけを支払う。「永久有料制」である。

さて改革の議論はすでに煮詰まってきて，次の三つに大別された(後述，図5－4参照)。

①将来無料論(自民党)　②早期無料論(民主党)　③永久有料論(私見)に分かれる中で，もし自民党が現行法の法文どおりの①であるならば，すでに投資がその限界に達したから，今後は公団方式の建設は中止し，将来無料化の実現，すなわち「40年後」の完済に専念する。必要な建設は国の直轄で行なうというべきであった。公団が上記ホンネであればそれを断念させるのが行政の本来の立場といえる。しかし行政もタテマエとホンネは違っていた。

一般にタテマエとホンネとは，どちらが正しいと単純にはいえない。実態から見てタテマエが妥当なときもあれば，ホンネがそうであるときもある。しかし道路について公団方式の行き詰まりが1990年代半ばにきたことは当時，外の私たちにも，公団内の片桐幸雄などにも明らかであった（第Ⅱ章第2節第3項）。90年代後半には言論界では「第2国鉄論」が普通に行なわれていた。その後事態の改善がない以上（事実は悪化である以上），公団経営は即座に転換すべきであった。

　しかし日本道路公団の藤井総裁は上記のホンネを貫こうとし，それに反対する者を排除しようとした。その筆頭に改革派職員代表の片桐がいたわけであり，左遷人事どころか，民事・刑事の告訴に踏み切った（第Ⅱ章第2節）。藤井の意図は法律に示すタテマエを無視し，上記のホンネで進むことであった。

　今一度その部分に関する片桐の文章を紹介する（第Ⅱ章第1節第5項補論）。

　　では，莫大な負債についてはどう考えているのか。借金など金利だけを払えばいい，本来なら元本の返済にあてるべき利益などが出ても，それは新規建設にあてるべきだ，とこれまで通りに考えているのだとしたら，事態は悪化するばかり。負債そのものはまったく減らずに，新たな赤字道路だけが延びていく。まさに「亡国の総裁」としか言いようがありません。

　この論文によって片桐は告発されたのであるけれども，左遷はその前であり（第Ⅱ章第2節注(2)参照），発表後にさらに〝降格〟があった。

　行政はそのタテマエとしては藤井の経営を法律の枠内に収めるよう公団に命令しなければならない。しかしそのホンネは公団と一体であったから，すぐには何も処置しなかった。その行政に対し国会では与党はその方が都合が好いのでおそらく黙認していたのであろう。

　この過程において国民の収穫は，政治行政の進歩はなくても，事実を正確に理解し把握できたことである。道路公団改革を委員会意見書以上に徹底すべきことも明らかになった。

第Ⅳ章　ようやく藤井解任　117

ウソの摘発は，総裁を片桐告訴に踏み切らせるほどに，投資存続がホンネの人たちに打撃だったのである。告訴はその経営がいかに法律のタテマエにそむいているかを実証した。告訴はかえって政・官・業への批判を高めた。その結果，総裁更迭が避けられなくなり，解任劇に発展した。総裁は自分でその解任劇の幕を開けたのである。改革反対派としては藤井の人事を行ない，その戦略の安泰をはかることになった。それはまさに同じホンネの勢力の中で意見の異なるものの排除であり，トカゲのシッポ切りであった(第4節第1項参照)。

2　個人も体制も"落日"

(1) 藤井「更迭」

　03年10月5日石原国土交通相と藤井総裁の会見で，総裁は翌6日午前に辞表を出すと報ぜられた。その前に5日朝からテレビ，ラジオはトップニュースで両者会見の予定を伝え，6日朝刊は5時間の会談の経過を解説した。そのため5日にあった政党合併大会の記事は1面右上とはならなかった。

　一公企業の責任者の人事がこれほどに国民の関心を集めたことは珍しい。すでに1年以上前からいわれ，首相の態度に疑問が持たれていただけに，小泉内閣としては決断せざるをえないと注目された。

　しかし見様によっては首相の不決断が人事を遅らせ，結局それを11月の総選挙の直前に行ない，国民の支持を高める好機会になったともいえる。それまで構造改革は話だけで実行がないと思われていたのが，ようやく「行なう」意志を見せたのであった。ただし選挙の結果からはそれまでの不決断の悪影響がありえたと考えられる。

　弱気と批判されてきた石原もここに来て扇国土交通相(前任者)とは違うことを示した。その経緯を読売10月6日は次のように伝えた。

　　内閣改造で行政改革相から国交相に横滑りした石原氏にとって藤井氏更迭は最優先課題となったが，藤井氏が抵抗する構えを見せたことに加え，後任

選考も難航。石原氏が手間取る姿に業を煮やした首相は，首相周辺を通じて「5日中に決着をつけるように」と期限をつけて決着を迫った。このため石原氏は，藤井氏の更迭だけを先行させた。

首相としてもそれまで優柔と批判されてきたのを回復したことになる。
　しかしここでおきる疑問は，もし7月10日の片桐論文（第Ⅱ章第1節第4項）がなかったとしたら今回の措置はなく，藤井総裁はそのまま職にいたと考えられることである。更迭が求められた契機が財務諸表をめぐる公団内の混乱を摘発した片桐論文であった。そのことは今回の報道が改めて指摘していた。この経過は首相を始めとする改革側の対応能力が2002年夏以来いかに不決断でありつづけたかを示したのである。やっと公団内の「幹部職員の内部告発」が国民に訴えて共感が集まり，それを力にして今度の運びとなった。さてそれでは首相や石原はこの改革功績者をどう扱うのだろうか，それも注目されることになった。
　同時に総裁後任の人選があるのはいうまでもなかった。
　ところで道路勢力の代表者としての藤井は石原を納得させることはできなかったものの，「私は悪いことはしていない」と会見後に述べた。「財務諸表の問題は混乱じゃない。誤解だ。」（日経，同日）結局辞表は提出せず，解任の手続きとなった。
　その後改革がどう進むかが国民の関心事となった。しかし「石原国交相がどこまで中身のあることをやれるのかが問われる」と国交省幹部は述べていた（同）。その後の経過は第Ⅴ，Ⅵ章に述べるとおり改革の後退であった。公団の改革派職員あるいは国土交通省にもいるに違いないそれらの人材を首相と石原とが適切に働かせるのでなければ，改革は再びここで止まってしまうはずであり，当面はそうなっていった。
　それと同時に公団内部にはやっと恐怖政治から脱却でき，これからは「ようやく前向きに」仕事ができるとの安心感も広がった（読売，同日）。この意味で新総裁の人事が注目された。

これまで改革対策には，断片の個別の施策がいわれただけで，全体像が数字では示されていない。あるいは数字まではいかなくても，項目ごとの軽重の区別がない。どれが幹か枝かもわからないまま並列なのである。「どこまで中身のあることが」と問われる答えはまずこの整理があってのことである。

すでに第Ⅱ章第2節に述べたとおり，道路公団改革は具体策をめぐる対決としては，藤井と片桐の戦いであった。藤井は職員である片桐を6月に左遷した。次に7月10日の片桐論文があり，言論界の支援があって論文は広く注目され，ついに10月5日の石原・藤井の会見になった。その前の1985年からの経緯までたどれば，20年近い攻防が片桐の主張の評価となって終局に近づいたわけである。しかし次にどのような展開が待ち受けているかは誰にもわからなかったし，緩慢な政治行動に国民はいっそうの監視と督励が必要と感じた。

今回の「更迭」問題は国土交通省のこれまでの責任が問われたのであり，国土交通省が改革に反対しつづけてきたため，このような結末に至るまですべてが放置されてきたのであった。次項でさらにそのことを説明する。

(2) 責任は国土交通省にもあった

石原は任命権に基づき行動したのだけれども，今回までの政策の実態を見れば一体，国土交通省側に総裁更迭をいうだけの資格があったのだろうか。政・官・業のそれぞれが，民営化を遅らせ，財務諸表を不明確にした責任を負うべきではなかったか。これが国民の持った疑問であった。

国土交通省の態度をさかのぼってたどると，小泉首相の改革の主張に対し，2001年12月の方針（表1-1）に落ち着かせ，改革の勢いを削いだのは国土交通省であった。さらにさかのぼってその9月に同省が示した「4公団の民営化案」は，本四だけは1年程度で民営化するけれども，他の3公団はまず統合するだけで，その後に民営化のあり方を検討するとの内容であった。非協力の一語に尽きた（序章第2項参照）。

そのころは高速道路は在来方式の下で20兆円の建設が可能と自負されていた。次に委員会が始まり，意見書が出るまでの半年間に，行政は16.8兆円の投資

が必要と述べた。その際の資金調達案には一貫して，返済資金の還流が入り，それを特定の委員が支持した。

　この還流はその用語ではプール制であった[1]。普通「プール制」といえば，同一時点における黒字部門と赤字部門の調整であるのに対し，この場合は現在の返済資金を将来の赤字部門に流用することを含んでいた。委員会事務局（片桐幸雄を除く）が作成した「事務局案」を7人の委員のうち2人が何とか意見書に両論併記の形で持ち込もうとした。それが成功しなかったので，03年に入って守旧派はそれを実際の政策に採用させようとした（第Ⅱ章第1節第5項）。そうしているうちに内閣改造になってしまった。

　すでに2002年12月，意見書の提出があった直後に扇国土交通相は「これから荷が重い」「（与党が同意する）可能性のない法案を作っても仕方がない」と発言していた。この態度は03年9月まで一貫していたし，藤井総裁の言動を容認しつづけた。その限りでは政・官・業一体の姿をうかがわせた。

　改造前内閣の全期間を通じて国民にふしぎだったのは，公団の財務見通しに，国土交通省として明確な意見を表明しなかったことである。同省職員から見れば省OBが責任者の公団について意見はいえなかったのであろう。しかしそれでは行政の役割を果たさなかったことになる。

(3) 常に数字が決め手

　10月5日石原国土交通相は藤井総裁から財務諸表についての事情等を聞き，結局納得できなかったので，その更迭に踏み切った。

　すべて「数字」が決め手であった。公団側の数字のおかしさを克明に指摘したのは片桐論文の功績であり，その結論は前節第2項に再度言及したように「亡国の総裁」への退陣勧告であった。それが見事に決まった。発表から後述の解任まで3カ月半であった。

　この事件の教訓は数字は正直であり，偽装も加工もできないことである。土木の専門家であればその土木部門においてそうであることは十分承知であろう。数字をごまかせば構造物が崩壊する。しかしこの専門家は経営も同じであるこ

とに気づこうとせず，財務諸表は細工ができると考えた。すでに将来予測には多くの誤りをおかしており，そのことは特にアクアラインで体験ずみでも，最近の数字には加工できると思っていたに違いない。

しかしその加工が余りに極端であり（表4－1），しかも公団として本来保存しておくべき資料がないということで，取得価格ではなく，再調達価格で資産額を計算した。その結果が国民の批判を招き，ついに解任に追い込まれるのは，前述のように，藤井自身が不安を持っていたとおりの筋道であった（第Ⅰ章第3節第1項）。

表4－1　公団発表と幻の財務諸表比較

	幻	公団発表
流動資産	1,488	4,397
固定資産	285,486	338,475
（うち道路）	238,815	291,746
流動負債	3,820	34,243
固定負債	270,289	251,186
資本金	19,800	22,848
資産超過額	▼6,174	57,580

▼は債務超過（単位:億円）

出典：読売　2003年10月6日
(注)　左側は2000年度について存在していたとされる2002年7月の作業（表2－1参照）
　　　右側は2002年度について公団が2003年6月に発表した数字（表2－2参照）

ここで国民の立場から考えれば，国土交通相が2001年12月，民営化方針の決定の際に準備を公団に指示しておれば財務諸表をめぐる混乱はおこらなかったはずである。この意味で行政側も大臣以下の責任が問われるのであり，この間に改革を停滞させたのは国民に大きな損失であった。

また02年6月に財務諸表を基に委員会が審議し始めておればその意見書はすっかり違った内容になっていただろう。その楽観論は消えていたに違いない。

(4) 解任の手続き

　落日の感をさらに深めたのは，辞表提出と国民が思っていた藤井総裁が10月6日午前に辞表を提出せず，国土交通相としてはやむなく「解任」に踏み切ったことである。提出しなかった理由は財務諸表の説明を大臣が理解しようとせず，納得できないとしたためという。しかしそれこそ国民に理解できないことであった。

　一連の経過はすでに述べてきたとおりであり，大臣が財務諸表の経過に納得しない方が正しかった。しかし今度は解任手続きのためさらに2～3週間が費やされることになった。国民として時間の浪費であり，物事は一つ間違うと最後まで間違う好例であった。

　およそ人事の処分においては重要な鉄則がある。処分はあくまで事実に基づくべきで，評価によるものであってはならない。作為・不作為の行為が規則に違反するとか，不適切と証明できればよい。それ以上に何らかの評価に言及すべきではない。

　公団の制度では総裁は，経営責任者として，政府の方針に従い，政府が必要とする資料を事前に，あるいは政府の作業に応じて準備していくべきであった。もしそうしていない「不作為」があれば更迭の理由になる。2001年12月から翌年6月にかけて財務諸表を「公団として公式に」準備しなかったのがそれに当たる（第3節第2項）。

　次に作為が不適切だった例は03年6月公表の財務諸表が，貸借対照表と損益計算書の同時ではなく，4日のずれがあったことであり，しかも財務諸表は監査法人の監査に値しないと扱われた内容であった。二つの表が一体のものであるとの理解が乏しく，とにかく資産が大丈夫であることを監督行政責任者に報告しようと急いだのであろう。

　さらに資産額の算定に取得時の資料が存在しないので，再調達価格（再取得価格）によったという。これでは資料保存の責任を果たしていない。新聞などに伝えられて確認できるこれらの事実だけで総裁として不適任と断定できたはずである。それを超えて財務諸表の作業があった，なかったとか，その説明に

納得がいかないといっても水掛け論に終わる。かえって相手の時間稼ぎに巻き込まれてしまう。

総裁解任については10月7日にも多くの記事が書かれた。その中で公団OBの改革派リーダーの織方弘道は次のように述べていた(読売10月7日)。

「藤井総裁が辞表提出を拒否する予感はありましたよ」と語るのは，総裁更迭を求めていた「道路公団改革100人委員会」の世話人を務める元公団常任参与の織方弘道さんだ。
「プライドが高い人だから，自分の責任を認める辞表提出は避けたかっただろうし，自分が辞めると側近らの行き場もなくなってしまうので，彼らに対する責任も考えたのではないか」と分析。さらに，石原国交相の指導力にも触れ，「石原大臣は『世間が納得しませんよ』などという人情論に訴えるのではなく，『あなたは総裁として不適格だ』と正面から言うべきだった。民営化推進委員会でも腰がふらついていたので，藤井総裁から甘く見られてしまったのでは」と話している。

また，国土交通省内には，すでに省と公団の間に藤井総裁によって距離ができていたのを，扇国土交通相(前任)が「かばい続け」時機を失したとの見方があった(同)。

別の中堅幹部も「最近の公団は，民営化が決まったので，もう国交省の言いなりになる必要はない，役所は関係ないという姿勢が露骨だった」と打ち明けた。そのうえで，「扇前国交相は，理由は分からないが，最後まで総裁をかばい続けた。道路公団と国交省道路局との関係が悪化しても，総裁の任免権者である前大臣の信頼を得ていたのが，藤井総裁を増長させた一因だ」と語る。

公団内部には次の指摘もあった(同)。

一方、公団幹部の一人は「小泉首相が総裁更迭を、総選挙をにらんだカードにしたのが最初から間違っていた」と指摘する。政府の道路関係四公団民営化推進委員会は、1年以上前から藤井総裁更迭を求めていたことなどから、「更迭の機会はいくらでもあったのに、これまで放置し、総裁をのさばらせて来た。辞任を拒否された今になって、石原国交相が『民営化まで時間がない』などと言うのは身勝手だ」と憤る。

　見方は以上のように違いはあっても、省と公団にあったのは関係者の「ため息」と「冷笑」であった(日経、10月6日)。総裁*には同情はなく、大臣も冷たく見られている。その背後には万事先送りの小泉首相への不信があった。

　　*藤井の語録には次があった。
　　「私も含め全職員は改革のために精いっぱい頑張ってきた。」「私は何も悪いことはしていない。」「私は地位に恋々とする人間ではない。」
　　そのニックネームには「ミスター高速道路」があった。「ゴネ爺」とも呼ばれた。なお「強引にマイ・ウエー　藤井総裁」という新聞投書もあった。「あの笑みに公団の裏憶測し」(川柳)、「首が抜けにくい　総裁印ひな人形発売」とされた。

(5)「聴聞」(10月17日)

　10月5日国土交通相と藤井総裁の会見は5時間の説得にもかかわらず、総裁の辞表提出とはならなかった。7日には解任の手続きが取られ、10日間の準備期間を置いて10月17日に、総裁の弁明を聞く「聴聞」が国土交通省で開かれた。9時間にわたる審理の末、総裁側の続行の請求を退け、終わりとなった。

　総裁は代理人として弁護士を4人もつれてきた。法律論や手続き論に持ち込もうとしたのであろう。主宰者(国土交通省政策統括官)は当然ながら藤井から見ればはるか後輩であった。官庁社会では通常はありえない光景といえた。

　論点は次のように伝えられた。手続き論が多く、実態にふれたのは「幻の財務諸表」(表4-1)であり、それは片桐が摘発した論点であった。公団改革は片桐と藤井との戦いだったのである。

聴聞の主な論点

藤井総裁		国交相
聴聞が通知されてから実施まで期間が短過ぎる	聴聞の通知期間	行政手続法第15条の「相当な期間」をおき，期日を伝えた
日本道路公団法の財務諸表ではなく前大臣もないことを認めた	幻の財務諸表	国会答弁などが変遷し，対応が適切でなかった
具体的事実を示してほしい。まず解任ありきではないか	解任理由	日本道路公団法第13条2項の「役員たるに適しないと認める時」に該当する
「懲戒」か「分限」かを明示すべき	処分の性格	国家公務員法の概念をあてはめるのは難しい

（読売）

主な発言は次のとおりであったという。

聴聞での主な発言

▷藤井治芳・日本道路公団総裁
　○「公団と国交省道路局は情報を共有している。（債務超過の）財務諸表なんて作っていないことは道路局も知っているはずだ」
　○「いま僕は『殺すぞ』と常に脅されている。安全確保が一番重要だ」（居所を明らかにしないとの批判に対して）

▷小長井良浩・藤井総裁代理人
　○「藤井総裁の解任は石原伸晃国交相による懲戒権の乱用だ」

▷山本繁太郎・国交省政策統括官（進行役の主宰者）
　○「同じ趣旨の発言が続いている。十分に審議は尽くした」

▷原田保夫・国交省道路局総務課長（解任理由の説明者）
　○「道路公団関係者の証言に基づいているが，聴聞に提出する文書はない」（藤井総裁に連絡がとれないなどの証拠の有無を問われて）

（日経10月18日）

すべての責任を他に転嫁し，自分の利益を守ろうとする性格がよく表れてい

た。

　国土交通省は解任の理由を十分説明していないとの記事もあったけれども，この聴聞において担当者は適切に対応し，手続き論に引き込まれることはなかった。1回で打ち切りとしたのはその大きな功績であった。

　公団経営は一日も早く是正されねばならないのであり，そのための人事を公務員全体の懲戒と同じ性格のように主張するのは時間かせぎとしか思えないことで，法廷弁護士のいいそうな内容であった。

　また実態の議論でも相手のわなに陥らなかったのは賢明であった。読売新聞社説10月18日は次のように論評した。

　　道路公団については，小泉首相が「借金を重ねて不採算の高速道路を造り続ければ，いずれ経営が立ち行かなくなる」として，抜本改革の方針を打ち出し，首相直属の道路公団四公団民営化推進委員会が分割民営化案を答申した。

　　こうした政策の基本方針を決めるのは政府だ。公団はそれに従って実務を執行する機関であり，総裁が基本方針に逆らっては政策の統一性は保てない。

　　このため，公団の設置法は役員の解任に，国交相の広い裁量権を認めている。総裁は民営化推進委の資料請求に協力しなかった。財務諸表に関する国会質問で答弁を二転三転させ，国会を紛糾させた責任も重い。それだけで，十分な解任の理由になる，と言えるだろう。

　さらに社説は前国土交通相と首相について批判し，また前回10月5日の石原との会談において国会議員と公団との癒着を述べたことについて総裁が真相を明らかにすべきことを加えた。*

　　解任問題が混乱した背景には，国会紛糾時に総裁をかばい続けた扇前国交相の優柔不断と，それを放置した小泉首相の無為がある。解任が総選挙の直前になったことも，総裁に反撃の材料を与え，混乱の拡大につながった。

石原国交相との会談で，総裁は公団と国会議員の癒着を示唆した。聞き捨てならない発言だ。
　真実はどうなのか。真相の解明が必要だ。総裁には，すすんで真実を明らかにする義務がある。
＊12月9日政府は「政治家の圧力」の事実はないとの見解をまとめた（日経12月9日夕刊）。

　本書が見てきた経過からいえば，扇は「優柔不断」というより，改革に全面反対であった（第Ⅱ章第1節注(1)参照）。その国土交通相を交代させないで改革が達成されると考えていたとすれば首相は余りにも理解力不足であった。合わせて藤井総裁についてもそうであった。今回の解任劇はそのことを教えた。
　この解任劇は政・官・業の道路勢力・改革反対派各人に対して警告になったかどうか，間もなく忘れ去られたように見える。すでに藤井問題は改革論議の重要議題ではなくなっていた。
　19日の日経社説は今回の解任と小泉・扇の無策とを結びつけ，次のように述べた。無策のまま放任して公団方式の弊害＝官業の自己増殖を招き，そのあげくに「改革」のイメージ作りの更迭劇になったとされても仕方がないとの趣旨である。総裁も批判されるべきであり，政治もそうであると強調する。その上で民主党案にもふれた。

与野党は本質的論争を

　小泉首相は言葉だけで動かず，扇千景前国交相は藤井総裁をかばい続けた。「改革」のイメージ作りのための藤井総裁更迭劇と受け取られても仕方のない展開である。何を今さらと藤井総裁に居直られたのは，自ら墓穴を掘ったようなものだ。
　民主党の政権公約にある「原則無料化」は裏返せば国民負担案である。日本道路公団と本四公団の合計約30兆円の債務を国債に変えて税金などで返していく。

高速道路という特別な施設，サービスを提供する費用を国民一般の税金でまかなっていいのか。大都市の高速道路は有料のままで公平性を欠かないか。公団方式失敗の責任問題などをどう処理し説明するのか。高速道路は民営化に本当に適さないのか。論点は多々ある。

　しかし小泉首相が丸投げしたままであれば，自立した新会社を作る本来の民営化は不可能である。特殊会社が公団に置き換わり赤字の道路を造り続けることになりかねない。結局は債務返済は不可能になる。それならば民主党案のように直ちに清算した方が得策かもしれない。聞こえの良い言葉でなく，本質的な論争を与野党は今こそ展開すべきである。

　社説はまた，自民党の政権公約が今後の高速道路建設をあいまいにしている点を指摘した。実はこの方が総裁解任よりもはるかに重大なのである。その後の進展は指摘のとおりであった。次にそのことを説明する。

　自民党の政権公約は「民営化委の意見を基本的に尊重し，2005年度から4公団を民営化する法案を04年度の通常国会に提出する」というだけだ。小泉首相は不採算の道路を建設させない形で民営化するのかどうか明らかにすべきである。
……与党は建設する構えである。財源として高速道路の料金をあきらめ切れず，意見書の骨抜きを道路族議員は模索している。国交省も本音は建設続行である。

(6) 建設続行への守旧派の企て

　守旧派は以下のように考えている可能性があった*。石原国土交通相の下で行政は委員会の少数意見[(2)]の発想を用い，新会社に返済資金を債務返済機構に納付させ，それをただちに会社に還流させて建設させる。前記図3－2，3－3の姿で考えれば毎年数千億円，例えば5千億円を使用できる。新路線の開通に伴い，管理費は増加するけれども，全体の経費節減でその程度は相殺できる

とすれば，この形で何年か建設することができる。20年では10兆円の計算になる。

ただしそれには金利の現状維持が必要であり，おそらく2003年よりは上昇し，利息額が例えば1,000億円増加すればその分だけ投資額は減少する。

＊11月28日の国土交通省案はまさにそのとおりであった(第V章第3節第6項)。

ここで問題は二つである。第1はこの操作により債務完済がさらに延びる。50年が60年，70年となって小泉首相の公約に反するわけであり，首相と道路族との戦いとなる。あるいは完済は永久に不可能となる(図5－2参照)。首相が譲歩すればその政治生命が失われる。議員の支持は得ても，国民の票は失う。

第2は国民の60％が反対の高速道路建設を続けるのでは自民党への支持が落ちる。せっかく「小泉人気」で支えられているのを，自分で破壊するわけである(第VI章第4節)。

それでは民主党の「無料論」は建設をどう扱うのか。現在の道路財源に別途の税収入を加え，工事をするとの構想であろう。ただしその規模は小さい。

注(1) 2002年8月19日自民党調査会の「高速道路5原則」は「財政制約の中で効率的かつ早期に整備するため有料道路制度の活用が必要。今後もプール制を最大活用すべきだ」と述べていた(第I章第2節第1項)。

注(2) 多数決意見は機構の存続を「10年を目途とする」のに対し，少数は「一定期間経過後」である。また償還は前者が「元利均等返済をベース」とするのに対し，後者は「長期間固定方式」である。その意味は新会社発足当初は返済額を少なくして建設資金を多くする(後述，図5－6参照)。

3 国民の目は冷たく

(1) 国鉄改革との比較

10月24日石原国土交通相は藤井日本道路公団総裁を解任した。4日後の衆議院議員選挙公示をひかえて，総選挙対策とも取り沙汰された。しかし選挙があろうと，なかろうと，04年1月からの通常国会に改革法案を提出する以上は，

政府の進める改革に非協力の総裁はもっと早くに解任されていてもおかしくはなかった。

日本道路公団法第13条第2項には大臣は「役員たるに適しないと認めるときは，その役員を解任することができる」と定められている。行政と企業の関係は株主総会と社長との関係であり，株主側の意向に反した経営の社長は解任されるのが当然なのである。それは人権とか名誉にかかる話ではなく，経営方針の問題なのである（補論参照）。

法律の作り方とすれば，そのことをもっと明確に示しておくべきであった。この意味の解任を「心身の故障」や「義務違反」と並べ，「その他役員たるに適しない」場合としていたのは，およそ経営方針違反の総裁が出てくることを予想していなかったのであろう。

またその場合は話し合いで本人が辞任するという慣行が守られると考えていたに違いない。

国鉄改革の場合は，担当大臣が総裁に辞任を求め，総裁はそれに応じ，政府の改革に批判の副総裁等の役員とともに退職した。おそらく国民のほとんどが，総裁交代はそのように進むと予想していた。しかし藤井総裁は自分の意思では辞表を提出しなかったのである。

国民の側から見て知りたいのは次の三つであった。解任によりこれらがどうなるのかであった。

(1) 過去債務40兆円の処置
(2) 分割民営化後の組織（企業の主体性の有無）
(3) 高速道路等の今後の建設

しかし政府はそれら三つの具体策を内閣改造前の段階では示さず，国土交通相は常に改革に消極姿勢であった。他面，藤井総裁は自分は改革に努力しているといいながら，政府には協力せず，公団内部において独自の改革・検討を進めた。すなわち8月18日に改革本部（本部長諸井虔）を設置した（第Ⅰ章第3節第1項参照）。第1回会合は8月27日に開かれ，10月22日の第3回では道路公団の関連会社への出資規制を緩和する意見が出たという（日経10月23日[1]）。

この姿は国鉄が政府の改革推進に対し別案で争ったのに似ていた。1984年末，国鉄再建監理委員会はすでに改革意見をまとめ，国鉄がそれを受け入れる状況になるのを待っていた。それに対し国鉄側は85年1月10日に独自の方策を発表し，委員会と争う態度を示したのである（文献11，P.70〜75）。

しかし国民に巨額の負担を求めるその構想は不評に終わり，それまで国鉄と親しかった運輸族も離れ始めた。

今回が国鉄当時と大きく異なるのは，政府側には具体策の準備がなく，公団側もこの2年以上も対案の作成を怠ってきたことである。その次に両者それぞれ大急ぎで案を作ったとすれば，法案提出の段階で混乱は必至と予想された＊。そのような状況において総裁が解任されたのである。

　＊藤井総裁は去って彼との間にこの心配はなくなったものの，次の近藤総裁と行政との間には第Ⅵ章第1節第3項に述べる事態の発生があった。

国鉄の場合は，総裁辞任の後に再建監理委員会の報告書提示があり，それは数字をそろえた具体策であったから，ただちに法案作成に入ることができた。

その際，後継の総裁には運輸事務次官経験者が就任した。これも重要なことで，本人が改革論者かどうかより，行政事務に精通し，行政組織を動かす能力の方が大切であった。改革するか，しないかは首相や担当相が決めればよいことで，その方針を明確に具体化すれば足りたのである。

今回，公団総裁には改革に意欲を持つ民間人が望ましいと首相や担当相は述べ，11月20日近藤剛総裁の任命があった。その判断が改革にどのように影響するか2004年の運営が注目された。

〔補論〕　株主と経営者との関係（福井義高）

財務諸表が隠蔽されたり，工作されたのでは経営者は会計についての責任を果たしていないことになる。株主と経営者との間に会計が果たすべき役割を福井義高教授（青山学院大学）は次のように説明する。

さて，株主にとって利益を上げることは重要ではあるけれども，経営者は利

益さえ上げれば良いわけではない。投資家から委任された業務を遂行しているかどうかも重要である。儲かっているのだから，何をしてもいいということではないのである。それに応じて，会計の役割も大きく分けて二つある。まず，投資家が企業評価する際に有用な情報を提供すること（投資決定有用性）である。資産価値は未来で決まると言ったこととは矛盾しない。なぜなら，未来の予測には過去のデータは有用というより，用いざるを得ないからである。もうひとつの会計の重要な役割は，経営者が委任された業務を契約通り遂行しているかどうかの確認のために情報を提供すること（経営者のアカウンタビリティーの確保）である。

　投資家になるかならないかが自由な民間企業と異なり，国民は道路公団に強制的に出資させられている。したがって，公団経営者の投資家＝国民からの受託責任は，民間企業経営者より重いはずである。そう考えると，どの貸借対照表が経済実態を表しているかはさておき，経営者のアカウンタビリティーを確保するための会計データ公開にあたり，経営者が不誠実な態度をとっていることが，国民に対する重大な契約違反である。

　また，今後建設される道路は全く採算の合わない本四公団型投資（消費？）である。これまでの投資は埋没費用であり，いまさらなかったことにはできない。しかし，今後の投資は，現在，企業価値がプラスであるかどうか，ましてや会計上債務超過であるかどうかにかかわらず，そのマイナスの（ビジネスとしての）現在価値を埋め合わせるほどの公益があるかどうかで決定しなければならない。そして，ほとんどの国民が，少なくとも現在の枠組・経営者の下では，不必要と答えているように見える。

(2) 解任の理由と今後の方向（私見）

　国土交通相が総裁を解任した理由は次のように報じられた（読売10月25日）。

　　石原国交相が示した解任理由の要旨は次の通り。
　　▷債務超過を示すとされる財務諸表を巡る問題に適切に対応せず，国会の

答弁も変遷した。不誠実な対応によって公団に対する国民の信頼を著しく損ねた。

▷4月に開催されたという「会合」で，藤井総裁が役職員を信頼していないと受け取られる発言があったとされるが，この発言について適切に説明せず，職員との信頼関係を損ねた。

▷自分の居場所を秘書以外に知らせず，不自然な組織運営を行っており，組織の長としての職責を遂行していない。

▷高速道路に関する諸制度を抜本的に改革する重要な時期に，役職員一丸となって改革に取り組むべき総裁として適格性を欠き，日本道路公団法第13条第2項の「役員たるに適しないと認めるとき」に該当する。

理由は①財務諸表に関する不適切な対応 ②4月会合についての発言 ③居場所の秘匿の3点であり，それらによって役員に適しないとされた（②については第Ⅰ章第3節第1項参照）。

国土交通相が担当者に作成させた「藤井総裁聴聞の報告」（要旨）では，①財務諸表に関しては次のように記されていた。

【原因事実に対する当事者の主張に理由があるかどうかについての（聴聞主宰者＝山本繁太郎国土交通省政策統括官の）意見，その理由】

1の「財務諸表を巡る対応」に対して。

十分な調査に基づくことなく「このような事実はない」と国会で答弁している。

その後，国会の委員の指摘を受けて若手職員が自主的に勉強していたと答弁した。さらに，具体的な資料を提示されると初めて組織的に作業を行っていたことを認める答弁をしており，答弁に変遷はないとする主張には理由がない。

事実確認が不十分，不適切だったことは明らかである。国交省からの指示がなかったと主張するが，監督官庁の指示がない限り自ら調査をしないとす

る考え方自体に総裁としての資質に問題があると言わざるを得ない。
　職務を円滑に遂行する能力，資質に欠けると認められ，道路公団法の「役員たるに適しない」に該当するとした処分に違法性はない。

　国民にわかりやすくまとめられており，私はこの第1の理由の指摘で十分と考える。すなわち企業経営者としては「国交省からの指示がなかった」場合も，「自ら調査」すべきであり，まして民営化推進委員会がそれを必要としていたのは誰の目にも明らかであった（前項補論参照）。
　総裁が命じないのに「若手職員が勉強していた」とすれば，経営者はその努力を評価すべきであった。
　ここまで状況が煮詰まってきて，国土交通相が取るべき対策の筋道はきわめて簡単であり，戦略戦術は算術程度で足りた（第Ⅶ章第2節第2項）。
　まず民間基準の財務諸表を作る。すでに2002年の「幻の財務諸表」作成の経験があり，その人たちを呼びもどせばよい。
　第2にその財務諸表の数字により，自立採算の民間企業として成り立つかどうか，国費の投入が必要かどうかを確認する。
　第3に分割は，地域の自主性を尊重するように実施する。国鉄改革はそれによって成功した。地域ごとの収支の過不足は別途資金面で調整したのである。それらについての私見は第Ⅶ章第2節第1項に述べる。
　ここで表1－1にもどり，2001年12月の政府の基本方針は「償還期間」が50年であった。そこで，まずこの50年を前提にしたとき，新会社にどれだけの投資能力があるか。次に永久有料（通常の民間企業）としたときどうかを算定すればよい。
　要は投資を企業に可能な規模に抑えることである。その規模の確認がすべての前提になる。ただし2004年の段階では計画路線は全部赤字であり，もはや自力の投資はありえない。したがって，もし政治が望むのであれば，国の直轄あるいは国と地方の協力により実施することになる。さらに2千Kmは国の公約だ，11,520Kmの予定路線を完成すべきだといっても，それは1987年に完了

期限をつけないで宣言した計画に過ぎない。その時々の国民の負担能力との見比べが大切なのであり，負担を50年以上後まで残さないと決めたのもそのためであった。この部分の対策は首相と担当相が道路族に説得しなければならない[2]。

　藤井総裁が財務諸表を不明確にしつづけ，03年6月に資産超過と発表していても，今後の投資能力がふえたわけではない。その能力は資産の大小ではなく，今後の収益力による。赤字道路の建設に，既存黒字道路の余裕がなければ，それが企業の限界なのである。担当相はまずこの限界確認の作業を行ない，それ以上の投資は国民の意見を聞けばよい。

　藤井「解任」の時点において今後進むべき方向は以上のように考えられた。しかし国土交通省がそうでなかったのは次章に述べるとおりであり，国民との間に違和感が続くことになった。総裁解任後も「やみ夜」が続くのである。

(3) 行政訴訟の脅かし

　藤井総裁側が相手をひるませようと使ったのは，道路行政や国有地払い下げを巡る国会議員等の不正疑惑の暴露と，解任は政治の違法な介入として行政訴訟をおこすという二つであった。解任処分の執行停止を求める可能性が伝えられた（読売10月25日）。

　不正疑惑の方は，一部の国会議員には不安の種かもしれない[3]。しかしそれらをすべて明白にしてこそ改革の前進がある。藤井が過去の事実をあばくのはむしろその功績と受け取ってよい。ただし，それは当人にも返ることなのである。

　行政訴訟の方は解任の理由が前述のとおりである以上，受けて立つべきであり，また手続きの性質上，それしかない。藤井のこれまでの行動には何かと訴訟がからんでいた。改革派の片桐と文芸春秋を告発したのもそうであった。一体藤井側はこの訴訟をこれからどう扱うのかも注目される。

　しかし今後はそれらは時折話題になるだけであろう[4]。

(4) 総選挙が示した「国民の批判」

　総裁解任の論評に目立ったのは，これで改革がすすむといった期待ではなく，手続き上の不手際と改革の遅れに対する批判であった。さらにそれに関連して改革の内容がなお不明であることが指摘された。その原因は首相が明確な指示を与えないことであった。

　かつての中曽根内閣に倣って，改革反対派がその主張の無理，不合理を自ら暴露するのを待ち，自分からは何も言わないという戦術だったのであろうか。しかし当時もそれによって赤字は累積したのだし，今回もそうなのである。このことへの怒りといら立ちを論評から読み取ることができた。言論界は今や言うべきことは言い尽くした。それでもわからぬ内閣は退陣してもらうよりないと考えるようになった。折から総選挙が迫っていた。

　それには橋本内閣の惨敗の例が紹介された。小泉は「言う人」に過ぎず，「行なう人」ではない。しかも担当相や委員会委員の人選が拙劣（第Ⅲ章第1節第5項）では国民の支持は集まらなくなった。そのことが指摘されたのである（日経10月25日）。

　　自民党内では「橋本内閣に似てきた」との声も漏れる。1996年秋，橋本龍太郎首相は高い内閣支持率を背景に衆院解散に打って出たが，大方の予想に反して単独過半数に届かなかった。
　　一年後，ロッキード事件で有罪になった佐藤孝行氏を閣僚に起用したことで，頼みの支持率は急落。翌年の参院選で惨敗し，退陣した。

11月9日やはり今回も単独過半数に達しなかった。
　ところで解任劇にからんで，改革派職員の能力を活用せよとの積極主張があったのかどうか。この解任劇は片桐幸雄の文芸春秋論文が「亡国の総裁」に退陣を求めて始まったのである。その能力は行政改革担当相であった石原国土交通相はよく知っていたはずであり，片桐たちを忘れ去るようでは改革は形だけに終わると考えられた。

第Ⅳ章　ようやく藤井解任　137

注(1) この改革本部は03年12月10日，近藤総裁に中間答申を提出し(日経12月10日)，解散した。

注(2) 全国知事会会長の諮問機関の高速道路整備研究会は，03年10月30日，予定路線11,520Kmの整備を求めた。

　　　緊急提言は「高速道路網の整備は不十分で，整備済みの地域と遅れた地域との受益格差は明らか」と指摘。採算性や債務償還だけにとらわれずに予定路線11,520Kmを着実に整備するよう求めている。既存高速道路の料金収入を新規建設に充てる「料金プール制」を民営化会社が最大限活用できるようにすることも盛り込んだ。(日経10月30日)

　　　「採算性や債務償還だけにとらわれず」のためには国の直轄制，すなわち納税者負担しかない。知事たちはそれをどの程度に支持するのであろうか。

注(3) 日経10月23日に次の記事があった。
　　イニシャルの政治家
　　「竹下氏，青木氏ら」
　　週刊誌で総裁

　　　藤井総裁は23日発売の週刊文春で，石原国交相との会談時にイニシャルを挙げた政治家について，竹下登元首相，青木幹雄自民党参院幹事長と，飯島勲首相秘書官だったと明らかにしていることが分かった。

　　　文春の記事で，藤井総裁は「イニシャルと同時に，実名でも話した」と説明。青木氏については公団が地元の工事を中止したことで「おしかりの電話を直接いただいた」，飯島氏は「左遷」とされた公団幹部の人事などで「絶対に左遷するな」「言うとおりにしろ」などと圧力をかけてきた，と説明している。

　　　3人を挙げたこと自体は「私が政治家やその他からの圧力の中で改革をやってきたことを話そうとした」としている。

注(4) 2003年12月22日解任取り消しを求める行政訴訟がなされた(読売12月23日)。2004年2月25日第1回の公判が開かれた。

4　藤井解任のその後

(1) 藤井が意図していた「改革」

　10月24日の藤井解任の後，新総裁に近藤剛が就任したのが11月20日であった。そのころから改革法案準備の「枠組み」作りが急進展し，12月22日には政府・与党協議会の合意があった（概要は序章末を参照）。さらに25日には新直轄方式の路線が699Km選定され，改革は「完敗」に終わったとされる。

　藤井解任により改革にはずみがつくとの期待は楽観に過ぎた。片桐幸雄たちの労力はこの段階では単に前総裁を更迭させただけに見えた。

　これらの経過は次の2章に述べるとして，この間に国民に明らかになったのは藤井が何を考えていたかであった。

　藤井が考えていた「民営化」はすでに片桐論文が指摘したように「道路建設の続行」であった（第Ⅱ章第1節第5項補論）。国民にわからなかったのは，同時に彼が「民営化に誰よりも情熱を持っているつもりだ。政府の方針に従い一生懸命汗をかいていきたい」と国会の場所でも述べていた趣旨である（第Ⅰ章第3節第2項）。

　一体2003年6月の時点で「政府の方針」があったかどうかは疑わしいし，扇国土交通相はむしろ藤井総裁の方をうかがっていたかもしれない。あるいは国土交通省としては道路公団への行政介入をさらに強めていこうと考えていたとも思われる。

　また改革のための委員会に対し藤井が非協力を貫いてきたのは周知のことであり，それでいて「民営化に誰よりも情熱」というのは一般には不可解であった。しかし次のように解説されてみると，納得がいく。それが正しいかどうかは別にして，政治から独立という意味ではたしかに改革であり，方式には「民営化」はありえた。しかしそれは自立採算の企業では不可能の話であり，そこにこの種の主張における限界があった。

　毎日2003年12月24日は次のように解説した。

第Ⅳ章　ようやく藤井解任

　小泉改革のスタート時点では，藤井氏は「私こそ改革派」と胸を張っていた。それは，民営化後の新会社に政治の介入を排除した新たな「技官の王国」を築こうという野望でもあった。

　おそらく藤井はその夢を実現するための改革を前述の諸井の改革本部に託そうとしたのかもしれない。しかしすべての計画路線が赤字のとき，新会社が「政治の介入を排除した」形で建設するのは不可能であり，そこに矛盾があった。自立採算の新会社なら，今後の赤字建設は国の直轄しかない。それこそ政治そのものである。
　この難点を回避しようと国土交通省は委員会意見書に上下分離を持ち込み，通行料収入を工事に還流させることを主張しつづけた。藤井はそれをも嫌って純粋に自立の王国を求めたらしい。しかしそれはもはや机上の空論に過ぎず，上下一体をいう以上は建設をあきらめるべきであった。

　　民営化論議では，道路族が道路建設への関与を残すため，「建設・保有」と「管理・運営」の「上下分離」でまとめようとしたのに対し，藤井氏は「上下一体」論を主張した。この結果，藤井氏は，族にとってますます目障りな存在になっていた。（毎日，同上）

2003年12月の時点でなお疑問が残ったのは，この点について扇国土交通相（前）と藤井とが2002年から2003年9月までの間，どのように議論していたかである。扇は省事務局側にいたのか，藤井側だったのか。
　次に改造内閣で石原が就任すると，もはや国土交通相は藤井の援護者ではなかった。しかしその石原は民営化問題に決着を付ける段階にきていて，そのまま在来の投資政策をつづけた。そのような石原を選任していた小泉は自ら改革の道を封じていたわけである（序章第2項，第Ⅲ章第1節第5項）。

(2) 国土交通省案は残った

前項の経過から同じ改革反対派＝建設推進派といっても，主義主張に違いのあったことがわかる。藤井のように与党の派閥にもまれぬいてきた立場からは，同じ建設推進でも「政治の介入を排除した」方式が望ましい。

しかし国土交通省も石原もより現実に即して考えてきた。その答えが上下分離の資金還流であった。すでに2003年8月に前述のようにこの方式をPRし，10月にもくりかえし，結局その案で押し通したのである（第Ⅱ章第1節第5項，第Ⅲ章第3節第3項，第Ⅵ章第4節）。

解任劇が終わってみれば，すでに2001年のころに藤井は改革反対派の主流の代表者とはいえなくなっていて，別な形の反対派が育っていた。しかし改革のためには日本道路公団を改革阻止の方向に（あるいは藤井独自の改革の方向に）誘導していた独裁者をまず排除する必要があった。

2002年6月から12月にかけての民営化推進委員会の議論は，これら藤井主張と国土交通省主張の二つを相手になされていたのであった。本章の段階でようやくその判断ができるのであり，歴史をたどる者はこの点の理解が大切である。ただし扇国土交通相自身に何かの主張があったのか，なかったのかは定かではない。

2003年7月片桐論文が発表され，10月に藤井解任があった。しかし次に小泉第2次内閣では石原国土交通相は改革反対派を規制できず，近藤新総裁も発言は1週間で封じられた。改革派には，藤井解任はあったものの，政・官・業の状態は2001年3月以前にもどり，新しい状況に対応することになった。2004年はそのような段階に入った。一言でいえば小泉改革は不本意な形で終わり，国民は小泉改革を改革しなければならない。そうなっていった経過を次の2章で説明する。首相も石原も能力の限界であった。しかしそれは自分自身がまいた種の結果でもあった。

第Ⅴ章　投資強行の策略

　11月は，その毎日の動きを見ていた国民にも，まことに奇妙な，不可解な推移であった。過ぎてみたら，8月以来国土交通省がもらしてきた構想どおりの投資続行の枠組みが出来上がっていた。10月の日本道路公団総裁の解任，総選挙（11月9日）に向けての道路公団民営化の公約など，あってもなくても無関係だったように，行政の当初の筋書きどおりにすべてが運ばれたのである。

　その筋書きはさらにさかのぼって2001年11月にはすでに決定していたともいえる（序章第2項）。

　小泉首相のいう改革とは何だったのかと同時に，一体，我が国の政治は，首相表明の方針を無視して行われるのか，あるいは首相自身が内心ではそう望んでいたのか，とさえ疑われる1カ月であった。おそらく後世の歴史家はこの11月の理解に苦しむだろうし，その後翌年春までの経過を見る同時期の国民にもそうであった。

　この間の最大の不可解は，首相が「民営化推進委員会の答申を基本的に尊重する」と唱えながら，実際には在来の政・官の権力をそのまま残したことである。それは改革でないと委員2名の辞任する契機を作ったのが11月であった。委員会の方も小泉改革支持の2名が残ったのである。一体，国民に望ましい改革はどうあるべきであったのか。そのことを考えさせた1カ月であった。

　第1節ではこの時期に至るまでの民主党の改革発想と自民党内の反対主張，第2節では11月9日総選挙前後の状況を取り上げ，第3節は自民党と国土交通省が高速道路建設を明確にした状況を述べる。

1　3年越しの論争

(1) 民主党との張り合い

　道路公団改革は小泉首相には2001年の内閣発足前からの主張であった。しかし驚くべきことに，当時すでに民主党は「特定財源廃止」の改革を打ち出していた[1]。内容が異なるとはいえ，小泉の改革主張はこの時点では民主党と意図は違わず，両者に共同歩調が可能だったかもしれない。誰でも実態を見れば改革に向かうはずであった。この間今日まで意識が遅れているのは自民党内の道路投資推進の人たちであり，その主張はなお続いている。

　国民多数はさらに早くから道路特別財源の非効率と公団方式の浪費を批判し，改革を求めていた。それから2年余りたって，民主党がまず党として高速道路無料化という道路財源全体についての構想を打ち出した (第Ⅲ章第2節第3項および本章第2節第1項)。その直接の契機が民間人の主張であったとはいえ (文献59参照)，民主党の中にはそれを受け入れる素地がすでに育っていた。同じ論文を読んでも，自民党の方は形だけの改革構想を論じていたので，それを批判する側に回った。

　2003年11月の総選挙に対しては民主党は政権公約の中に高速道路の無料化を掲げた。高速道路の経費全額を現在の道路特別会計あるいは道路特定財源の枠の中に取り込もうというのは，公団方式と一般道路対策を全面見直す抜本策であった。

　さらにそれを発展させれば，我が国の異常に大きな道路投資額 (後述，表5-4) を現行の $\frac{1}{2}$ 以下に引き下げることを意味しよう。年金や福祉，あるいは社会治安の対策費が足りない時にそれは当然の措置といえる。

　小泉首相は自民党をこわしても，という言い方をする。この3年間の経過を見れば，小泉には敵は自党内にあったということであろう (図5-1)。改革の具体策は異なっても，目指している改革対象は小泉も菅も違わなかった。考えようによっては3年前なら両者は政策目的に同一の答えを出せたかもしれない。

　例えば高速道路建設をゼロにしないまでも大幅に抑制する。道路特定財源は

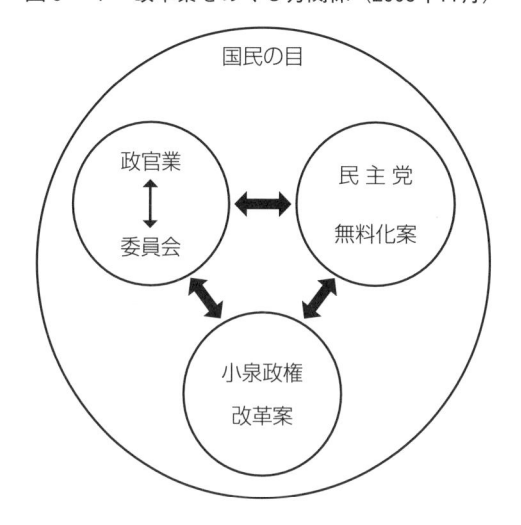

図5-1　改革案をめぐる力関係（2003年11月）

　　　国民の目
　政官業　　　民主党
　　↕　　　　無料化案
　委員会
　　　小泉政権
　　　改革案

廃止し，一般財源に回す。まず廃止の一歩手前で他の目的にも使用する。これらは今後も一致できよう。

　その後3年間に，それぞれがこれらについて具体策を提示して国民を引きつけようとしているため，双方が違った内容を言っているように思われやすかった。しかし趣旨は同じであり，道路投資額半減を二人の共同声明として発表しても不思議ではなくなった。国民は支持し，両党内の守旧派が反対に決起する姿が思い浮かぶだけである。

　次に今後の3年間は，両党の改革競争になる。たしかに自民党内には改革阻止に政治生命をかける人たちが多く，公明党にも高速道路建設の勢力が強い。しかし2003年11月の選挙は国民の多数が建設反対であることを明らかにした。過去3年間の経験はこの国民の批判を政治が大切にすべき事を教えたのである。2004年春，政府・与党がなお在来の政策に固執でも，国民多数の意思に反した政策はやがて行き詰まる。

　すでに2001年以来次のように国民の意思が示されていたのである。

　まず第1は2001年4月22日に発表された世論調査の結果であり，高速道路の

拡充を「必要がない」とする人が46.6％で，「必要」の36.8％を大きく上回っていた（1月調査）。小泉内閣発足の4日前である。この日また民主党は前述のように，道路特定財源の廃止などの法案を国会に提出すると決めていた。当時の民主党勢力では通る見込はなかったけれども，国民には注目すべき方向であった。

ところで2001年5月に入って首相は「道路特定財源」を聖域とせず見直すことを述べた。ただちに国土交通省では事務次官が慎重論を唱えた（日経5月15日）。小泉内閣はこのような状態から改革を立ち上げていったのであり，世論と野党の方が彼の改革には追い風であった。

ただし特定財源を一般財源とする方向が期待されると同時に，反対勢力もまた強くなることを覚悟しなければならなかった。それが2004年の法案提出まで続いたのである。

第2に，数日後，民主党の道路関係特殊法人ワーキングチームが，民営化と清算事業団設立を柱とする四公団改革案をまとめたと報じられた（日経5月20日）。ここでも自民党の一歩先を進んでいた。

この内容が自民党の作業チームによってであることが小泉の願いであっただろうに，野党の方が小泉の望む方向を選んでいた。5月23日首相は行政改革担当相に道路公団民営化の検討を指示した（日経5月25日夕刊）[2]。

小泉としては特定財源の一般財源化と公団民営化を7月の参議院議員選挙に打ち出して国民の支持を得たい所であった。しかし党内はそれらに反対の意見が多く，道路特定財源見直しは選挙の公約にできなかった。

言論界は改革を支持したけれども，その国民の声を道路関係の勢力は黙殺した。公団民営化は，その検討をいう石原行政改革担当相と扇国土交通相との対立となった（次項）。

日本経済新聞の世論調査では，「道路特定財源の抜本的見直し」に「賛成」が71％，「現在のままで良い」が19％，「言えない，分からない」が11％で，国民の7割以上が支持していた（同紙6月12日）。それでも国土交通省は大臣も事務局も動こうとしなかったのである。それから2年余り，2003年9月までこの態

第Ⅴ章　投資強行の策略　145

度が続いたのであった。しかし国民に背を向けては政策の成功は望めないし，また，政党の支持は失われていくはずであった。事務局の反対は以前からの事であるとして，改革を唱える小泉がそれに反対の扇を選任していたのは不可解であり，不手際であった(序章第2項および第Ⅲ章第1節第5項)。

　この2年半の不手際が一因となって2004年始めの政府・与党の改革政策はもっぱら建設計画を振り回すことになった。しかし資金調達の面で抑制され，次の改革が必要となり，さらにそれには自民党の将来がからむと考えられる。改革は3年間の第1幕だけでは終わらない。

　それでは小泉改革はこの間になぜ進展しなかったのか。理由は以上のとおり党内の障害を克服できなかったからであり，その事はさらに次項に述べる。

(2) 今一つの伏線——公団対策をめぐるウソと党内対立

　2001年4月に発足した小泉内閣が改革のためすぐに解決しなければならなかったのは道路公団政策をめぐる策略・詐術の横行と党内の反対であった。新聞報道を見る限りでは，前述のとおり，民主党の方が与党を思わせる行動をしてきた。逆に扇国土交通相は徹底した非協力に終始した。小泉内閣発足後ただちに守旧派は改革阻止に回り，報道陣は小泉との対立を克明に伝えた。すでに内閣発足の2カ月後には国民は自民党の内部事情を知った。それだけに国民多数の改革支持は2004年初めまで続いたし，今後もそうであろう。

　内部事情で注目された第一は，これまでの公団方式の，余りにも見えすいたウソであった。その程度の数字で国民の支持が得られると考えていたのである。

　早くも2001年6月13日日経が解説したのは，日本道路公団の「現行予測は2021年度までの料金収入（交通量）は年率1.4％増，それ以降は横ばいを見込んでいる」事実であった。

　原案では交通量が年率1.4％増ならば20年間に1.32倍になる。この間に料金の増減があれば，収入はそれによって動く。いずれにせよ，20年後に収入が3割増えるとして投資を続け，債務は累積する。2021年度を境に投資は減り，債務は減少，と考えていた。この原案は1990年代後半の経過から見て安易に過ぎ

た（表1-2，1-3，3-1参照）*。

*1995〜2000年度間の高速道路料金収入の伸びはすでに年率1.3%に低下し，さらに低下が予想された。それを20年間1.4%としたのである。

さすがにこの現実離れの数字に国土交通省内にも不安が生まれたのか，2021年度の数字が想定より少ない場合に債務がどうなるかを算定した。計画では2051年度に図5-2の下の線のように完済のはずなのが，1割減では未償還残高が31兆円も残る。ただしそれでも債務は減少傾向であるけれども，2割減（絶対値ではなお増加）ならば68兆円と大きく，さらに増加しつづける。

なお，この時点で自由党（現在は民主党と合併）からは次の批判が出ていた。ファミリー企業は民営化推進委員会設置の1年前にすでに指摘されていたのである。

民営化論の背景には，道路公団の非効率で不透明な経営への批判もある。自

図5-2　交通量が予測より少ない場合の日本道路公団の経営見通し（2001年6月）

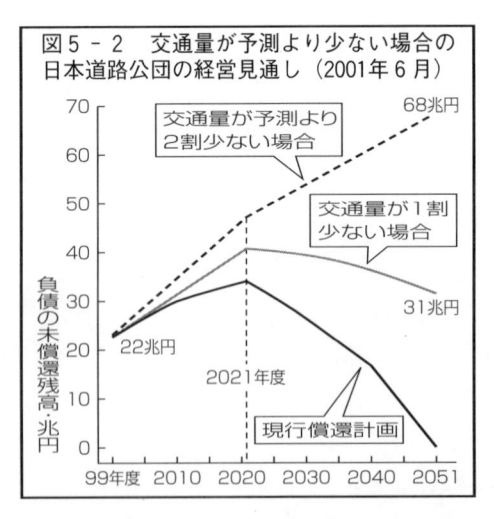

（説明）交通量は2021年度まで年率1.4%で増加が現行計画。
　　　　それより2割少なくてもなお20年後は5.6%増。
出典：日経2001年6月13日

由党の山田正彦衆院議員は、公団の99年度の道路管理費(3262億円)を使った料金収受や保守点検などの業務はすべて66のファミリー企業に委託していると指摘。「管理運営部門だけでも民営化が必要」と強調する。(日経　2001年6月13日)

　これらの指摘があり、当時の公団計画が現実遊離であることを政・官・業のすべての責任者は知っていながら、7月の参議院議員選挙をひかえ、彼らは小泉首相の改革方針を棚上げにして、道路投資を推進した。公団の民営化は首相と石原行政改革担当相がいうだけで、扇国土交通相(保守新党、参議院議員)は次の態度であった(日経6月23日)。なおこの記事が示した「年間約3千億円の国費」はその12月に否定されている(表1－1、第Ⅰ章第1節　注(1)参照)。この点では小泉の意志が働いた。

道路公団
債務23兆円　甘い見通し

　日本道路公団の民営化を巡り、早くも〝閣内不一致〟が起きている。扇千景国土交通相は21日の記者会見で「道路公団が抱える23兆円の債務を誰がどう整理するのか。旧国鉄債務のように一般財源で返すようなことができるわけない」と民営化に否定的な見解を示した。これにかみついたのが石原伸晃行政改革担当相。「借金を返せるかどうかが一番大切だ。返せないなら郵便貯金や簡易保険に穴があく」と22日の記者会見で反論した。

　「現在の道路整備計画は、年間約3千億円の国費の充当により、今の料金水準のままで償還は可能」20日夜、省議で道路局が示した文案を扇国交相はあっさり認めた。だが、整備計画の残り区間は交通量が少ない地方分も多い。需要が少しでも減れば、償還計画は狂う。扇国交相も「現行整備計画の実現にはあと22兆円必要。それができるのか」と心もとなげ。道路公団の経営を放置すれば、国民にツケが回ってくる。

　(角本説明) 2000年度末の固定負債額は27兆円（表1－3）。23兆円はその一部

を除いた数字であろう。

　7月の選挙をひかえて扇は民営化や建設抑制はいいたくなかったのであろうし，大臣のまま無事当選した後も一貫して態度を変えなかった。それに対して当時もその後も首相は傍観していただけであった。(第Ⅱ章第1節　注(1)参照)。

　政・官・業が現実には「ありえない」想定を作り，改革に非協力でも，首相は機が熟するのを待っていたのであろうか。しかし機運の方は与党内から生まれなかった。首相として8月には特殊法人改革を取り上げ，その目玉商品として道路公団改革があったけれども，国土交通相以下が反対を続けた。対立は2004年初めもなお続き，小泉改革は有名無実となってしまった。

　参考までに，2001年のそのころ，翌年に民営化推進委員会の委員長になる今井敬は，日本道路公団について次のように述べていた(日経8月7日)。

「日本道路公団は現在計画中の事業を抜本的に見直すべきだ。これまで建設してきた高速道路は比較的交通量も多く収益が上がるものが多かったが，これから造るものは採算の厳しいものが多くなる。交通網の整備についてはまだ不十分だとの意見もあるが，どうしても必要な道路は，一般道として税金を使って整備すればいい。道路公団には子会社，孫会社が多数あると指摘されている。これらの会社が多額の利益を出していると思われるが，連結ベースできちんとした財務内容を早急に示すべきだ」

　惜しまれるのは，この段階で述べた二つの意見は正しかったのに，翌年，委員長としてはそれらをぼかしてしまったことである。

　第1点は「必要な道路は，一般道として税金を使って整備」することに徹底せず，新会社にも建設の可能性を残した。

　第2点は，ファミリー企業を指摘し，「連結ベースできちんとした財務内容を早急に示すべきだ」としながら，委員会は財務諸表を見ないまま意見をまとめようとした。これでは成功するはずがなかったのである。

ところで本節に述べた以上の経過は，今日まで政・官・業の態度は変化しなかったこと，現状維持により既得権益を守ろうとしたことを示す（内部では国土交通省と公団とは建設業務の配分の争いを続けていた）。それでは何が変化したのかといえば，その政・官・業を見る「国民の目」，すなわちわれわれの意識が変わったのであり，事実についての理解が深まった。2001年1月世論調査において高速道路の拡充が支持されなくなった当時と今日を比べて事情はさらに周知され，国民は対策を求めて自民よりは民主と考え始めたのである。それが2003年11月の総選挙に示された。

今一度図5-1にもどって，3年間に進歩しなかったのは左上の「政・官・業↔委員会」の部分であった。これに対して変化したのは右上の「民主党無料化案」と自民党の状況を見比べる国民の意識である。これから改革案がどう変化していくかが問題なのであり（中央下），右上の変化があればやがて変化せざるをえない。

小泉政権は2004年春においてまだ改革にも党内対立の克服にも成功はしていない。しかし国民の方が守旧派の主張を圧倒するほどに成長したのである。日本道路公団についていえば，新総裁が2003年11月20日「不採算道路は造らぬ」と就任あいさつで述べたのに対し，高速道路建設推進の議員たちがそれは公約違反と反発しても，その声を国民は支持しなくなった。政府・与党が2004年初め，なお守旧の政策を押し通すのに対しては，国民はその政策から急速に離れていこう。

片桐幸雄たちが言論界の協力を得て前総裁を解任に追い込んだ効果が，いまや道路族勢力への批判の形ではっきりと現れた。しかし2003年12月の政府・与党協議会では守旧派はなお，整備計画を強調したのである（次章）。

与党は11月の総選挙に向かっては委員会の意見の尊重をいいながら，1カ月後には委員会とは対立する政策をまとめた。「政権公約」はその程度のものであった。小泉政革は提唱後3年を経て「不発」に終わった。それは道路族には当面の勝利であっても，今度は国民がその与党全体を見放す時期に来たと私は考える。すでに兆候は総選挙の結果に示されていたのであり，次節には，まず

選挙前からの経過を述べる。

注(1) 日経2001年4月22日は民主党について「特定財源の廃止，公共事業見直し，民主が法案骨子」と伝えていた。

注(2) 日経2001年5月25日夕刊は見出しを「道路公団も民営化検討」と掲げ次のように伝えた。すでに石原はここに書かれた態度であったことがわかる。

　　石原伸晃行革担当相は25日の閣議後の記者会見で，小泉純一郎首相から「(特殊法人は)民営化できるものは民営化する。改革の方向性を早く示してほしい」と，改革の前倒しの指示を受けたことを明らかにした。23日夜に首相が石原氏と会談した際に指示したもので，本州四国連絡橋公団や年金資金運用基金，複数の政府系金融機関など具体名を挙げ，統廃合などの検討に言及。日本道路公団についても民営化を含めた改革加速を求めた。……

　　これに関して石原行革相は「首相から個々に民営化しろ，という指示はなかった」と述べるとともに，「(改革の途中で個別法人名を挙げると)その一つだけに終わってしまう」と指摘し，個別法人の存廃について早急に結論を出すのは難しいとの見解を示した。

　　すでに2001年5月段階で道路公団は小泉改革の目玉となっていたけれども，首相と関係閣僚の間にすきまのあることが感じられた。7月の参議院議員選挙に持ち出せる状況ではなかった。

2　総選挙に自民の退潮

(1)　出そろった4案—有料か無料か

　2003年秋，道路公団改革論議も図5－3のとおり第3年の終わりに近づき，国民には何が問題であり，どの程度の対策を各党がもっているのか，あるいは無策のままなのかが見えてきた。そのような折に11月9日の総選挙が行われ，国民は自民批判の意思を明示した。

　道路公団については各党は表5－1のように主張した。与党三党が民営化推進委員会の意思の尊重をいうと同時に，公明は特に高速道路建設の続行を強調した。自民党内も多くの議員は建設賛成であろうし，与党の側から建設の中止や縮小をいう状況ではなかった。ただし表向きには公約は委員会意見尊重を述べた。委員会は新会社による建設を否定していなかった。

図5－3　時代の推移

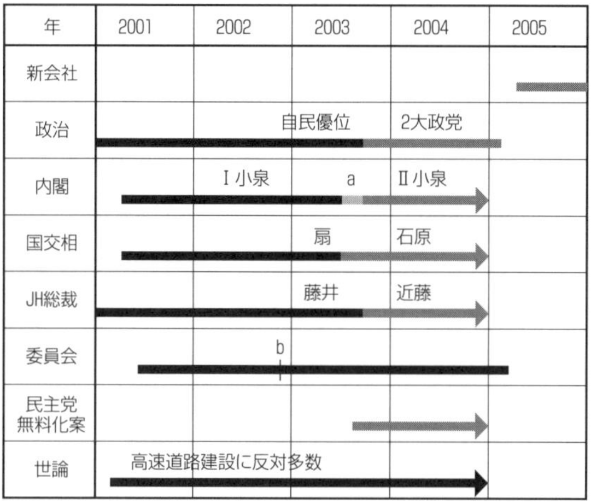

年	2001	2002	2003	2004	2005
新会社					▬
政治	←――――自民優位――――→			2大政党	
内閣	←―――Ⅰ小泉―――a			Ⅱ小泉――→	
国交相			扇	石原――→	
JH総裁			藤井	近藤	
委員会	←―――――b―――――→				
民主党無料化案			←―――――→		
世論	←――高速道路建設に反対多数――→				

(説明) a 9月改造
　　　 b 意見書
　　　 新会社の始期と委員会の終期は角本想定

表5－1　道路公団に関する各党の主張

【自　民】	道路関係4公団民営化推進委員会の意見を基本的に尊重し，05年度から4公団を民営化する法案を04年の通常国会に提出する。
【民　主】	高速道路は3年以内に一部大都市を除き無料化。日本道路公団と本州四国連絡橋公団は廃止。債務返済と道路の維持管理は，年間9兆円の道路予算の一部振り替えと大都市部の通行料で。
【公　明】	推進委の意見を基本的に尊重し，04年の通常国会に法案を提出。05年度中の民営化を目指す。整備計画9342$_{キロ}$の残り2千$_{キロ}$は，スピードを落とさないで整備。
【共　産】	整備計画を廃止し，新たな高速道路建設は凍結・見直す。債務を計画的に返済。料金の段階的引き下げ，将来の無料化に向かう。道路4公団は天下りを禁止し，公共企業体として再生。
【社　民】	（道路公団について直接の言及なし。交通基本法を制定。その中に交通社会資本の基準を盛り込む方針。）
【保守新】	民営化は推進委の意見のみならず，政府与党間の協議会の意見を尊重しつつ進める。

出典：朝日　2003年11月4日

これに対して共産は建設の見直しをいい，民主は高速道路の無料化を唱えて国民の注目を集めた。民主の主張は次のように幅がありなお建設を従来どおり続けると思わせた場合があった。

菅氏は与党が民主党の高速道路無料化案を「絵空事」などと批判していることについて「できないはずがない。私が政権を担う場合は必ず実行する」と言明した。実現可能な理由として「道路財源は国と地方で合わせて9兆円。道路4公団の40兆円の借金返済に毎年2兆円を充てても，残り7兆円あれば，高速道路の建設や維持・管理ができる」と説明した。(日経10月28日)

同時に小さく思われた場合もあった。

約40兆円の借金は10年かけて60年償還の建設国債に置き換え，毎年1兆5千億円ずつ元利金を返す。これに維持管理費4千億円と新線建設費1千億〜2千億円で年間支出は約2兆円。財源は，主に一般道の整備に使われているガソリン税などの道路財源と首都高速，阪神高速の料金収入5千億円などで賄うという。

問題は，無料化による経済効果を示していない点。新線建設費が年1千億円〜2千億円では，1キロ平均50億円かかる高速道建設は厳しく抑制される。道路財源を使う事で一般道の整備も遅れる可能性もある。(朝日11月4日)

国民の側とすれば，道路公団の財務が大切ではあっても，国全体の財政がもっと心配という状況になってきた。しかも60％以上の国民が高速道路造りには反対であれば(文献11，P.42〜45)，そこへ民主党から抑制提案が出たので，それに注目し期待を生じるのは当然であった。

選挙の結果は，もちろん道路以外の政策に大きく支配されたにせよ，民主党の躍進となった。それには公団政策もひびいていたに違いない。表5－2に見るとおり11月10日現在では自民は保守新党を含んで12名減，公明は3名増であり，与党として9名減と不振を示した（保守新党合併により単独過半数回復）。

表5－2　衆議院の新勢力分野

	新議席	小選挙区	比例代表	選挙前勢力
自　　民	244	175	69	247
保守新	(4)	(4)	0	9
民　　主	177	105	72	137
公　　明	34	9	25	31
共　　産	9	0	9	20
社　　民	6	1	5	18
無所属の会	1	1	0	5
自由連合	1	1	0	1
諸　　派	0	0	0	2
無　所　属	8	8	0	5
合　　計	480	300	180	480(欠5)

(注)自民には追加公認した加藤紘一,江藤拓,古川禎久の3氏と,保守新4(小選挙区)を含む
出典：日経　2003年11月11日

　これに対して民主はなんと40名増であり,特に比例代表では自民の69名に対し72名と躍進であった。大都市圏の民主支持が注目されたのである。
　原因は種々あるにせよ,道路公団改革でさえ実行が危ぶまれる自民への信頼低下は明らかであった。
　改革をめぐる対立は前述図5－1のように考えられた。たしかに小泉政権は改革案を検討してきた。しかし党内では左上のように政・官・業は反対を続け,委員会と対立しており,その委員会と政権の関係は一向にはっきりしない。政権公約では前述のように委員会意見の尊重をいっても,建設推進が見えすいていた。しかも小泉の沈黙が余りにも長く続いた。
　多面,野党第1党の民主党は「無料化」案を提示し,しかも議員数では2大政党の力を備えてきた。もはやその反対を軽視できない。
　それでは改革についてどのように対立しているのか。民主党の「無料化」に着目し,料金の有無によって分類すると,図5－4のとおりである。

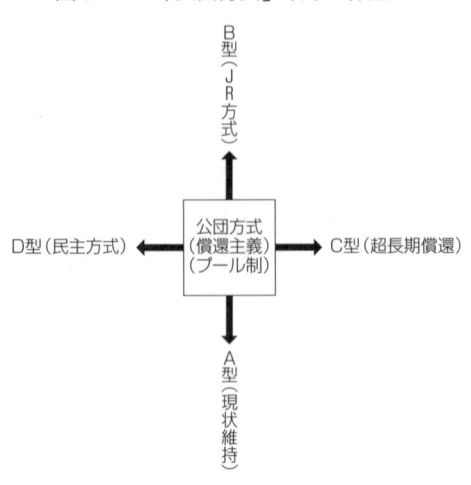

図5-4 「公団方式」改革の類型

```
                    B型（JR方式）
                        ↑
                        │
  D型（民主方式）←── 公団方式  ──→ C型（超長期償還）
                    （償還主義）
                    （プール制）
                        │
                        ↓
                    A型（現状維持）
```

〔説明〕具体策は明示されていない場合が多い
　A型: 形だけの民営化もありうる。
　B型: JRのように通常の株式会社をめざす。（永久有料）
　C型: 委員会意見、住田提案等が含まれる。数十年後に債務を完済。（将来無料）を含む。
　D型: 民主党提案により登場の早期「無料化」。　ただし東京・大阪などは有料。

　当初の改革案は上方のJR方式＝「永久有料化」であり，それが1990年代に公団の外部および内部から提言された。永久持続の企業としての発想であった。

　それに対して従来の公団方式どおり元金償還を終えれば無料にするというのが右方の「将来は無料」の方向であった。ただし完済後の管理費のための収入を得るのに若干の料金を設ける可能性がある。したがって完全に無料化とはいえない場合も予想される。それでも実態からはもはや在来の「有料制」とは異なるもので，ここでは「将来無料化」として右方に置いた。その額が大きくなれば上方に入る。

　これに対して，左方の民主党案は改革3年後には無料とするので「早期無料化」であり，東京・大阪を除き完全な無料化を目指す。

　さて今日の公団問題は大別して①累積債務の処理，②高速道路の建設の規模，③企業運営に自主性と合理性の付与の3項目があげられる。これらを図5-4

表5-3 改革3方式の比較

	自民 将来無料	民主 早期無料	改革派 永久有料
債務返済	本四以外は利用者負担(超長期)	道路財源により一括処理	道路財源により一部を処理
高速道路建設	新会社と国の直轄の分担	国の直轄	原則として国の直轄
運営	新会社(超長期の将来は別方式)	国の直轄	新会社(永久)

の方式別に対策内容を見ると表5-3のとおりになる(詳細は第2～4項に説明)。

　当然のことながら，永久有料は当面の毎年利用者負担額が将来無料より低いかわりに負担は永久に続く。それが民営化の本来の趣旨といえる。これに対して道路は本来無料であるべきものとの主張がなお根強いのである。

　ところで以上の3方式のほかに，将来無料化には，開通道路の運営だけを民間企業が引き受け，債務を完済した後は無料とする方式が2003年9月，住田正二「民間資本活用の『修正PFI方式』で無料化を」(『エコノミスト』2003年9月30日)によって提案された。PFIはPrivate Finance Initiativeであり，通常は施設の建設に使われる方式を，既存施設の運営に用いるので，「修正PFI」とされた。

　なおプール制の弊害を防止するには分割の地域数は多い方がよいとされる。委員会案が日本道路公団を3分割しているのに対し，少なくとも，6社以上にせよという。

　無料化については「国民の立場から言えば，高速道路は，未来永劫有料であるより，無料開放の方がよいことは言うまでもない」とする。

　私見では，この無料とする点を除いてはこの方式が他のすべての方式よりすぐれている。民間の創意が生かされるのであり，道路公団を引き継ぐ新会社を国や公団が工夫するより，民間の申し出を待つ方がよい，と考えられる。ただしその申し出があるかどうかが問題なのである。

なおこの種の方式はその専門会社が次々に同種の事業を引き受ける市場においては有効に働く。しかし，国内の高速道路を対象とする会社は仕事が終われば社員の行く先がない。そのような企業が長期にわたり適切に運営されるかどうか。今後の検討課題である。

ある時点で無料にするより「永久有料」がよいと考えるのは，例えば51年先から無料にする場合，それまでの利用者はそのための負担まで負わされるからであり，それよりも永久に各期間が同額を負担するのが公平ではないか，というのが私の判断である。

(2) 建設推進・返済軽視の国土交通省

国土交通省が「将来無料化」案の中に何とか建設資金を確保しようとしてきたのはすでに述べてきたとおりであり，それは小泉内閣発足以前からの方針であった。道路関係者としては金利が支払える限りは借入額を拡大し，投資を継続していくのが望ましい。債務の完済は遠い先に延ばされ，あるいは永久に来ない。

これに対して小泉首相は枠をはめ，法律の趣旨どおりに債務を完済すべきだと考え，そのような意味の「民営化」を求めた。(表1-1)。

しかし国土交通省は一貫して首相の方針と相反する政策を主張してきた。2003年8月にはその具体策を次のように述べ，その趣旨は10月2日の発表(第Ⅲ章第3節第3項)に確認され，やがて11月28日公表の国土交通省案になった(第3節第6項)。

> 国土交通省は13日，道路関係4公団の民営化と同時に設立され，4公団の道路資産と債務を引き継ぐ「保有・債務返済機構」の業務内容に，民営化会社に対する高速道路の建設費支出を盛り込む方針を明らかにした。……
>
> 国交省案では，機構が支出した建設費の返済は，建設された道路を機構が受け取って相殺する仕組みとなっている。民営化会社の経営意欲を向上させるため，建設に要する期間を短縮したり，コスト削減効果を上げたりした場

合には機構から報奨金を支出するなどの措置も検討する考えだ。

　国交省が機構からの建設費支出を認める方針を固めたのは，推進委の最終報告に沿った枠組みでは債務返済のみが優先され，「民営化会社による新たな高速道路はほとんど建設できないことが確実」（道路局幹部）と，危機感を強めていたためだ。

　高速道路の建設は高速自動車国道法により，9,342キロの整備計画が決まっている。そのうち建設が済んだのは約7,200キロで2千キロ強がまだ作られていない。このため国交省は「必要な高速道は作るのが責務」として，機構に推進委の最終報告と異なる業務を与えざるを得ないと判断した。

　また最終報告では，民営化会社が発足後10年をめどに機構から道路を買い取り，機構は解散するとしている。しかし，国交省はこの考えは採用せず，機構が債務を返済した後，道路資産は民営化会社ではなく国が保有した上で，最終的に通行料金も無料化する方向も検討課題としている。（読売2003年8月14日）

　このような国土交通省の主張があった後の11月総選挙であれば，その政権公約に道路公団民営化を唱え，委員会の意見の尊重を述べても，国民は自民党支持を増加させるはずはなかった。国民は，すでに6月に発表された4公団の負債総額合計が41兆2580億円であり，4公団合計の収入総額2兆4861億円の16.6倍であることへの対策がほしかったのである（表2-2）。

　国土交通省は「機構が債務を返済」というけれども，一体，収入の16倍以上の債務をどうして返済するのだろうか。私見ではすでに述べてきたように，建設と返済の両立は「将来無料化」を前提とする限りはむずかしい（序章第5項参照）。

　そこで著者の提案としては「永久有料化」を前提に，自立経営を確実にする程度に負債総額を収入総額の一定倍率に抑えることにする。目標値は本書最後の第Ⅶ章第3節第2項に述べる。

(3) 高速道路整備計画に反対多数

　自民党が支持を減らした最大の原因は，道路公団対策では国民負担増大の建設計画が見え隠れしたからであった。高速道路整備計画9,342kmのうち，すでに7,343kmが開通していて残りは1,999kmであり，一部区間を除き施行命令がでていた。資金は後述図6－4のように検討が進められ，計画は既成事実と扱われてきた。

　しかし国民にはその必要に疑問が強く，なぜ我が国だけが飛び抜けた巨額を道路に投入するのかであった。表5－4の各国比較にはそれぞれの事情があるとはいえ，日本はアメリカより多い。これでは国民が負担できるはずがない。しかし道路族も国土交通省も国民のこの疑問に答えなかった。

表5－4　主要国の道路投資額

国名	道路投資年額 （単位:億円）	備考
アメリカ	90,941	'97年
カナダ	6,805	'99年
メキシコ	409	'95年
オーストリア	968	'00年
フランス	11,747	'00年
ドイツ	16,332	'96年
イギリス	5,443	'99年
イタリア	9,934	'96年
オランダ	1,105	'99年
スウェーデン	1,621	'00年
オーストラリア	8,418	'98年
日本	96,570	'96年

（注）1.「World Road Statistics 2002（IRF）」による。
　　　2. 道路投資年額　｛維持管理費，補修費，建設費，改良費，調査，研究費｝
出典：日本道路公団年報，2002年，p.199。

ドイツが日本の16.9%，フランスが12.2%，イタリアは10.3%，イギリスは5.6%という場合，人口規模を考えて数字を2倍したとしても，やはり納得できない。なぜ日本だけが長期にわたって巨額の投資を続けてきて，さらに将来も続けるのか。

民主党の無料化構想が注目されたのは，前述のように，道路投資全体を取り上げ，とりあえず現在の枠内で操作することを提示したからである。まず高速道路が無料になる。それが不公平なら有料制はつづけ，自動車関係の税金を安くすればよい。自民党に疑問を持つ者はそのように考えた。

それにしても小泉政権はなぜもっと国民に説明しないのか。国民の60%は高速道路造りに反対なのである*。11月はそのように疑問の深い状況であった。

＊民営化推進委員会発足直前の2002年6月とその意見書発表直後の12月の世論調査においていずれも高速道路建設の必要がないとする意見が60%を超えていた（文献11, p.43, 161）。

(4) 資金収支の不安

道路公団の経費についてはファミリー企業によるコスト高，収入については割引制度の不適切運用による減収が指摘された。民間企業にすれば，収支両面で改善が進むというのが国民の期待であった。

しかし最大の問題は前述図3－2で見た資金収支であり，2002年度には建設のために負担がさらに増加していた。幸いに最近は図3－1において負債残高がふえても利率が下がっていて経営は救われている。しかしこの幸運が永続するはずはないし，普通の企業ではありえない資金操作をなぜ小泉政権は続けるのか。民主の政権にすれば変わるのでは，という期待が国民の中に高まってきた。

この図3－1に表3－1の利用量および業務収入を合わせて考えると，今何が問題かが明らかであり，今後の見通しを新しい国土交通相と公団総裁に求めなければならない。その答えによって次の選挙に何党を選ぶかを決めればよいのである。道路公団問題は2003年末に来る所まで来た。国民各人の理解も進ん

だ。

　ただし2004年3月に提出された改革法案は本節に提起した疑問(「累積債務をどうするか」等)には十分答えなかった。政・官・業の人たちは改革反対が自分たちを衰退させるという判断を持ち合わせてはいないのである。

　この態度を批判し是正を求める側に何よりの論拠は貸借対照表と損益計算書であり，それらと業務統計との対応である。残念ながら2002年の委員会意見書は2000年ごろまでの楽観予測を前提にしていた。それが誤りの原因であり，その頃事態は急激に変化していた。特に2002年度の実績がそのことを示す。公団は負債の返済に専念すべき段階が始まっていたのであり，そのことはすでに述べてきたとおりである(第Ⅲ章第2節第5項参照)。

(5) 民主党も準備不足

　民主党は無料化案によって国民の注目を集めたけれども，それは結局，利用者負担を納税者に転嫁するだけではないか。なぜ納税者はその責任を負わなければならないのか。この疑問を生じた(第Ⅲ章第2節第3項)。

　無料にすれば交通量がふえ，地域が発展するというのが一つの答えである。しかしなぜそれを特定の納税者が負担するのかは説明されていないし，地域の発展も怪しい。今の日本の国土で交通費を安くしたら発展するところが存在するのか。その実証が必要なのである。

　例えば神戸・徳島間の橋を安くしたとき，被害を受けるのは徳島側ではなかろうか。国民にはそのような見方がある。

　環境論からの疑問もある。自動車交通量が増えるのは望ましいことか。ことに都市へさらに自動車を呼び込むべきかどうか。

　これらの疑問に今一つ大きな疑問が加わる。公団の民営化と料金無料化と，どちらが運営費を安くするか。普通の人は民営化が安いと考える。民主党はそうでないと説明できるのか。おそらく料金徴収手続きの経費が助かるとされよう。しかしそれは経費の一部の話であり，他の面はすべて「お役所仕事」になるのではなかろうか。

無料化案は多くの人に興味を持たれ，同時に信用されなかった。また不公平ともいわれた。自民党も民主党も，将来の無料や早期の無料ではなく，普通の企業にする永久有料を採用すればよいと私は考える(序章第4項および第Ⅶ章第2節第1項)。

(6) 直感だけの両党党首

民主党の無料化案に国民は驚いたと同時に，それはまず不可能と感じた。菅代表の説明は答えだけを示し，わずか数カ月の検討でしかないことも国民は知った。菅もまた小泉と同じではないか。直感だけの政治は信用できない。

小泉も方向を示し，到達点を指さした。道路公団民営化はその一つである。内閣第1年の経過では2001年4月に発足した内閣は5月には首相が道路公団民営化を指示し(第1節第1項)，参議院議員選挙を7月に終えて8月には公団改革の方向と到達点を掲げた。しかし与党内および主管省との交渉において修正が加わり，12月に到達点が変更された(表1－1)。しかもその後は委員会意見書があったものの，首相は自分自身の対策を示さなかった。

漢詩のたとえでは，「起・承・転・結」のうち，起と結とだけがまずこの時に決まり，承と転とは委員会に丸投げされた。しかし委員会は条件を入れれば答えを出す装置ではなかったし，各人各様の意見が出て収拾が着かなくなった。それでも首相はその委員会の意見を基本的に尊重し，とくり返し，方向不明のまま第2次内閣にまで来た。

菅についても同じ心配がある。民主党は高速道路投資を思い切り削減する。自民党なら年1兆円近いところを，1千億円か2千億円の建設として(第1節第1項)，2千キロの建設区間をどう扱うのか。

たまたま国民の60%以上が高速道路造りに反対なので，小泉も菅も人気が出た。しかし小泉は民営化の姿を，菅は無料化の方策を明示できるのだろうか。このままでは両者ともに信用失墜の中で相打ちになる。要するに政治家は信用できない。二人はそのことを実証しつつある。

政治家は「言う人は行う人にあらず」とされる(第Ⅲ章第2節第6項)。言う

だけは言っても,「行なう」だけの知恵と意志に欠ける。国民は二人にその心配をする。

ところで政党の方はもっと信用できない。自民党は選挙が終わると,再び高速道路建設を掲げ,国土交通省はその準備を進めた。選挙公約は2週間で忘れられた。これでは次の選挙で信頼されない。自民の建設への固執は節を改めて述べる。

3　建設いちずの自民党

(1) 依然 9,342km

総選挙から2週間過ぎ,自民党政治家たちは党の不振を忘れたかのように,また国土交通省は道路公団改革の委員会を軽視した形で,高速道路整備計画の達成を取り上げた。11月24日,25日の複数の新聞がそれらのことを大きく伝えた。

すでにそのような自民党の態度が国民の反発を招き,民主党を躍進させていたのに,そのことへの意識は全くなかった。日経11月25日は「道路・規制改革」について「民間人会議の影響く」「後ろ盾の首相,熱意冷めた？」と記した。

伝えられた高速道路計画は,一言でいえば8月13日構想(前節第2項)および10月2日構想(第Ⅲ章第3節第3項)のくりかえしであり,注目されたのは数字が入り,建設完了の時期も示されたことであった。

2003年3月末の整備済み区間は7,197km,未整備は2,145kmで,建設にはなお16兆円が必要との試算である。「国交省と自民党は,公団民営化までに3兆円分を建設したうえで,残りの13兆円分について,①3兆円分は国と地方が資金を出し合う「新直轄方式」で建設する,②10兆円分は民営化会社が通行料金を活用して整備する―との方針だ」(読売11月24日)と伝えられた。*

　　*これはすでに2002年11月国土交通省が試算していた数字であり(文献11,
　　　p.125), 1年前の主張をくりかえしたわけである。

注目されるのはこれを何年間に実現するのか，誰が負担するのかであり，日経（同日）は「民営化後20年程度で」「建設できると見ている」と伝えた。
　さらに重大なのは，借金の返済期間であり「現行と同じ50年とする。民営化委が求める40年より返済負担が軽く借金による新線建設がしやすくなる。」
　通行料金の活用は，上下分離の中で図 5 − 5 の還流を認めることであり，分離を委員会意見書の10年を超えてなお継続するものと推定された。

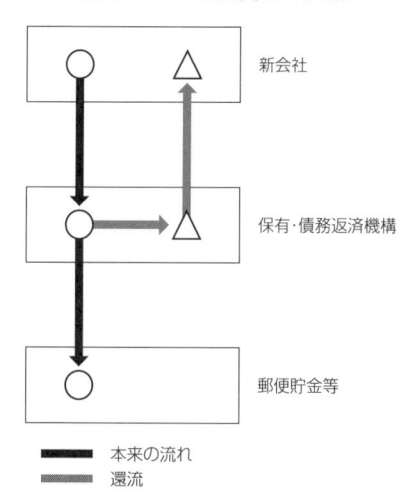

図 5 − 5　返済資金の還流

（新会社／保有・債務返済機構／郵便貯金等の流れ図。黒矢印：本来の流れ，灰色矢印：還流）

　以上の数字から読み取れるのは，残り約 2 千 km の建設完了であり，ただし期間を20年と明示したので，15年と期待していた人には 5 年の延期である。しかしそれでは需要と途中の返済をどのように見込むのだろうか。数字がなければ賛否のいいようがない。
　計算としては国土交通省が2002年以来主張しつづけてきた図 5 − 6 の右側の長期固定（漸増方式）であろう。その後「元利均等返済」という言葉も使われる。それも図 5 − 6 のいずれかは明らかでない。

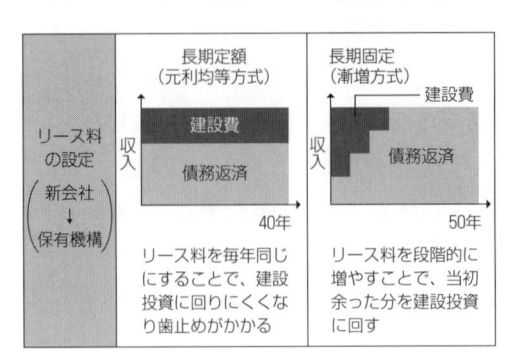

図5－6　上下分離における債務返済方式

（文献11, p.180）
(注)委員会意見書は次のように述べていた。
　⑤　貸付料
　ア　機構が新会社から徴収する貸付料の総計年額は，承継債務の総額を基に，約40年間＊の元利均等返済をベースとして算定する。
　　　＊返済期間については，新会社発足までの間に，企業会計原則に基づいて適正な前提条件により今後の収支見通しを作成した上で，50年を上限とし，その短縮を目指して設定する。
　イ　新会社各社が負担する貸付料の額＊は，収支見通しを見極めた上で各社の収益性に著しい格差が生じないよう検討し，長期定額として設定する。
　　　＊新会社各社が支払う貸付料の額は，アにより算定される貸付料の総計年額を，各社の収益力に基づき按分した額とする。この際，貸付料を算定する基となる債務総額は，各公団由来の債務ではなく，四公団の承継債務の合計額とする。
「長期固定元利均等」と2004年にいわれるとき，上記図のいずれかは即断できない。

(2) 「上下分離」の恒久化—形だけの民営

前項の資金調達，すなわち「通行料金を活用」するには，債務返済機構にその役割を持たせ，しかも少なくとも建設の20年間は機構を存続させる必要がある。民営化推進委員会では中間整理(2002年8月)が機構永続を提示したけれども，その直後から修正が要求され，意見書(同12月)ではこの活用は否決された。

それが大きな原因となって委員会が分裂したのは周知のとおりである。国土交通省はその少数意見をここでそのまま採用したのであり，「民間人会議の影薄く」の一つの例証であった。その後委員会からの反発はあっても無視した。

国土交通省の戦略は実態を3年以上前，すなわち小泉改革以前に戻そうとしているように見えた。形式のうえでは新会社を作り，地域分割もするけれども，政策の実態は現状維持なのである。

したがって公団方式が放漫経営，放漫投資になった原因の「プール制」（通行料金の活用）と「償還主義」はそのまま残る（第Ⅶ章第1節注(2)参照）。しかしどのような体制の企業でも，公団方式の二つの欠陥をそのまま負わされて，50年の長期にわたり労使がまじめに努力していくものだろうか。償還主義の方は委員会がそれを直そうとせず，公団方式を引き継ぐことにしたのであるから，委員会も責任は重い。

(3) 原点逸脱の政権を捨てよう

国土交通省のこの種の戦略に対して国民はどう対応したらよいのだろうか。

私は改革の原点にもどって国民多数の要望に近い政治を求めるのがよいと考える。原点から逸脱する政権を捨てるのが唯一の道である。道路公団改革が1994年からいわれてきたのは，次の3点による。

第1は造るのが疑問の道路を造る。

第2は返せるはずのない借金を累積する。

第3は納得のいく説明がない。

3点を一言でいえば放漫投資・放漫経営であり，2003年の時点でそれらは国民の重い負担になってしまった。

委員会意見書はこれら3点の解決を目ざしていたのであり，国土交通省が意見書に近いかどうかが注目される。これが私のいう「原点」である。

藤井前総裁が排除されたのは，以上3点をさらに悪化させる原因者（「償還責任の放棄」）と思われたからであった。国土交通省の提案も同じ基準で批判される。道路族の要求はもちろんそうである。

古賀誠・自民党道路調査会長はなお次のように強調していたのである(読売11月24日)。

「道路は文化であり，国の力だ。着実な高速道路の整備を目指す」

その資金をどうするのか。その対策をいわないのが自民党の伝統であった。その伝統が限界に来たのであり，限界の来たのを悟らないように見せかける政党は退場のほかはない。

国民の反撃は次の議員選挙に示されることであり，2004年夏には参議院議員の選挙がある。それまでにも国民の意思は世論調査において示される。それには民主党の側が対策をどのように説明するかにも関連する。道路公団改革をめぐりまさに二大政党時代が明確になってきた。

11月の国土交通省提案がそのまま続き，小泉内閣が9,342km整備を国会に持ち出すのでは，小泉は道路公団民営化について「オオカミ少年」であったことになる(第Ⅲ章第2節第6項)。力及ばずそうなる点では藤井前総裁とは異なるにせよ，結果は両者とも同じなのである。この点では改革に反対しつづけてきた道路族の方がホンネどおりで正直であったといえる。しかし国民はその重い負担を好まないし政権交代論になる。小泉がここで流れを変えるかどうか注目されることになった。

また日本道路公団が新総裁の下でどのような判断を示すか，国土交通省に同調するのかどうかが注目され，同調では与党関係のすべての歯止めが失われる(第Ⅵ章第1節第3項参照)。

(4) 先が見えてきた11月下旬

11月下旬の状況は，28日に国土交通省案が発表される直前まで「道路公団改革混迷深める」とされた(日経11月26日)。しかし正確には20日新任の近藤剛総裁(日本道路公団)以外は従来の主張や態度をそのまま続けていたのである。正確には近藤以外の各関係者は自説を明確にし，結果として歯車はかみあわず，それぞれが空回りしていた。

首相は相変わらず沈黙であった。造れといわれても資金を用意できない。そ

うかといって国土交通省のように「返済資金」の流用は最高責任者としてはいえない。そこで意見を表明しなかった。

菅の方は25日の衆議院予算委員会で高速道路無料化論をくりかえした。これに対し近藤総裁は「ただほど高いものはない」といきなり混ぜっ返して見せた（日経, 同上）。しかし本当は借金経営の方がもっと高くつくはずであった。もし国民が賛成するなら, 道路財源から1～2千億円の資金を回し, 建設をこの程度に抑えることは十分に可能である。

委員会が25日に開かれ, ここでは国土交通省は,「2005年4月民営化は無理」と述べた。3日後の同省案発表を控えて強気の態度に見受けられた。

すでに委員会は1年近く前に意見書を提示しており, それが採用されるかどうかを監視する立場に回っていた。したがって諮問者側が採用しないことがわかればその任務は終わる。任期を残していても職にとどまる理由はない[1]。国土交通省が「意見書を尊重するどころか, 外れている」（日経, 同上）状況であっても, 諮問者の首相が見逃しておれば, それを首相にいうだけであった。

(5) 改革を骨抜き

首相は近藤新総裁に「全面的に協力する」と述べた。国土交通相もそうである。近藤総裁は「民営化法案に公団の意思を十分に採り入れてほしい」と要請したという（読売11月24日）。その総裁は「不採算道路は造らぬ」と就任当日の記者会見で述べていた（日経11月21日）。

しかしその直後から雲行きはあわただしく, あるいは怪しくなった。国土交通省は8月からの主張（第2節第2項）を持ち出したのである。政府・与党協議会に「道路建設を優先する案」を含む複数案を提出すると伝えられた（次項参照）。小泉首相も石原国土交通相も頼りにならないと国民は感じた。

11月26日参議院予算委員会で近藤が「新規の高速道路建設に歯止めをかける考えを示した」（日経11月27日）事実はあっても, 政治の決断は別の次元で進んでいた。言論界がいかに批判しても, 声は道路族には届かない。残念なことに近藤総裁の「正論」は就任1週間以後は余り伝わらなくなった。

ここで最後の障壁は，守旧派が国民を納得させるだけの数字を作れるかと，04年夏の参議院選挙となる。
　日経社説「道路公団改革の骨抜きを許すな」（11月27日）は次のように述べた。指摘のとおりその案では債務返済の計算が不可能であった[2]。

　　国交省の検討する複数案の詳細は明らかではないが，料金収入を新線建設に還流させ，債務の返済期間を意見書より10年延ばして50年とする案を工夫しているもようだ。意見書からは，運営に当たる新会社と道路や債務を引き継ぐ保有・債務返済機構をつくる点などをつまみ食いするつもりらしい。
　　機構による道路保有を恒久化して，建設を政府や機構が新会社に指示できるようにすれば，実態はこれまでと変わらない。約40兆円に上る債務は減るどころか累増する恐れがある。小泉首相は，今後の高速道路建設をどこまでやるのか，民営化の具体的な骨格をどうするのか，明快に示すべきである。改革の成否はすべて首相の責任である。

(6) 高速道路の建設に3案提示（国土交通省）

　11月28日の政府・与党協議会にかける高速道路建設などの政府案が27日に明らかになった。結局特別の名案はなく，次の3案であった（後述，図6-1参照）。いずれも数字が問題であり，達成は非常にむずかしい。
①民営化推進委員会案＝新会社が採算可能な路線を建設。資金は自力で調達。
②建設委託方式＝新会社が独自に資金を調達し（銀行に依存し），工事完成後に道路を保有・債務返済機構に引渡し，資金を受け取る。
③通行料金充当方式＝新会社が通行料金収入の一部で建設する。おそらく図3-3の例でいえば，債務返済に当てていた収入額から直接工事に回す。
　その路線にはリース料は発生しないし，実態は現行方式のままである。
　これら3案の問題点はすでに述べてきた所から明らかである。まず①案の建設は，あっても規模は非常に小さい。②案は放漫経営を招く。③案はまともに実施するのであれば債務は累積し対処できない。

したがってこれらは机上の議論では危険であり，数字を入れて提案者のいう投資規模と返済計画を確認し，採否を判断すべきである。新聞では②，③いずれも整備路線全線の建設が可能と伝えたけれども，短期間で息切れしよう。この確認が報道陣に期待された。

8月以来の国土交通省の検討は結局このような話であった。国民には非常に危険な発想であり，負担，加重のおそれが大きい。国土交通省は次のように示すけれども，その種の説明は信用できない。人間の予測能力を超える。

▽国交省独自案
債務完済まで機構が道路を保有。完済後，道路は国などに移管し，無料開放。債務返済期間は50年。　　　　　　　　　　　　　　（日経　11月27日夕刊）

次に章を改めて政府発表を項目別に紹介する。

注(1)田中一昭「無意味な『監視』　辞任は当然」（読売2004年1月19日）は同様の判断を述べている。
　　委員会設置法には次のように書いてあるだけである。
　　「委員会は前項の意見を受けて講ぜられる施策の実施状況を監視し，必要があると認めるときは，内閣総理大臣又は内閣総理大臣を通じて関係行政機関の長に通告するものとする。」(第2条第2項)。
注(2)その後，国土交通省は2004年4月9日，民営化後44年で債務返済は可能と衆議院国土交通委員会に示した。債務残高は2005年度当初見込みで43兆8,000億円，金利水準の上限は4％を前提（日経4月10日）。
　　政府はこの種の試算で押し通すのであろう。

第Ⅵ章　国破れて道路在り（国交省）

　政・官・業が結束して「不可能」を「可能」と言い張り，首相が施政方針演説で数字をぼかすようでは国が滅びる。心配なのは単に資金収支だけでなく，その政策を担当する人たちの精神の荒廃，倫理感の低下である。

　2003年12月22日の「道路関係四公団民営化の基本的枠組み」（政府・与党協議会）を読めば，民営化から45年後には，高速道路等は無料開放となるという。しかも今後の建設区間について新会社は「機構を通して借入金債務を返済」する。完済とは書いてないけれども，45年後に無料開放する以上，完済なのか，未済分を納税者負担に移すのか，どちらかであろう。

　いずれにせよ，過去債務は完済，今後の債務も返済という主張に疑問を感じていたところへ，首相は2004年1月19日「有料道路の事業費を当初の約20兆円からほぼ半分に減らします」と演説した（第Ⅶ章第1節注(1)参照）。しかしそれは2001年の20兆円と同じ内容を10.5兆円で建設するという話なのではない。なぜもっと正確にいえないのだろうか。

　3年前に道路公団民営化を掲げた首相はその結論として，整備計画の残り約2000kmの高速道路の完成と4公団の過去債務の完済を示す。私見では，過去債務の完済だけなら，あるいは実現できる。逆に建設だけなら達成できる。しかし両者の併行しての実施は不可能と考える（図3－3参照）。それらの解決には「有料制」の永続（すなわち民営化から45年後に無料開放という発想の放棄）がまず必要なのである。

　本章は政府が上記の結論に到達した経過を記す。われわれはただちに次の改革を必要とするのである。

　なお章の名前は読売京葉版2003年12月27日投書からであり，多くの国民の同

じ思いを代表していた。

1　最後の模索と探り合い

(1) 国交相石原の"変説"

　11月28日国土交通省案の発表までの数日は事前のPRがなされていた。それに併行して近藤新総裁は「正論」が就任直後から1週間ほどつづいた。改革への国民の関心は高まり，首相の一言一言が注目された。

　本節第1項ではまず国土交通省案を紹介し，第2項に論評する。近藤新総裁は当初1週間だけは正論によってそれを真っ向から否定し，政治行政は彼の退陣をいうほどに一時興奮した。その経過を次に述べる(第3項)。国土交通省は発表後の成り行きを見ていて，若干の修正をする妥協案を示したものの，その種の話は続かなかった(第4項)。数字をはじいてみれば，計画どおりの投資と債務の完済が両立するはずはなく，妥協の余地はなかったのである(第5項)。

　突き詰めていえば新会社が自力で投資できる可能性は，委員会意見書でも国土交通省案でもゼロだったのである(第6項)。ようやく首相は12月上旬債務完済優先の委員会意見を尊重することを示唆したけれども，それを無視して国土交通省と自民党の意思統一が進んだ(第7項)。

　以上の流れの最初に，民営化の基本的枠組みを決める政府・与党協議会が開かれ，国土交通省は「議論のたたき台」となる公団民営化案を正式に提示した(日経11月28日夕刊)。

　この国土交通省案の作成の8カ月前，行政改革担当相時代に石原国土交通相が改革について示した判断は，意外なことに「正論」であった。4月6日委員会意見書に関し「客観的データが出ていなかったり，かなり無理している部分がある」と述べていた(日経4月7日)。「最終報告に沿って総額40兆円に上る4公団の債務を元利均等で返済すると，高速道路の新規建設が困難になる」との認識である(石原については第Ⅲ章第1節第5項を参照)。

　石原に惜しまれるのは，せっかく正しく判断していたのを，今度は責任者と

して政策決定に生かさなかったことである。両立しないものを両立と主張を変えたのであれば、まずそのことを説明すべきであった。

国土交通省案は新会社の建設業務に次の構想を示した。表題の「建設する範囲」という言い方は、この方式で可能な範囲を建設する意味だったのであろう。

【新会社が建設する範囲】
A案（案－3－A）＊
● すべて新会社の経営判断。資金を自己調達し、個別路線採算制方式で建設
B案（案－3－B）
● 自主判断を尊重しつつ、建設する。資金は会社による自己調達とするが、機構を通じて料金収入を環流させる
C案（案－3－C）
● 自主判断を尊重しつつ建設する。資金は機構から料金収入を直接充てる
（読売11月28日）
＊資料における整理番号。

これらの方式による資金の流れは図6－1のように見るとわかりやすい。国交省独自案の二つは要するに返済資金を銀行経由で利用するかどうかの違いだけである。なお新会社の「自主判断を尊重しつつ」というのは絵空事に過ぎない。新会社の責任者が危険を冒して赤字線に投資することはありえない。政治行政の圧力にやむなく応じるというだけである。

なお銀行経由案が発表時点から本命と考えられたけれども、この複雑なからくりには国民の目は届きにくいし、銀行経由の手数だけ費用は高くなる。通常は金融機関の介入により経費の算定がきびしくなるはずでも、機構が債務を引き取るのではその効果は望めない。またそこには政治の介入が生じやすい。もし「政府保証」を加えるのではなおさらである。

図6-1

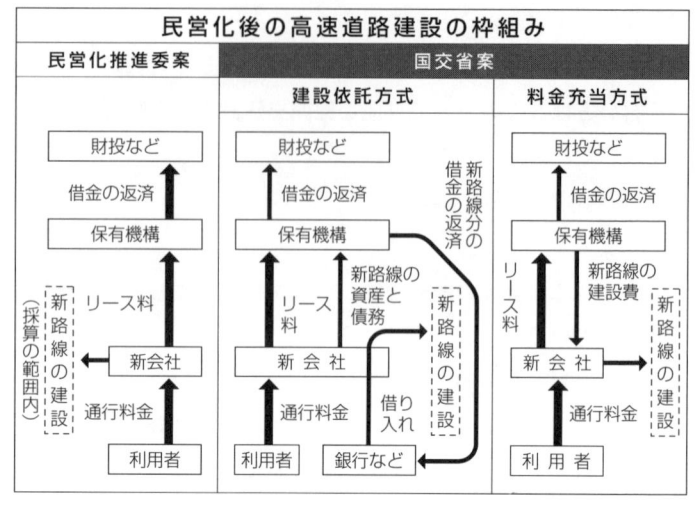

民営化後の高速道路建設の枠組み

（図：民営化推進委案、国交省案〔建設依託方式、料金充当方式〕の三つのフロー図）

民営化3案の相違点

	民営化委案	建設依託案	料金充当案
建設のスピードが速いか	×	○	◎
新会社の経営自主性が保てるか	◎	○	×
借金の返済は進むか	◎	○？	×

出典：日経　2003年11月28日

　3案の評価が図の下に示された。料金充当が銀行経由より建設スピードが速いのはそのとおりであろう。しかし新会社の経営自主性，債務の返済となれば，方式の違いよりも機構の側の態度によるところが大きいといえる。

　それより重要なのは，国土交通省案では機構が10年を超えて永続し，「民営化」が形だけに過ぎないことである。日経社説が翌29日次のように指摘したのは当然であった。これ以上の論評は必要でない。一言加えれば，それは「首相への裏切り」であるというより，「国民への裏切り」であった。国民多数はこのような案を望んでいたのではない。なおこの段階までは近藤総裁の「正論」にも期待がかけられていた（この日経の批判は第Ⅶ章第1節第2項に述べる田

中委員長代理の見解と同一である)。

　国交省案では国の意向に沿って動く特殊法人の「機構」が将来とも主役であり続ける。いわば見せかけの「民営化」だ。
　法案作成は極めて不透明な作業に終始した。そもそも事務局にすぎない国交省が，なぜ首相の命を受けた民営化委に対立する案を作るのか。石原伸晃国交相は首相への裏切りともとれる作業をどう説明するのか。
　天下が注目する中で小泉首相としては圧力に屈するわけにはいくまい。なにしろ鳴り物入りで始まった「改革」の幕引きである。こんな筋の通らない収拾策がまかり通るなら，国民の改革に対する期待は一気にしぼんでしまうに違いない。
　改革の旗を掲げ続けるためにも，首相は今後の与党との折衝に臨み決して原則を曲げてはならない。それには新規建設に料金収入を充てない，新会社の主体性を確保する，さらに将来の上下一体化を確約するという三点を守り通さねばならない。
　首相が自ら選んだ近藤剛新総裁は既に民営化委の意見書に従うと正論を表明している。今度こそ改革派首相の本当の出番である。　　（日経11月29日）

(2) まやかしの石原提案は国民への裏切り

　前項に引用の日経社説は「石原伸晃国交相は首相への裏切りともとれる作業」と批判した。しかしそれよりもこの作業は真実を隠蔽したウソであり，「国民への裏切り」であった。
　まず第1に債務返済について次の2案を示し，A案は40年，B案は50年（以内）で返済とした。それらと先の建設3案とどのように組み合わせるのか，説明が必要なのである。言論側の疑問提示は図6－1下に見たとおりであった。国交省独自の2案ではこれらの期限を守りうるはずがなく，そこに批判者は詐術を見たのである。

【債務返済】

A案(案－1－A)
- 新会社は10年目をめどに道路資産を買い取り、機構はその時点で解散
- 債務完済後、新会社は有料道路として事業を経営
- 40年の元利均等返済。政府保証は新会社が資産を買い取るまでとし、その後はなし

B案(案－1－B)
- 新会社は道路資産を買い取らず、債務返済まで機構が保有。機構は完済時点で解散。
- 完済時点で道路資産は国などに移管され、無料開放
- 50年以内で確実に返済。政府保証は完済まで継続

(読売11月28日)

なおA案は新会社が将来も有料道路として経営することが注目される。「永久有料」を果たして認めるのであろうか。

第2に次の「新規建設の基準」の内容が、「有料道路になじまない場合」をいうのは、「有料道路になじむ場合」が大半であるような誤解を与える。計画路線(70区間、1999km)の4段階評価は、Dが前者、Aは後者のように思わせる。しかしそのAも採算がとれないのである。その実態を費用対便益などの数字で見えなくしてしまった。Aも含み、全路線が「有料道路になじまない」。

【新規建設の基準】

- 推進委の意見書に沿って厳格に評価し、建設の意義が見いだせなければ、整備計画区間でも凍結。有料道路になじまない場合、国と地方が出資する新直轄方式で整備。評価をクリアしても、費用対効果の低い路線・区間は構造・規格を抜本的に見直す

(同上)

各路線の評価は図6－2の手順でなされたという。しかし「有料道路」として成立するかどうかには「採算性」を独立項目として扱い、その可能が証明されねばならない(第5項参照)。逆に採算性が確実なら費用対便益などの机上計算は不要なのである。70区間の中には「総合評価」Aの区間があるけれども、

図6-2　建設投資の評価方法

評価の流れ

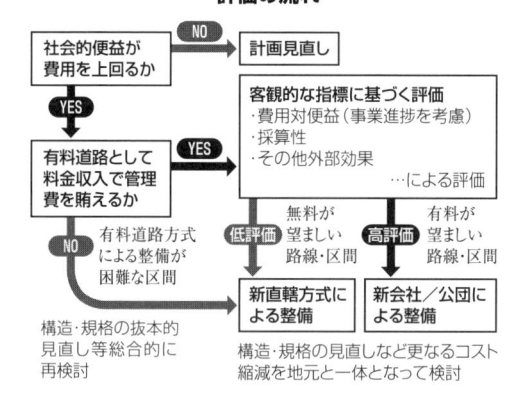

[フローチャート：
- 社会的便益が費用を上回るか → NO → 計画見直し
- YES → 有料道路として料金収入で管理費を賄えるか
  - YES → 客観的な指標に基づく評価（費用対便益（事業進捗を考慮）・採算性・その他外部効果）…による評価
    - 低評価：無料が望ましい路線・区間 → 新直轄方式による整備（構造・規格の見直しなど更なるコスト縮減を地元と一体となって検討）
    - 高評価：有料が望ましい路線・区間 → 新会社／公団による整備
  - NO → 有料道路方式による整備が困難な区間 → 構造・規格の抜本的見直し等総合的に再検討]

出典：読売2003年11月29日

(角本注) 評価を進める条件の最初は料金収入で「管理費」だけを賄えるかを見ることに注意。ここに記された「採算性」は「料金収入で返済できる建設費の割合」を意味し、借入金利4％では100％の区間がゼロであった。

　例えば第二東名の吉原J〜引佐J(89km)が採算可能なのか、巨額の赤字発生でないかが問題である。建設費が大きく、利子は巨額であろう(表3-3参照)。また評価基準の「その他外部効果」には「高度医療施設までの搬送時間や物流拠点への所要時間短縮などの効果」までが入っている。おそらくそれらを入れても多くの区間のD評価を消すことはできなかった(なお、第Ⅶ章第2節第2項参照)。

　国土交通省の評価では、16兆円の建設のうち、3兆円分が有料道路では扱えず、国・地方の直轄と主張してきた経緯があり(図6-3参照)、今回の評価の集合が在来の主張と一致するのかどうか。逆に10兆円は新会社として十分なのか、説明が必要なのである(なお第4項の妥協案および第5項を参照)。

　第3に今後の体制を同省は次のように示した。まず機構と新会社の上下分離を前提に、新会社については3案であった。地域区分と債務処理方法の組み合わせが異なる。

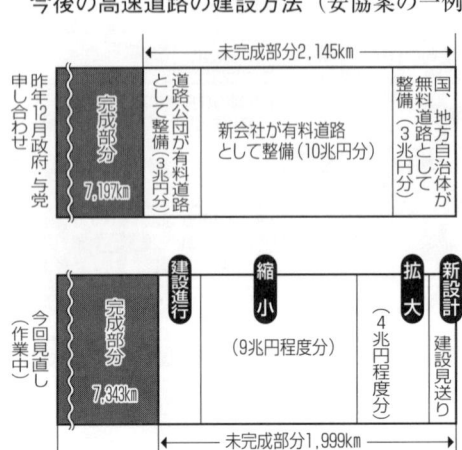

図6-3
今後の高速道路の建設方法（妥協案の一例）

```
           ←────未完成部分2,145km────→
昨 申  道  道             整 国
年 し  路  路  新会社が有料道路  備 、
12 合  公  公  として整備(10兆円分) 無 地
月 わ  団  団                  料 方
政 せ  が  と                  道 自
府      有  し                  路 治
・      料  て                  と 体
与      道  整                  し が
党      路  備                  て
完      (3                    (3
成      兆                      兆
部      円                      円
分      分                      分
7,197km  )                      )

              建  縮  拡  新
              設  小  大  設
              進            計
今  完        行
回  成            (9兆円程度分) (4兆 建
見  部                      円 設
直  分                      程 見
し  7,343km                  度 送
(                            分 り
作                            )
業
中
)
           ←───未完成部分1,999km───→
           ←─────整備計画9,342km─────→
```

出典：朝日2003年12月5日

（角本説明）建設見送りは施工命令を出していない278km
の区間を中心とするという。

【機構と新会社】

推進委の意見書に沿う方向で，道路資産と債務を保有する「保有・債務返済機構(仮称)」と，資産を有償で借り受けて道路を建設・管理する複数の新会社を設立

【地域分割】

A案(案-2-A)
・日本道路公団は3社に分割
・首都高速，阪神高速公団は拡大して独立。本四公団は近くの旧日本道路公団に統合
・債務は4公団全体を統合し，収益力に応じて再配分。機構で会社ごとに債務残高を管理

B案(案-2-B)
・日本道路公団は2社に分割。時期は民営化の時点か，経営が安定した時点
・首都高速，阪神高速，本四公団は現在の道路網を基本に独立

・債務は機構で，会社ごとに残高を管理
C案(案-2-C)
・日本道路公団は3社に分割。時期は民営化の時点か，経営が安定した時点
・首都高速，阪神高速，本四公団は現在の道路網を基本に独立
・債務は機構で，首都・阪神・本四公団は会社ごとに，旧日本道路公団は一体として，残高を管理

(同上)

　それらの案の長短を策定者自身がどう考えているのかが示されないと，国民には判断できない。特に，各案の分割方法と債務の扱いの組み合わせの意味がわかりにくい。なお料金については第5項に述べる。
　通常は重要項目について選択可能な具体策をそれぞれに示し，説明者としてそれらの組み合わせの中でどれが望ましいかを述べるはずである。
　私見ではどのように組み合わせようと，建設路線すべてに自立採算の可能性がないので，この種の検討からは有効な対策は生まれない。なお日本道路公団が地域分割の成果を収めるにはもっと数多くに分割すべきことは第Ⅶ章第2節第1項に述べる。

(3) 近藤総裁の「正論」は1週間

　近藤を総裁に任命したとき(11月20日)，彼が次々に改革の正論を公表すると首相が予想していたのかどうか。彼が述べた正論はおそらく首相の予想をはるかに超えていた。
　もはやそこには「道具」としての公団は存在せず，自立の主体性，経営の自己責任を堅持する経営者が出現した。守旧の政・官・業から見れば，風車に向かうドンキホーテに思えたに違いない。そうではあっても，その処置だけはしなければならなかった。
　近藤は就任当初，企業の自立性を重視し，政府の計画に対して企業が拒否権を持つべきことを主張した。そのような態度は，公団を自分たちの言いなりになる作業会社と考えてきた人たちには想像もできない不快であり，11月28日の

協議会を目前にして国土交通省はその怒りを記者にもらしたに違いない。これまで支配し続けてきた組織，あるいは将来自分たちも世話になる「温室」から予想もしなかった不協和音が大音響で発せられたので，怒りを抑え切れなかった。しかし記事を読んだ国民がどちらに味方するかはいうまでもない。国土交通省幹部や「官邸」がなおこの程度の判断であることがわかったわけである。

朝日11月28日は次のように伝えた。

「もう，辞めていただくしかないな。」ある国交省幹部は，道路債務は料金収入で返済し，償還後は無料開放するという「償還主義」を近藤氏が否定する発言をしたことを聞いてつぶやいた。

国交省にとって，償還主義は有料道路制度の原則。風岡典之事務次官も27日の記者会見で「道路関係法の大原則との関係をどう整理するか。お話をうかがいたい」と困惑の表情を見せた。

同省内ではもともと，公団の新総裁選びにまったく関与できず，総裁が「誰だか全然知らない，聞いたこともない」近藤氏に決まったことへの反発がある。

別の幹部は「あの人は自分の立場が分かっているのか」と話す。道路公団に対しては，国交相が道路建設の施行命令を出す関係にあり，国交省にとって公団は業務執行機関に過ぎないからだ。

この記事は近藤の主張を次のように解説して付記した。その主張こそ国民の立場であった。

近藤氏が描くのは，公団の完全な民間企業への衣替えだ。「公共性の高いものを民間会社が持ってはいけないというのは正しいと思わない」との思想のもと，利潤を生み出す道路だけを新たに造って持ち，利潤極大化と無駄な投資の抑制を目指したい考えだ。

近藤氏は民営化の当初こそ税務上の判断などから，保有機構との「上下分

第Ⅵ章　国破れて道路在り(国交省)

離」を認めるが，将来的には必ず利益を生む資産を自ら保有しなければ民間企業として成り立たないと考える。新線の建設にあたっても，不採算の道路を抱え込まないよう，自主的に判断する権限を確保したい意向だ。

ところで朝日のこの記事には次の見出しが付いていた。
　「高速道料金『償還後』も」
　「推進委に『従う』」
　「思わぬ『改革派』総裁発言に波紋」
　「官邸『踏み込みすぎ』」
　「『自然な考え』推進委評価」

これらの最初の2行は近藤主張の特色を示す。したがって第5行のように推進委員会委員からは評価が出た。ただしそれは償還主義批判の委員からで，委員会としてではない。

第3行は発言の影響が反発を招いたことを示す。反発の最大は国土交通省からと思われやすいけれども，意外なことに第4行は「官邸」が受けた衝撃なのである。次のとおり「政府高官」はその憂慮を示した。せっかく国土交通省が政・官・業として支持できる方向を，巧妙な表現の下に真意を隠しながら，打ち出し，形は国民の選択にゆだねたのに，近藤はその筋書きを会議前日までに破壊してしまった。そう信じた憤りといらだたしさが次の文章から感じられる。しかし最初の数行は国民には奇異としかいえない。

　近藤氏が，建設に歯止めをかける道路関係4公団民営化推進委の意見に「最大限従う」意向を強く示したことに，官邸内では「踏み込みすぎだ」(政府高官)という声が広がっている。
　「民間経営的な発想から発言しているのだろうが，高速道路はすべてが『商売』で成り立つ必要はない」(首相周辺)というわけだ。
　「無色中立」の近藤氏の起用で，建設コスト削減など改革は進めながらも，

政府の意向に沿って道路整備は進めてもらう——との狙いだった。
　ところが，近藤氏が示したのは予想以上の「改革路線」。官邸側は「決めるのは政府・与党だ。近藤さんは政府・与党の一員ではない」（政府関係者）。さっそく国交省に「ちゃんと（近藤総裁に）レクチャーをしろ」と指示を出した。

　ここに示されたのは国土交通省だけでなく「官邸」までが困惑している（あるいは踏み込んだ改革には反対している）構図である。すべての政治勢力を調整する場所と自認する「官邸」としては，近藤は就任から1週間だけは困った存在であった[1]。
　ここで念のため，赤字でも借金して投資するのが公団の役割と法律が示しているはずはない。法律は不可能を要求するほど愚かではない。しかし法律を運用する政治・行政がそのように要求し，それが当然と思い込んでしまい，官邸までがそうなっていた。それだけのことで，近藤の方が法律を正しく読んでいた。
　それと同時に，高速道路を公団以外が造ってはいけないなどと法律は書いていない。そこで政治・行政も国・地方の直轄を認めた。もし造りたければその規模を拡大すればよいだけのことで，それができないから公団あるいは新会社に赤字投資を強制するのは根本から間違っていた。その間違いを指摘する総裁が初めて出現し，彼に対して国交省は「ちゃんとレクチャーをしろ」というのが小泉直属の官邸であり，また総裁退陣をいうのが国土交通省幹部であった。
　11月下旬から12月中旬にかけて道路公団改革をめぐり，ここに述べたような経過が示唆する策略・謀略の姿が出現した。これでは国民は次の政権に期待することになる。

(4) 小刀細工の妥協案（12月5日報道）
　首相の委員会報告尊重の主張と近藤の正論に対し，国土交通省はその要求を若干調整する妥協案を工夫することが12月5日に伝えられた（朝日）。図6-3

のとおり国・地方の直轄を1兆円ふやし，新会社の分を1兆円減らし，わずかばかり建設見送り区間を設けるという。新会社の投資能力の低さを考えたからであろう。

しかし1兆円の増減で民営化の趣旨が生きるわけではないし，新会社の困難は変わらない。今後の債務累積と返済見込みを数字で示さない提案は信用できない。

ここで対立の論点を整理すると，改革反対側からは①道路は本来無料のものであり，公団方式でさえ一時の便法に過ぎない。それをさらに民営化し，有料制を永続とするのは，道路政策の取るべき方向ではない。②高速道路はなお建設すべきであり，そのため資金調達にあらゆる手段を講ずべきである。国民の債務増大はやむをえない。守旧派の主張はこのように要約できた。

改革側はこれらに対し，①道路でも可能な場合は利用者負担が当然である。世界に例が少ないのはその条例が成立する場合が少ないだけで，人口高密度・交通量大規模の所ではその例がある。②高速道路を自立採算の企業として建設経営するには限界があり，それ以上が必要なら，それは納税者負担で実現すればよい。世界中がそうであり，高速道路は公団方式だけという理由はない。このように考えた。

両者の主張を見て反対側が示す矛盾は，有料制を批判しながら，自らは有料制を拡大しつづけ，恒久化することである。通行料収入の活用はまさにそうであり，債務返済期間が延びる。本来は納税者負担を拡大すべきなのに，納税者の不評を避けるため，その方は抑制する。要するに経費負担を遠い将来の子孫にまで半永久に持ち越すのである。

国土交通省が金額を若干修正して上記の中間案に落ち着かせようとしても，新会社の投資がすべて赤字区間であれば，負債（銀行借入）による建設は本来ありえない。機構は黒字，赤字にかかわらず，新路線を建設費そのもので買収しなければならず，赤字が機構に移動し，集積するだけである。

同時に国・地方の直轄事業の拡大も納税者負担を増加する。二つの方式はそれぞれに納税者に依存し，民主党のいう道路特定財源による投資に似てくる。

結論として改革反対論が行き着くのは，第1に有料制を拡大長期化する自己矛盾であり，第2に納税者負担を増加し，民主党に接近することである。しかもいかに反対論の主張を進めても調達可能な資金枠は非常に小さい。投資対象が赤字区間であり，納税者の税負担力も限界に来ているからである。

　この状況に対し小刀細工の議論は通用せず，たとえ国民を説得できても，実際の資金調達で行き詰まる。それでも直轄の方が確実に建設が進むと考え，建設費用の$\frac{1}{4}$の分担を引き受けてこの方式で建設した方がよいとの判断が地方の側にはありえた*。間違いなく新会社建設に合格する所はよいとして，評価が高くない所では「新直轄方式」を望む例が出てきた（12月11日29区間の希望があった）。国土交通省はそのような希望があれば「優先的に着工する方針」を明らかにした（読売12月13日）[2]。

　　＊実際には中央から地方に自動車重量税の操作がなされるのであれば，地方は負
　　　担がなくてすむという（『選択』2004年3月, p.125）。

　直轄分が3兆円だ，4兆円だといっても，それは今後の情勢により動く性質である。私見では新会社にもどす還流資金が可能であれば，それを全額，直轄に回せばよい。いわば郵便貯金が受ける返済資金で「建設国債」を買うと考えれば納得できよう。

(5) 不可能に挑戦の人たち——料金条件が致命傷

　出題者が不可能と知っているのにその問題に挑戦するのは賢明か。また挑戦を依頼するのはその倫理が疑われるのではないか。

　算数では解<ruby>（かい）</ruby>がない「不能」と，解<ruby>（かい）</ruby>が無数の「不定」の場合がある。第1, 2項に述べた国土交通省の各項目の選択案はいわば不定であり，解はいくつもある。すなわち提示の案だけではないことを示唆した。

　しかし国土交通省の提示において個々の項目は独立では成り立つとしても，複数の項目を組み合わせたとき，「不能」を生じるのではないか。この疑問が大きい。特に「債務返済」と「新会社が建設する範囲」の組み合わせでは，50

年以内に完済の場合，建設可能の範囲は非常に狭いはずである（図3－3参照）。前述のように石原前行政改革担当相も以前はそう考えていた。さらにそこへ料金の条件を次のように加えれば可能の範囲はさらに狭まる。（委員会案では平均1割引き下げ）[3]。

【料金の性格】
A案（案－4－A）
● 料金に適正な利潤を含む。収益の基本は，料金とサービスエリアなどの関連事業
B案（案－4－B）
● 料金に利潤を含まない。収益の基本は関連事業のみ

【料金の水準】
● 委員会の意見書に沿う方向で，民営化までに平均1割引き下げ，大口顧客向けの「別納割引」の廃止を踏まえてさらに引き下げる。
● 新会社は設立時点の料金水準を引き継ぐ。首都高速と阪神高速は，2008年度をめどに距離に応じた料金制への移行を目指す

（読売11月28日）

　この「料金の性格」は「利潤」に言及し，B案の料金には「利潤を含まない」という。しかし出資者に対し対価を支払わずに資金を調達できると考えているのであろうか。

　料金には利潤は含まないけれども，経費節減と関連事業により利益を生み出し配当するとの説があるらしい。しかし経費を現在から節減した分だけ配当に回すといった計算が可能なのかどうか。また社会に通用する観念では料金収入と経費の差額から配当への充当があるはずである。今後の投資がすべて赤字路線であり，経費節減努力への期待が大きい。しかしそれには限度があり，また関連事業はいかに努力しても，本業との規模が違い過ぎる。

　首相は新会社の上場を述べており，「料金に利潤を含まない」企業の株式を上場できるとは想像もできない。利潤は，利子と同様に，資金供給者への対価であるのに，むだな支出との誤解があるのかもしれない。

　ところで国土交通省は「国が直接建設する『直轄高速道路』の対象路線など

を決める国土開発幹線自動車道建設会議」*の委員を12月5日に任命した。

> *国土開発幹線自動車道の指定，基本計画の決定，整備計画の決定・変更等にあたり，これらを事前に審議することを目的(国幹道法第5条，高速自動車国道法第3〜5条)として設置されている会議で，衆参議員(衆議院6名，参議院4名)，学識経験者(10名以内)で構成され，会長は委員の互選により決定される。
> (文献51, p. 212)

ここで国民の疑問を要約していえば，道路建設推進の人びとが望む整備計画全路線完成が，以上の選択案各項目の組み合わせにより可能であるのか，である。もしそれが初めから「不能」問題であるなら，諮問する側の倫理と応じる側の判断力が批判されよう。「直轄道路」を選定すれば，残りの他の路線や区間は新会社により自力で建設可能という引き算であるならば，そのように信じる国民がいるだろうか。

これまで我が国では諮問機関がこの種の不確実あるいは不可能を隠蔽するのに使われてきた。特に施設整備計画では資金対策を不明確にしたまま，公約にしてしまう慣行があった。高速道路整備計画もそうだったのである。再び同じことがくりかえされる。

(6) 自力の投資能力はゼロの現実

12月9日に開催された民営化推進委員会において，国土交通省案に批判が噴出したのは当然であった。委員会意見書では第Ⅲ章第2節第5項に述べたとおり，新会社が次の自主性を持って建設を判断することになっていた。

ウ　今後の道路建設に関し，新会社は，公益性にも配慮しつつ，採算性の範囲の中で当該自動車道事業(路線又は区間ごと)に参画する。その場合，新会社は，当該事業への参画について自社の経営状況，投資採算性等に基づき判断し，自主的に決定する。なお，工事により形成された資産は，新会社に帰属する。

委員会は2002年12月の時点で，なおこの建設が可能であり，新会社は「相応の役割を果たすべきであり」としていた。

　エ　新会社は，その設立目的に照らし，今後の高速道路の建設に関し相応の役割を果たすべきであり，本委員会としては，そうした点を配慮の上で新会社が設備投資の意思決定をすることを希望する。

　したがってそれから1年後の2003年12月9日にも，もはや新会社による建設は不可能などとはいわなかった。委員会が批判したのは，図6－1で見たように，国土交通省案に委員会案とは異なる2案（委員会がかつて否決した内容の案）が含まれていて，しかもその一つが政府・与党協議会の本命と見られていたからである。これら2案の新会社は誰が見ても国土交通省のための作業会社でしかなく，企業の自主性・自己判断によって投資を決定できる民営会社ではない。公団を民営化し，野放図な建設を抑制する趣旨は全く失われていた。
　しかしさらに重大なのは，自己の意思によるとしても投資能力がすでに失われている現実である。図6－1左方の方式は対象路線が赤字では成り立たない（表3－3参照）。
　前述のとおり近藤総裁は企業の自主性を主張し，首相は協力を約束していた（前章第3節第5項）。しかし自主性が無条件に認められても，建設能力が生まれるわけではない。今後の公式の議論に望まれるのは，建設能力の有無，有るとすればその大きさなのである。
　企業の自主性と建設能力との関係から見れば，今後の高速道路建設はすべて前項の国・地方の直轄とすべきであり，必要をいう場合はそれしかない。したがって決め手は国・地方の資金供給力であり，建設はそれに合わせなければならない。
　これまで国土交通省案はこの資金供給を公団の債務返済の長期化によって実現しようとしてきたように見える。それではすべてが小泉内閣発足以前（2001年3月以前）にもどるのである。国民としてはもはやそれ以上の議論は必要で

なく，そのような政権を支持しないだけである。すでにこの方向が進み始めたことは03年11月9日の総選挙が示唆していた。債務を累積する政権を見捨てる以外に対策はない。

　委員会は意見書を尊重せよというけれども，債務完済を求める以上，その方式でも新会社の投資能力はゼロなのであり，国土交通省案もそうであって，両者にこの点では違いがない。両者間の距離はゼロなのである。このことについては前述の石原の4月の判断は正しかった（第1項）。

　ところで首相はこの委員会開催の1週間前，12月2日に委員たちと懇談し，「9342kmは全部は造らない」を述べている。さらに「国が施工を命じても民営化会社が拒否できるような新たな高速道建設の枠組みを検討する考えを表明した」という（読売12月3日）。この検討は後の修正に関連した（第4節注(1)（「複数協議制」）参照）。

　なおこの記事は，田中一昭委員長代理が「推進委の最終報告が無視されれば委員を辞任する」との文書を首相に提出した，と伝えた（第Ⅶ章第1節第2項参照）。この状況において糸はさらにもつれたように思われるし，誰がそれをほぐして政策にできるのか，いよいよ怪しくなってきた。道路族議員はこの首相をやめさせても，道路投資は完全達成と企んでいよう。彼らはすでに長期にわたり国民多数の意思から離れていた。

　これまで道路族・国土交通省と委員会とでは見解に無限の距離があるように見えた。しかし実態は，いずれの案であろうと，納税者の負担に頼らない限りは高速道路建設は不可能になっていた。違いは前者が超長期に債務を配分して可能といっていただけである。しかも彼らは将来の無料がすぐにでも来るように思わせようとしていた。

　委員会は当面しばらくは投資が可能のようにいったけれども，「採算性の範囲内」の投資などあるはずがなかった。

　この状況に対し首相が上記のように述べたのは，かねてから委員会意見を基本的に尊重するとしてきていて，最終結論はなお自分の意図どおりに決定できると確信していたのかもしれない。（その後の決着から見て，首相は方式では

なく，投資額の削減だけを重視していたように思われる。)

(7) 自民党の基本方針（12月10日）

12月上旬はなお相互に解決策の探り合いであった。ついに10日，自民党は「基本方針」を提示した。趣旨は次のとおりであった（日経12月11日）。

> 焦点の高速道路建設では民営化会社が建設資金を自己調達し，保有・債務返済機構が建設を委託する案を採用。高速道の資産は債務完済後に国などに移管，道路を無料開放する。首都高速，阪神高速，本州四国連絡橋の3公団は単独で民営化し，日本道路公団は全国を2－3社に分割する。

おそらくこれは国土交通省が支持したい案であったに違いない。この記事にはさらに次のような期待が述べられていた。

> 道路調査会の幹部は「国の直轄方式とあわせて高速道路整備計画の9342キロの完成は十分可能」とみている。

国民にとっては，この建設と債務完済との両立はありえないことであった。
この記事を読めば，改革には自民党をこわしてでも，とかつて言っていた首相の気持がよくわかる。2004年度予算案に巨額の国債を想定した時点で自民党はなおこの程度の判断力だったのである。

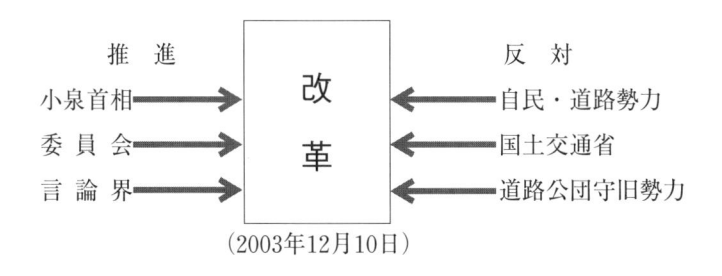

```
         推　進                          反　対
   小泉首相 ──→  ┌──┐ ←── 自民・道路勢力
   委 員 会 ──→  │改革│ ←── 国土交通省
   言 論 界 ──→  └──┘ ←── 道路公団守旧勢力
              （2003年12月10日）
```

12月上旬，改革をめぐる対立はなお次のとおりであった。ただし改革側の見解も単純には一枚岩ではなく，今後を見る上で注意が大切である。

注(1) その後『選択』2004年1月号は次のように伝えている(p.61)。
　　12月に入ってすぐ，二階氏は高速道路のあり方に関する検討委員会に近藤総裁を呼びつけた。
　　その席で古賀氏が一喝した。
　　「近藤さんは黙っていてほしい。民営化の枠組みを決めるのは国交省と政治であって，道路公団ではない」
　　近藤氏は検討委終了後の記者会見で，「実態として上下一体なら形式にこだわらない」と前言を撤回した。
　　小泉首相が態度をはっきりさせない中，道路族の連携プレーで外堀はどんどん埋められていった。

注(2) 12月25日，国土開発幹線自動車道建設会議は新直轄方式の高速道路を，27区間699km，2兆4,070億円が適当と答申した。手続きの一儀式である(第4節参照)。2004年2月27日直轄高速道路の2004年度予算配分が，これらの区間について，事業費総額約1,322億円と公表された(読売2004年2月28日)。

注(3) 2002年以降，値下げの実例では利用量が期待のようには増加していない。民営化法案にもこの点についての方針は明示されていない。産経04年3月12日は次のように述べている。
　　値下げにより，通行料金収入が減少した場合，それは日本高速道路保有・債務返済機構へのリース料支払い原資が減ることを意味する。料金収入が減るような料金値下げを，果たして会社が申請するのか，申請があっても国交省が許可するかどうか。
　　料金値下げという民営化の果実が目に見える形で現れなければ，民営化のメリットが薄れていくに違いない。

2　12月中旬は買いたたき

(1) 首相の去就に注目

11月28日の国土交通省案が「たたき台」として出されたのであれば，12月上旬にその「品定め」が続いて，中旬に「買いたたき」があってもおかしくはなかった。交渉である以上，部外者には不明，不可解のことがあるのは当然だっ

第Ⅵ章　国破れて道路在り（国交省）　191

たのかもしれない。

　このころなお「ごお(5)・さん(3)・に(2)」という言葉があったと伝えられる。5地域に分割・3割経費減・2割料金引き下げが，政府案に対して主張されたのだという。

　さてそのような話を思わせるような経過の中で首相指示があったり，政治の願望と実態に基づく正論とが飛び交った。

　しかし数字のいくつかに修正はあったものの，案の筋書きは変わらず，その数字も後日また理屈を付けて再修正できると売手は考えたに違いない。何よりも大切な建設延長キロ1,999kmは確保された。わずか143kmに苦情があっただけである。

　すでに12月中旬の交渉までには小泉内閣発足以来の3年間の議論が積み重なっていた。第1年は表1-1に見たように2001年8月の首相主張が同12月の「政府の基本方針」となり，その実行策として第3年に，すなわちほぼ2年後に11月28日案になっていて，いよいよ最終交渉となったわけである。

　今回の進め方は，国土交通省案の背後には与党道路族勢力の「願望」があり，その案に首相はさらに「改善」を，あるいはいっそうの改革努力を要求したと理解される。本来は，案を提示するのが国土交通省でも，首相はすでにそれを了承していて，11月28日1回限りで与党との間に話がまとまるはずであった。2001年12月の「基本方針」がそうであったし，同様に進むものと予想された。しかし今回は選択案をまず提出して，それらから首相と与党が結論を選び出すことになった。その過程で首相側はさらに「改革」の方向に修正させ，結局それを政府・与党の「申し合わせ」とした。

　ところでここで大問題は，すでに国土交通省案そのものが不可能の内容を含んでいた事実であり，さらにそれを不可能の方向に「改革」する力が働いたことである。上述の「5・3・2」といった表現がそれにからんでいた。後に首相が経費を半減近くに圧縮できたと誇るのも，それを成果と思い込んだからであろう*。企業の自主性も債務返済も棚上げにして数字だけにとらわれてしまった。

＊10兆円の建設費を当初は5兆円削減を考え，次に3割削って7兆円にしようとしたのが7.5兆円に落ち着いたという（朝日12月23日）。

次に経過を見よう。

12月11日の段階では，国土交通省と与党は

(1) 債務返済は50年以内。返済後は無料開放。
(2) 整備計画の残り路線を完成。
(3) 料金は平均1割超の割引。
(4) 上下分離は10年以上。

との前提の下に「建設委託方式」を採用する主張と見られた（前節第7項）。

しかしこれでは誰がどのような組織を作ろうと達成は不可能であり，責任者としての首相の対応が注目された。

かつての国鉄改革前の国鉄や03年までの道路公団に対しては，政治行政は実現不可能な目標と計画を強制してきた。本四3ルート，東京湾アクアラインはその好例であったし，今日，第二東名や東京外郭環状が自立採算の新会社の中で成り立つとは説明できない。それでも強行というのが政治の願望論であったし，今もそうなのである。政治行政はこの形で決着に持ちこもうと考えた。

これまで改革を推進してきた首相がどのような態度に出るかによりすべてが決まることになった。

首相は前節第6項に述べたように「国が施工を命じても民営化会社が拒否できるような新たな高速道建設の枠組みを検討する考えを表明」していた。それから10日もたたないうちに「願望論」との対決となったのである。

またその前に前節第3項に述べたように，近藤総裁は「新線の建設にあたっても，不採算の道路を抱え込まないよう，自主的に判断する権限を確保したい意向」と伝えられていた。首相と総裁の発言は符合するのであり，図6−1の建設委託方式の場合も，新会社が「自主判断を尊重」されるのかどうかが注目された。従来の政治行政ではそれは飾りの言葉であり，行政側・公共組織側が会社企業に計画を押しつける。さらに命令権をもつ。行政手続き上は企業側の発意に基づき企業が認可申請するのであっても，実際は申請を強制されてきた。

第Ⅵ章　国破れて道路在り（国交省）

鉄道の例では国鉄の赤字線建設がそうであった。

再び同様の過程がくりかえされるのでは，改革の意味は失われる。逆に首相および総裁の主張どおりの手続きであれば，すべての路線が赤字である以上，政府が赤字補償の条件をつけない限り投資は成り立たない。その場合「建設資金を自己調達し，政府保証をつける」（読売12月12日）とも伝えられた＊。金利を安く抑える効果をねらったのであろう。

　＊結局，政府保証は法案に認められた。

いずれにせよ，12月中旬の議論は，機構との関係において新会社がどのような自主性をもつのかにしぼられてきた。政治行政と首相・近藤総裁（当初主張）の対決である。

この場合自民党の主張は第Ⅰ章第2節第1項に紹介した「高速道路5原則」（2002年8月19日）および高速道路建設推進議員連盟の主張（同12月）の延長上にあって，内容は変わらず，需要の変化，経営の実態は全く顧慮しなかったのである。それでもこのように主張する以上は国民に主張の理由を説明する責任があった。独断を強制する専制政治であってはならない。同様のことは首相にもそうであり，新会社にどのような自主性を与えれば改革の趣旨を実現できるのか。首相の選択はそこにしぼられてきた。

もしこの措置に首相が有効な対策を確立できたのであれば，その範囲では改革を実現したことになる。しかしながら今回は公団業務を引き継ぐ「新会社」の対策だけでなく，その資産と債務を引き取る機構の収支をも考えねばならない。国土交通省案では当初20年間は新会社からの返済資金の大部分を投資に当て，債務は増加しないけれども余り減少しない実態を想定していたに違いない。建設が終われば債務返済が進むとの計算であっただろう。

ここで思い出されるのは藤井前総裁の主張である。片桐論文はそれを次のように紹介していた（第Ⅱ章第1節第5項補論）。

では，莫大な負債についてはどう考えているのか。借金など金利だけを払

えばいい，本来なら元本の返済にあてるべき利益などが出ても，それは新規建設にあてるべきだ，……

このように考えれば国土交通省案の策略が見えてくる。結果は藤井構想と同じになる。

第1に「新会社」は首相や近藤総裁の主張どおり赤字を生じない。公団改革はその限りでは達成されたように見える。

第2に「機構」は既存の債務の枠内において債務を存続し，金利は払い続けるので，貸し主の郵便貯金にも，新規の債権者(銀行)にも迷惑をかけない。そのような机上計算が説明に使用されよう。

しかしここで行き詰まるのは，50年以内に債務返済という方針を認めるのかであり，認めれば，行き詰まる。政治行政あるいは国土交通省はこの難関をどう切り抜けるのであろうか。さらに，予定の13.5兆円(後述，図6－4参照)では2,000km を達成できないという難問がある。

要約していえば，次のとおりである。

(1) 新会社は赤字の一切を機構に移す形で自立経営を維持しながら新路線の大部分を建設できる。残りは国・地方の直轄とする。
(2) 債務は機構に存続し，債務額を増加させない程度に貸付料が新会社から納入されるので国土交通相は困らない。かつて藤井が夢見た構想である。
(3) 機構の累積債務が遠い将来，あるいは20年後に減少となるのかどうかはわからない。50年以内に完済というのはおそらく非常に困難である。もしそれが可能と与党や政府がいうのであれば，その説明が必要である。

このように考えておいて12日以後の展開を判断すればよいほどに議論は煮詰まってきた。国民の側からいえば「無責任」の一語に尽きた。債務完済も工事完成もできるはずがない。

(2) 自民党案(12月12日)と首相指示(12月15日)

小泉首相はかねてから民営化推進委員会の意見書を「基本的に尊重する」と

述べてきた。12月に入ってからの委員たちとの会談でも態度は変わっていない（前節第6項）。

ところが自民党は一貫して委員会とは反対を述べてきたのであり，12月12日その国土交通部会と道路調査会とがまとめた「自民党案」は表6-1のとおり，委員会主張とは真っ向から対立した。「必要性の乏しい」高速道路は造らない，債務返済最優先という委員会に対して，計画どおり全路線を造るのである。

ここで首相が道路公団民営化の諸施策を提示した2001年8月の原点にもどると，表1-1左側のとおり，国民の負担を考えて「工事の継続」は「凍結，再検討」を求めていた。4公団は民営とする。国費は投入しない。債務は30年以内に返済する。これらが首相の考えであった。そのうち国費投入の中止だけは2002年度から実現した（第Ⅰ章第1節注(1)参照）。次に2002年12月，委員会は表6-1左側のように提案していた。

その後，首相は計画路線すべてが実現できるとは考えていないと述べていた。しかし委員会意見書をどの程度に具体化するかは明示していない。

私見では改革の原点は前章第3節第3項に述べたとおり次の3項目の解決である。

(1) 造るのが疑問の道路を造る。
(2) 返せるはずのない借金を累積する。
(3) 納得のいく説明がない。

要するに，国民の6割以上が高速道路建設に反対であるのに造り続け，債務は年々増加するのに政・官・業からは説明がない。今，国民多数は表6-1のように述べた委員会にも自民党にも疑問を持つ。小泉首相なら何とかしてくれる。自民党議員には信頼しないけれども，首相には期待してきた。12日にはなおこの期待が残っていた。

すでに11月29日の日経社説は国民のこの期待を，その前日の国土交通省案に対する批判として表明していた（第1節第1項）。しかし12月12日の自民党案はその国土交通省案から，建設推進に都合のよい部分を抜き出したに過ぎず，しかも国土交通省案自体が数字の裏付けのない文章表現だけであり，国民がそこ

から選択できる内容ではなかった。したがって自民党案は単に願望の集まりにとどまった。

ところで委員会案もまた数字を欠いていた。したがって国民としてはもう一度各案に数字をつけて出直せといわねばならない。すでに国土交通省案に対しては日経社説は，首相が原則を曲げてはならないことを特に強調していた。数字がない以上，原則だけは守り，その上で数字を整え具体策に進むのが順序であり，最初に原則をいじってはならなかった。

その原則は①新規建設に料金収入を充てない。②新会社の主体性を確保する。③将来の上下一体化を確約することであると社説は主張した。（この①，②が特に重要な基本であることは第Ⅶ章第1節においてさらに強調する。）

この原則の①が私見の(2)の解決（債務完済）と同一内容であるのはいうまで

表6-1　道路4公団民営化についての主張

民営化推進委員会	基本的な考え方	自民党
必要性の乏しい高速道路の建設中止。債務返済最優先	基本的な考え方	高速道路整備計画路線は確実に整備。債務返済を両立
新会社は採算性などに基づき，自主的に新規建設を判断。資金は自己調達し，株式上場まで政府保証をつける	新規建設	新会社による有料道路方式を活用し，新直轄方式とあわせて確実に整備。新会社の自主性尊重
新会社の道路リース料を債務返済に充てる。40年以内に返済。新会社は発足後10年をめどに道路資産を買い取る	債務返済など	債務は50年以内に返済。その後，道路資産は国に帰属させ、無料化。高速道の私有財産化は認めない
東日本、拡大首都高速、中日本、拡大阪神高速、西日本に5分割。本州四国連絡橋公団は西日本に編入	民営化後の新会社	4公団はそれぞれ独立して新会社を設立。日本道路公団は経営安定後に分割

出典：読売　2003年12月13日

第Ⅵ章　国破れて道路在り（国交省）　197

もない。表6－1の委員会の「基本的な考え方」「債務返済など」の内容もこれにつながる。原則の②はこれらを支える基本であり，「民営企業」にせよというのはまさにこの主体性のためである。政治の方は収支の合わない投資を，収支を合わせるようにして実現せよと強制してきた。その代表例が本四公団であり，現在のままでは日本道路公団もそうなってしまう。交通企業に無理は通用しない。

　原則②が確保されれば私見の(1)（建設の抑制）は解決する。造るのが疑問の道路は造らなくなる。原則③はたまたま委員会が上下分離を述べたために派生したことで，本来は当初から上下一体がよい。表6－1には上下問題に言及はないけれども，自民党は長期にわたる上下分離を前提にしている。したがって原則③が必要なのである。

　ここで表1－1にもどって首相は債務返済期間だけは50年に妥協していた。したがって自民党案がそうであっても委員会案にはもどれない。しかしそれ以外は首相がその諮問した委員会の意見書を「基本的に尊重する」のが当然であった。

　重ねていえば，特に国民の関心は高速道路の建設の可否であり，国民の負担可能な限度に抑えねばならない。私見では新会社が自己の判断に基づき，銀行から借りて建設できる黒字線は存在せず，この意味では委員会の「自主的に新規建設を判断」する場合，建設が生まれることはない。

　自民党の主張はこれらについての数字がない以上，判断は部外者には不可能である。しかし建設と返済とは両立しない。両立するというには証明が必要である。

　以上の状況に対し首相は実行可能な，そして国民がその説明を理解でき支持できる答えを出すべきであった。そうでなければ首相への支持は低下し，まして自民党への信頼はくずれていく。（第Ⅶ章第1節には「小泉首相への幻想の消滅」と表現した。）

　答えは直轄方式の建設しかないし，この意味で小泉案は菅の主張に近づく。違いは投資規模だけであった。

12月15日首相は守旧派の国土交通省案を意識してか，委員会意見を基本的に尊重する考えを今一度示した(読売12月16日)。

「必要な道路は(民営化後の)会社の自主性を尊重し，国民負担をできるだけ少なくして造る形で案を取りまとめてもらいたい」と要請した。債務返済をも考慮した民営化枠組みを国土交通相に提示したのである。

しかし国土交通相は首相にすぐに対応せず，次項の段階に入った。(結果は首相の意図の大半は無視された。)

(3) 12月17日首相指示

当たり前のことが当たり前に通用しないのが政治の世界であり，政・官・業の行動がそれを実証してきた。かつては国鉄の累積赤字放任がそうであったし，今は道路公団がそうである。国民多数が中止を求めても政・官・業は中止しようとはしない。

それどころか首相が12月15日国土交通相に指示しても，後者は指示のようには動かなかった。おそらく首相の意思は図6－1の右側二つではなく，また表6－1の右側の建設ではなかったかもしれない。しかし首相の指示はもはや通りそうにはなかった。

すでに本書で主張してきたように，国政全体では道路公団改革の比重は大きくないにせよ，その成否は自民党の将来を左右することであった。石原国土交通相と首相では事の重大性への判断が異なっていたようである。

今一つさらに重大なのは，国土交通省案がたとえ道路族の指示を背負っていたにせよ，それは数字を伴わない「願望」でしかなく，かりに国民多数がその実現を要請したとしても，達成できる内容ではなかった。

したがって国民の支持を失い，また計画としても成立しない政策を首相が中止させようとするのは当然であった。しかし15日の段階では国土交通相は指示を軽くあしらい，首相の意思を無視できると考えたのであろう。そうでなければ17日の再度の指示(民営化委員会の最終報告の尊重)は不要だったはずである。ここらは私には不明のことが多い。

第Ⅵ章　国破れて道路在り（国交省）　199

　ここで思い出されるのはすでに11月27日の段階において国土交通省および首相「官邸」が近藤新総裁の正論を修正させるべきものと見ていたことである（第1節第3項）。担当大臣というのは一般にこれら事務局には弱い。

　また12月12日には道路族の方針決定があった（前項）。そのときただちに指示しなかった首相であれば，国土交通相と行政改革担当相は国土交通省2案のどちらかで乗り切れると考えたに違いない。

　それにしても首相の方針どおりには行動してこなかったのが8月以来の国土交通省であり，彼らは首相や国民多数に探りを入れるべく，その政策内容を時折公表した。それに対して首相は沈黙を続けた。そのこともすでに述べてきたとおりである。政・官・業はその沈黙を見，また委員会側のあせりのような発言が続くのを知って，自説による強行突破が可能と期待した。

　おそらくそれは藤井前総裁を含む政・官・業の態度であった。10月に藤井は解任されたけれども，この方針は変わらなかった。ところが首相は第2次内閣になってもなお意思を明示しなかったのであり，この意味で12月半ばまでの政策停滞には首相にも責任があった。

　ようやく12月17日首相の指示があって2人の担当大臣は今一度協議した（日経12月17日夕刊）。

　「自民党の方針決定後に民営化委の最終報告を尊重するよう担当閣僚に指示したのは今回が初めて。」

　金子一義行政改革担当相は「民営化委の最終報告を極力取り入れるよう要請するとともに，民営化新会社の経営の自主性の尊重を求めた。」

　この日近藤総裁の方は「新会社が建設を拒否できる権限を持つ必要がある」と述べていた。すでに紹介した正論の一つである。

　首相の指示により改革論議は新たな局面を迎えたように見え，下旬に民営化の「枠組み」を決定できるかが注目された。しかしそれは一瞬の不安に終わった。

　かりに首相指示どおり委員会報告の方向に進むとして，表6−1左側「自主的に新規建設を判断」したとき，JRに新幹線建設が望めないのと同様，新会

社も高速道路建設の資金調達能力はない。若干の助成で解決することではない。新線は国・地方の直轄事業に資金を集中して行なうのが唯一の道となる。この意味で，2人の担当大臣がどのような具体策を示し，それに自民党がどう反応し，最後に首相がどう決断するかになってきた。

この難問に対し翌18日には国土交通相の迷いが伝えられ，「首相周辺の予想に反し，成案の日程さえ決まらなかった」と報じられた（日経12月18日）。反対派としては今一度押しもどそうというのであっただろう。

また国土交通省支持の「建設委託方式に新会社の拒否権を組み合わせ」，首相の建設抑制と自民党の促進の双方の顔を立てる妥協案も伝えられた。しかしこの種の玉虫色の決着は問題の先送りでしかなかった（なお第4節注(1)参照）。

最終段階における担当相の迷いは実態を数字で把握していない弱さであり，4月には正しく把握していた方向づけ（第1節第1項）がゆらいでしまったからといえる。

このような最終段階では策略に特に注意が必要である。近藤総裁のいう自主性も，「新会社の拒否権」が有名無実になっては困る。守旧派は法令の熟練者であり，役に立たない妥協案に持ち込まれやすい。

日経12月19日社説は次のように警告していた。

> 新会社と機構を一体にしなくても，新会社の自主的な経営権を法律でうたえば，無駄な道路の建設に歯止めをかけられるという意見が出ているが非現実的である。機構が公団に代わる新しい特殊法人になり，新会社は料金徴収と建設を請け負うファミリー企業になるのが落ちだ。
>
> いくら複雑な仕組みにしても道路建設推進派の底意は見え透いている。小泉首相は国民に説明できる筋の通った決着をつけるべきである。

(4) 骨組は存続・数字だけ修正の妥協（12月20日）

12月20日国土交通相は，上下分離および返済資金流用については原案は変え

ず，建設費や返済期間などの数字を修正する案を首相に提示した。基本の骨組は10日の「自民党の基本方針」のままに感じられた。日経12月20日夕刊は次のように伝えた。委員会の意見は基本が無視され，2日後に2委員は辞任した（第Ⅶ章第1節第2項）。修正の数字の整合性にも疑問が多かった。

　焦点の高速道路建設の仕組みは，民営化新会社が建設資金を自己調達し，4公団の資産と債務を引き継ぐ保有・債務返済機構から建設委託を受ける方式を基本的に採用，同時に新会社の経営自主権を尊重する。同案をもとに政府・与党は最終調整に入り，22日の協議会で決める。
　建設コストは大幅に削減し，約40兆円の債務返済を確実に進めながら高速道の建設も進むようにする。建設する高速道路については民営化会社の同意を必要とする形とする。

しばしば伝えられたとおり図6-1の中央の方式を採用し，委員会意見との抵触を避けた。債務返済と建設達成の調整は「建設コストは大幅に削減し」て解決するという。10兆円を7.5兆円にする縮減であった。
　なお国土交通省と新会社の意見が違う場合には同省の諮問機関の意見によって判断する。また債務返済期間は50年でなく，45年とする。
　これらの数字を眺めて一体それらがどうして可能か，誰でもすぐにその疑問を感じたはずである。
　企業形態は次のように伝えられた。なお本四は日本道路公団からの新会社の一つと将来合併するという。

　4公団の地域分割については，2005年度の民営化と同時に，日本道路公団を3分割。首都高速道路，阪神高速道路，本州四国連絡橋の3公団は単独で民営化する。ただ，道路公団の3分割には当事者の日本道路公団が難色を示しており，調整で最終的に2分割にとどまる可能性もある。

「最終調整案」の骨格は表6－2のとおりであった。

特に注意すべきなのは「機構」が債務返済まで存続することで，新会社には経営の実態はなく，「民営化」の効果は限られている。返済期間は45年で，従来いわれていた50年より5年短縮となった。それも不自然な修正であった。

新規建設では「事実上の建設拒否権を付与」といわれても，有名無実に終わるだけと論評された。

なお約2千キロ，70区間の未整備区間のうち「5区間程度」を「抜本的見直し路線」とし，首相が全部は造らないといってきた証明にしようとした。小手先の操作に過ぎない。

一体この種の大あわての修正がどれだけの意味をもつのだろうか。また実行の保障があるのか。次項にそのことを取り上げる。

表6－2　政府の道路4公団民営化最終調整案の骨格

組織形態	▽保有・債務返済機構（機構）を設立し、4公団の道路資産と長期債務を承継。民営化新会社は機構から道路資産を借りて賃借料を支払う ▽新会社が機構から道路資産を買い取ることは認めない ▽機構の債務返済後、道路資産は国に移管
新規建設	▽資金は新会社が自己調達し、道路資産と債務は完成後、機構に移管 ▽新会社が建設する区間は、国、機構と新会社が協議して決定。新会社が同意しないことも認める ▽新会社が建設しない不採算路線は新直轄方式で建設
地域分割	▽日本道路公団を民営化時に3分割 ▽首都高速道路公団、阪神高速道路公団、本州四国連絡橋公団は各独立して民営化
コスト削減など	▽新規路線の採算性を重視し、規格やルート変更などで新会社の予定建設費10兆円から2兆5000億円を削減

出典：読売　2003年12月21日

(5) 今後の行程

さて読者とともに見てきた道路公団改革も12月20日には全体像が見えてきた。どのような姿が予想されただろうか。

まず2005年度中に新会社と機構が発足する。その機構と新会社は45年後に債務を完済するまで続く。しかしそれは単なる仮定であって，おそらくその実現を考える人は少ない。一つはその間に大変動，特に極端なインフレが介入する場合であり，債務は完済というより，途中で無意味になる。今一つは45年たっ

ても一向に債務が減らない場合である。国鉄改革の政府側の10年間の後始末が
そうであり，清算事業団の債務は10年後に若干増加していた(文献9，p166)。

次に機構と新会社は，形式上は対等の契約当事者ではあっても，リース料も
建設工事も国の意思がそのまま働く(第4節第3項参照)。ただし，国にも新会
社をつぶしてはいけないという制約がある。新会社が損益計算書で損失では建
設資金の調達ができなくなる。

一体この種の仕組みにおいて建設意欲が働くものだろうか。新会社は倒産は
ないし，なまじ建設工事など完成しない方がよい。ゆっくり工事していっても
必ず買ってもらえる施設なら，用地交渉に力が入るはずがない。特に用地入手
難の東京外郭環状道路などは永久に完成しないおそれがある。まして今回の計
画に含まれない第二東名(海老名以東)はそうである。

第3に新会社の7.5兆円という奇妙な設定に誰が責任をもつのか。土木工事
の金額予測がむずかしいのは今に始まったことではない。10兆円といわれてき
た根拠が信頼できるかどうかは別にして，それを10日間で$\frac{3}{4}$に切り下げたのは
室内の取り引きでしかなかった。

これでは第二東名(海老名以西)，近畿自動車道(名古屋，神戸線)だけで資金
不足となろう[1]。

当初，所要額は16兆円とされ，うち10兆円分は新会社工事分とされていた。
それが$\frac{3}{4}$となるのであれば，他の6兆円分も同様に$\frac{3}{4}$になるのか。それとも前
節第4項の計算のように一部は直轄の増額となるのかどうかの疑問も残る。

いずれにせよ，今後ただちに必要なのは2千キロをどのように分担し，それ
ぞれの所要額と開通予定年を明示することである。

第4に国民として特に知りたいのは機構の債務返済能力である。在来の債務
の返済が遅れるおそれがあり，しかも新規の債務が増加するのに対しどのよう
に対応するのかである。完済をいうけれども，可能性があるのだろうか。

さてこのように予想される新しい体制が国民の期待どおりに働くかは心もと
ない。要するに10日間の折衝の中で生まれた筋書きであり，数字の裏付けがな
い。願望の寄せ集めであり，国土交通省がどう責任を負うのであろうか。ここ

で再び石原の2003年4月の認識にもどって、建設工事完全実施と債務完済とは両立しないと判断していたことを思い出すべきである。もし工事資金を$\frac{1}{4}$削って成り立つというのであれば、国民にその証明を示す必要がある[2]。

　以上に描かれた姿は、誰も責任を持てない混乱であり、架空の構図があるだけで、「責任の実態」が存在しない、すなわち責任者が形だけに終わる状態である。もはや誰も責任を持つことができない「責任の空白」が定着する。

　注(1) 2003年11月28日「民営化の基本的枠組み」における高速道路評価において建設費(2003年度以降)は次のように算定されていた(角本試算)。

　　　A　常磐自動車道から東海北陸自動車道まで関東を中心とする9区間
　　　　　237km　17,879億円
　　　B　第2東海自動車道7区間(海老名以東)
　　　　　265km　35,390億円
　　　C　近畿自動車道(名古屋神戸線・名古屋大阪線・敦賀線)9区間
　　　　　217km　34,593億円

　関東から関西にかけての投資、特に東京－神戸を結ぶB, Cの投資がいかに大きいかが示された。その数字が増大すれば新会社の7.5兆円も全体の13.5兆円もたちまち突破される。
　次に他の地域は次の数字であった。

　　　D　中部横断自動車道　4区間
　　　　　88km　　　　　5,580億円
　　　E　近畿自動車道(紀勢線) 4区間
　　　　　99km　　　　　4,776億円
　　　F　中国地方　　7区間
　　　　　189km　　　　7,614億円
　　　G　四国地方　　5区間
　　　　　71km　　　　　5,062億円
　　　H　九州地方　　9区間
　　　　　269km　　　　10,607億円
　　　I　東北地方　　10区間
　　　　　208km　　　　9,220億円
　　　J　北海道地方　6区間
　　　　　351km　　　　9,132億円
　　　合計　1,999km　70区間　139,853億円

この金額は、「平均2割を削減した額となっている」との説明があり、すでにこの段階で削減がなされている。新会社分を10.0兆円から7.5兆円にという場合、この数字をさらに$\frac{3}{4}$にする意味であろう。

次に第4項に述べた「抜本的見直し路線」5区間程度は143kmであり、うち全額が示されている4区間133kmは6,941億円であった。

第3に第1節注(2)に述べた「新直轄方式」の27区間(699km)＝24,070億円は11月28日公表の数字による算定と考えられる。

注(2) 2004年1月15日日本道路公団が道路建設費20%、管理・運営費を25〜30%削減する業務改善計画の策定が伝えられた(読売2004年1月16日)。

3　今一度，国鉄の教訓

(1) 小泉内閣への期待は終わった

高速道路整備に国民の関心が高まった12月22日に、日経は内閣支持率の低下を伝えた。すでに3年間見てきた経過からはそれは当然おこるべき結果であった。

小泉首相が改革を怠り不評となったのか。それともその努力にもかかわらず周囲が足を引っ張り不本意な状況になったのか。おそらく両方とも正しい。すでに述べたとおり、改革を目指しながら人選は不適切をくりかえした。同時に12月中旬の自民党守旧派は党内における小泉支持がいかに少ないかを示したのである。

くりかえしいえば、自民党は奇妙な存在であり、費用支出を求める国民だけを見て、費用負担の国民を軽視してきた。これでは首相の人気は永続せず、内閣は崩壊する。

日経の世論調査は内閣支持率が43%と伝えた。特に注目されるのは、2004年夏の参議院選挙に投票したい政党が、民主30%、自民29%となったことである。かつてこの種の調査では1998年8月橋本内閣のとき、民主33%、自民23%と自民が一度だけ敗北、しかも大差の記録があるという。その経験に学ぼうとしない政党に救いはない。

道路公団改革をも含んで国民多数は自民党政治に満足せず、あるいは不安を抱き、それを離れる。その国民を引き止めるのは改革の実施しかないのに、2004年前半の転換は期待うすになった。

(2) 歴史はくりかえす

　国鉄改革は成功したのに道路公団改革はなぜ成功しないのか。首相自身が改革を唱え、政策の重点と掲げてきたのになぜなのかとの質問が若い世代からは出てきそうである。しかし国鉄の場合は、赤字を23年間も続けた後のJR体制であり、その間に何回も再建が論じられ、常に守旧勢力に阻止された。何代もの内閣が公式には改革を言い、実現はしなかった。

　日本道路公団の場合、改革の必要が指摘されたのが1994年からであり、すでに10年は過ぎたけれども、財務に債務超過が発見されたのは2000年度分からであり、損益ではなお利益であった、投資継続が自立採算の企業としては不可能が明らかになった段階で国民の改革要求、建設中止の議論が盛り上がったのである。それにこたえたのが2001年4月からの小泉内閣であったけれども、守旧勢力に妨げられたのは国鉄改革の途中経過とよく似ていたといえる。

　今一つ、おそらくそうなると私が予想するのは、いかに守旧勢力が投資を言っても、資金調達能力の乏しい赤字投資は短期間で失敗することである。国鉄と同じ道を高速道路建設計画がたどる。

　かつて1972年国民の支援を背に登場した田中角栄内閣は「日本列島改造」の発想の下に、国鉄はローカル赤字線も新幹線も造れと号令した(文献55)。しかし法律に基づく計画でも、社会の情勢が極端に変化すれば支持されなくなる。

　国鉄改革に注目されるのは新幹線投資の扱いであった。ローカル線とは異なり政治の側になお建設意欲が残っていて、JR経営には負担とならない形の整備方式が工夫された*。それによって最近は毎年2千億円以上の投資が続き、2004年3月に九州新幹線(新八代-鹿児島中央間126km)も開通した。(JR以後の開通として盛岡-八戸間、高崎-長野間と合計して340km、東京-上野間を除く)。

＊財源スキーム

既設新幹線譲渡収入(注1)	公共事業関係費	地方公共団体(注2)
国 2		地方 1

(注1) 既設新幹線譲渡収入とは，1991年10月にJR東日本，東海，西日本に既に建設された新幹線鉄道施設（東海道，山陽，東北及び上越新幹線）を譲渡した際の代金の一部。
(注2) 地方公共団体は，公共事業関係費と既設新幹線譲渡収入の合計額の2分の1を負担。（所要の地方交付税措置を講ずる。）
(『数字でみる鉄道2003』p.124)

　このJRの経過は，国民多数には疑問が強い交通投資をなお政治が固執すること，しかしそうであれば，少なくとも現在の企業経営と将来の利用者に負担とならない措置が必要なことを教える。ただし今後の納税者の負担を強制するのであり，利用者に対し余りに巨額の補助ではないかの疑問が大きい。「整備新幹線」と「新直轄方式の高速道路」が同じ類型であるのはいうまでもない。政治はそのような解決を求めるのであろう。しかしそれ以上であってはならない。
　この点でも私は高速道路計画は鉄道建設計画を追うようになると考える。2004年春日本経済はようやく希望が見えてきたといっても，財政は最悪であり，道路投資は一般道路をも合わせて縮小が必要となった。この意味でも歴史はくりかえす。国鉄改革が実現したように道路公団改革は実現する。今回の改革が「未完」か短命に終わり[1]，別個の改革が採用されるのである。国鉄改革の実現までにもいくつかの試みがあった。

(3) 改めて「民営化」の意味

　かつての国鉄のように一応は企業経営の実態を備えていたところでも，政治行政が法令によって経営を支配する場合は，企業は自立経営の好条件を失えば破滅した。
　好条件というのは，①ある程度の地域独占　②需要の増加であり，これらがそろっている間は政治が赤字路線の建設をいっても，あるいは運賃・料金の抑

制を押し付けても，耐えることができた。しかし2条件が失われた1960年代に国鉄は赤字に転落した。

政治が押し付けたのは，a赤字投資，b低運賃，c赤字路線や赤字サービスの存続であった。

同じことが1990年代の道路公団に発生した。

損失の責任は投資計画を立てた政治行政の方にあり，公団は企業としての責任は小さかった。1990年代に需要が伸び悩みなのに，赤字路線の開通ばかりとなり，企業としての行き詰まりは明白になった。高速道路としては地域独占のようでも，一般道路という競争者が存在した。特に人口低密度地域を主な対象とする路線には赤字は当然であった。建設費が極端に高い場合もそうであった。

その対策は政治行政がそれらを自分自身の直轄として引き取るか，路線(計画)を廃止する以外に救いはない。

小泉内閣に期待されたのは道路供給の企業を自立採算可能な枠の中に収めることであった。国鉄は長期の試行錯誤の後にやっとそうできたけれども，巨額の債務が国民に残った。同じ過ちをくりかえしたくないというのに，国民のその願いを小泉内閣は裏切り，それどころか不可能の計画を再確認してしまった。これでは国民は別の政権を求めることになる。2003年12月対策論議は来る所まで来てしまった。

わずかの希望は2004年の通常国会において，すなわち夏の参議院議員選挙の前に何かの変化があるかどうかだけになった（第5節第2項）。それがありうるとすれば，数字による解明で責任者が事態を正確に把握した場合である。

国鉄改革の最大の教訓は改革が責任者の数字の理解，すなわち実態の正確な判断があってなされたことである。その判断に基づき選択されたのが企業への自主性の付与であり，民営化であった。道路建設費の16兆円を13.5兆円に値切るようなことはなかった。

 注(1) 産経12月25日は，債務返済に関して田中委員長代理の見解を次のように伝えた。

   田中氏は「債務返済は遅れるどころか増大する可能性が大きい。何年後に

巻き返せるか分からないが，われわれがまいたタネは首相がまいたタネより早く大きくなると思う」と無念さをにじませる。

政府は「(債務返済と道路建設の)両立」(福田康夫官房長官)を目指すというが，重くのしかかる「借金」の扱いを間違えると，民営化のスキームは吹き飛び，「未完の改革」に終わる恐れは否定できない。(道路公団民営化取材班)

4　12月下旬の「儀式」─自滅への道

(1)　首相は評価，2委員は辞任，国民は失望

12月22日，政府・与党協議会が行なわれ，関係大臣，自民党および公明党の幹事長等の出席の下に道路4公団の民営化案(「民営化の基本的枠組み」)を決定した。その内容はすでに10日ごろまでに伝えられた方式であり，国と新会社の意見不一致の場合「複数協議制」を設けることが加わった[1]。また資金枠と債務返済期間の修正があり，それらを確定する「儀式」となった。

大筋は次の2点である。

(1) 整備計画9,342kmの未開通区間は今後20年間に完成する。資金は13.5兆円。ただしその約2,000km70区間のうち5区間(143km)はさらに検討する。

(2) 4公団の債務約40兆円は45年間に完済する。

協議会のこれらの結論は，改革の趣旨を実現したものとして首相は高く評価し，近藤総裁は新会社の自主性は不十分でもやむをえないと反対しなかった。(後には90点と高い評価を与えた。)

これに対して民営化推進委員会の田中委員長代理と松田委員は辞任を表明した*。委員会は崩壊の姿になった[2]。

　*田中，松田両委員の辞任の際の「最後の記者会見」の記録は文献56，p229～242を参照。

2001年4月，内閣発足と同時に道路公団民営化を唱えてきた首相として，形だけ新会社が発足すればそれでよいというのであろうか。民営化の本来の趣旨，あるいは国民多数がそこにかけた願いは，民営化会社が自主判断することにすれば，債務返済を優先した上で経営が成り立つ範囲しか投資がなされず，した

がって新規の国民負担は増加しない。政治が残りの路線をどうしても実現したいというのであれば，それは国・地方の税金で造ることとし，同様にそれ以外の負担は発生させない，ということであった。

この国民多数の立場から見れば，その希望は完全に無視された。まず建設が大前提に存在し，それを実現するための経費を20兆円から13.5兆円に「削減」したに過ぎない(図6-4)。首相はこの削減を評価の理由にするけれども，国民多数は大前提そのものの改革を求めていたのである。

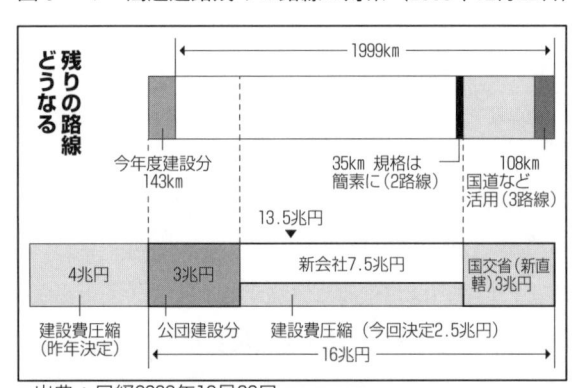

図6-4　高速道路残りの路線の対策（2003年12月22日）

出典：日経2003年12月23日
（角本注）1999kmは2003年度末見込み。

同時に国民が求めていたのは既存債務の解決であり，約40兆円は国の一般会計の$\frac{1}{2}$に相当する巨額である。大筋ではそれを45年間に完済するという。たしかに現在の日本道路公団が毎年1兆円を返済していけば，それが可能に見える。しかし他方で新会社が銀行から7.5兆円を借りるのではその分が加わるし，また2003年から05年にかけての公団建設費の一部もそうであろう。したがって10兆円程度が別途に債務として発生していよう。

このような内容の協議会案であれば，民営化の成果(債務の完済と企業の自立性)を求めていた2委員が辞任を表明するのは当然であり，そこに国民多数

の批判が示されたと私は考える。

　本章に述べてきた11月20日からの経過は，以上の「枠組み」により，改革派の「完敗」に終わった。

　文章の上ではこれですべてが落ち着いたように見える。しかし本書がくりかえし述べてきたように，ここで「数字」が力を発揮する。政治行政の責任者たちが紙の上で数字を書き替えても，現実はそのようには動かない。実行責任者が納得し，そのように行動すると決断したのでなければ，現実は別途の道を進んでいく。(序章第1項)

　政治行政のこの種の議論においては，一度もっともらしい数字(例えば7.5兆円)が出ると，当初は一人歩きし，それを「改革論者」や政治家が手柄のように振り回す。しかしすぐに底が割れ，政策は行き詰まる。かつて国鉄では赤字累積が極度に進んだ1970年代を受けて80年12月27日「日本国有鉄道経営再建特別措置法」が制定され，81年5月21日「経営改善計画」が発足した。それは数字のまやかしに過ぎなかった(文献5，p177〜185)。

　幸いその間に第二次臨時行政調査会が行政改革の最重点として国鉄改革を取り上げ，地域分割民営化の方策を答申し，次に再建監理委員会の審議があって1985年7月，政府はその実施を決定した。今回も，同様の経過が避けられないと私は考える。7.5兆円とか13.5兆円とか，それらが守られると期待している当事者がいるだろうか。

　なぜそういうかといえば，図6－4において路線延長と金額との間に何の対応もなく，単なる願望に過ぎないからである[3]。

　またこれらの資金を調達できるとの保障がない。銀行が国の組織である「機構」を信頼して新会社に貸すのは，かつての国鉄が若干の民間資金を集めたのに似ている。しかし新会社の経営を信用できるかという不安が伴う。20年もの長期にわたって自主性のない企業経営が今後どうなるのか，誰にも未経験のことである。特に工事費が7.5兆円の枠に収まらないおそれが大きい。

　最大の障壁はこの種の道路造りに専念の自民党政治から国民が離れることである。すでにその兆候は民主党支持の増加に表れてきた。あるいはこの変化は

大都市とそれ以外の地域の対立の形をとる。財政が窮迫し，道路どころではないという不満が今後急速に高まっていく。財政を重視し，建設をその枠に抑えるとすれば建設完成の時期が延びる。あるいは小泉首相はそれをねらっていよう。この意味では「改革」となる。

　自民党は最近3年間，小泉人気によって支えられてきた。その首相が今回の妥協では内閣の評価の下降は内政については避けられない。したがって改革派の「完敗」は反対派の「完勝」なのではない。たしかに前者の敗北ではあっても，後者にもまたそれは大きな失敗あるいは破滅となる。おそらく近い将来に今一度の改革の機会が訪れる。それは自民党内における危機感によってか，それとも反対野党への政権移転による。

(2) 委員会はなぜ成功しなかったか

　民営化推進委員会はすでに述べてきたとおり，通常の諮問機関とは全く違った経過をたどった。政治行政が望まない改革を求めた以上，主管省およびその背後にいる族議員勢力との摩擦を避けられない。

　しかも首相の設問が表1-1に見たとおり「工事の継続」の可否と「四公団」の措置の二つであり，進め方が賢明でなければ，反対派に対して両面作戦となり，特に「工事の継続」が道路族議員の個別の利害とからむ性質であった。

　これに対し「四公団」という体制の変更は，公団方式の弊害を是正する措置であり，その償還主義と全国プール制の弊害を除くために「民営化」が自明のように委員会の名称に付けられていた。これら二つを扱うとすれば，公団を引き継ぐ主体が公団方式の弊害を脱却できる組織とし，この主体が自立採算で可能な範囲をその責任で建設し，残りは国(地方を含む)の責任で必要なだけ造ることにすればよかった。

　それが諮問機関として意見をのべうる唯一の方向であり，政治に対して個別路線の必要性の有無などをいうべきでなかった。必要性はいわば価値判断，すなわち主観の世界であり，議論は決着しない。

　これに対して現在の国民の能力から見てどの程度のことが可能であるかは，

まず現在の企業損益と国の財政状況から判断できる。その上で投資の選択を企業にまかせるのが民営化の趣旨であり、この範囲に徹底すればよかったのである。国鉄改革も結果としてそうであり、整備新幹線計画を別に残した。

さらに委員会は諮問者に答申し、それ以上は諮問者の判断にまかせるべき地位にあり、その採否は委員会が直接行政機関と交渉する対象ではなかった。あるいは国民世論によく説明するだけにとどめればよかった。委員会は権力者ではないし、まして政治行政の責任者ではない。それ以上に介入すれば政治行政が混乱する(第Ⅴ章第3節第4項参照)。

以上は諮問された事項について関与すべき範囲であり、それと同時に論旨の進め方が大切であった。通常の検討ではまず現状を把握し、次に対策を選択し、体系づける。今回はそのような手順を取らず、いきなり各委員が独自の発想を持ち出し、その結果、委員間の対立が続いて修復できず、最後には多数委員間の妥協となった。それでは第三者への説得力は弱い。

特に問題なのは、「民営」企業に、公団方式に特有の「償還主義」を存続したことであった。その結果、債務完済と投資の二つが並んでしまったのである。両立はきわめてむずかしい。毎年の投資額を毎年の債務返済の限度に抑えるだけでは債務の完済はない。

以上のように回顧すると、取り上げた範囲と進め方は、委員会の事務局にも責任があったけれども、多くは委員各人に属し、委員の人選にさかのぼるといえる。今日の結果は人選によるのであり、結局それは首相の判断の可否となるわけである。改革をいっても、担当者の人選を誤れば改悪に終わる。不幸にも結果はそうなってしまった。

(3)「亡国の政治」は滅びる

2003年、道路公団改革の努力はなお成功しなかった。成功しないというより建設の方式については「完敗」であった。また数字に関してウソで固めた政策が政府・与党の公認を得た。

そのウソは、道路建設は完成・40兆円の債務は完済の両立であった。しかも

前述の枠組みが伝わった翌日に，ウソの始まりが報道されたのである。建設に没入して返済は忘却する。その第一歩として「不採算路線リース料」を低くするので，「建設優先，債務返済遅れ」となるとされた(日経12月24日)。保有機構が受けるリース料収入が減るので，「不採算路線を建設すれば，返済がその分だけ遅れる。」

枠組み決定後ただちにそれに違反の行動がなされたというより，最初からそれを守る意思がなかったといえよう[4]。金利4％を前提に45年で完済とされていても，その大幅の上昇があれば「債務が膨張する可能性が高い。損失穴埋めで国税が投入される懸念は残る。」

ウソで始まる政治・政策はウソを拡大していく。小泉首相はそれを阻止してくれると国民は期待したけれども，結果はこのような「枠組み」であり，それは成り立つはずのないウソであった。そこから始まる政策が成功するはずはない。

改革派としてはウソを代表していた藤井総裁の解任までは見ることができたけれども，それはそのまま「単発」で終わった。すでに国土交通省が別個の筋書きを用意していたのである。文芸春秋第2弾が次のように述べていたとおりの事態に終わった(第Ⅱ章第2節第3項)。

　現在，藤井総裁の更迭が取り沙汰されているが，藤井総裁を替えるだけでは，真の道路公団改革にはならない。

改革派が目指すのはウソのない政治であり，それは片桐論文が特に要請していたことであった(同上)。

　私たちが目指すのは，嘘をつかない仕事がしたい，ということに尽きます。必要な道路はもちろん造らなくてはなりません。しかし，そのとき，誰がコストを負担するのか，どういう目的で造るのか，それをきちんとオープンにした上でなければ，その道路は造ってはならない。

改革に期待していた人たちを失望させたのは，数字の上で建設費が削減されたかどうかといったことでなく，改革の筋道が見失われたことである。委員会意見の採否に着目して首相は8割の成果をいい，田中委員長代理は残りの2割が基本だったと述べた。その意味は次章第1節にくわしく説明する[5]。

　小泉については北沢栄「道路公団改革を腰砕けにした小泉首相の罪」『エコノミスト』2004年1月20日は次のように述べる。この批判で重要なのは，今後の改革，すなわち改革への再挑戦がさらに困難になることへの指摘である。

　　小泉流の丸投げ手法が，改革意欲に欠ける担当大臣のもと，官と族議員による改革案の骨抜きをもたらしたといえるだろう。
　　とはいえ，首相の「丸投げ」がもたらす「骨抜き」の危険を，首相自身が見抜けないはずはない。となると，首相の暗黙の承認のもとで，改革案が骨抜きにされた疑いが浮上する。
　　そうだとすれば，改革は初めから虚構だったことになり，小泉首相は骨抜きを承知で「改革」を行うフリをしていただけかもしれない。
　　骨抜きの結果，官僚主導の新たな仕組みができあがってしまうだけに，深刻な後遺症を引き起こす。本来あるべき改革がゆがめられ，機構の創設のようにむしろ「改悪」された面もあり，改革の再挑戦を非常に困難にするためだ。旧構造に代わり，より巧妙に工夫された，改革を装った新構造を廃棄するのは容易ではない。
　　ここに「小泉改革」の幻想と国民の期待を裏切る罪がある。

　以上のようにウソの固まりの政治が政府・与党の申し合わせで実施されていくのでは国が滅びる。今回の決定により，その是正がさらに困難になったとしても，国民としては再挑戦しなければならない。
　そこに示されたのは達成不可能の施策であり，数字の組み合わせである。この枠組みに誰も責任は負えない。一体7.5兆円と値切った資金で当初予定の工事がどれだけできるというのであろうか。緩慢な進行の中で経費が増加し，負

債が積み上がっていくのが目に見えている。国民としてそれを阻止しなければならない。すでに3年前2001年に国民の6割は高速道路建設に反対していたはずである。財政事情はさらに悪化しており，道路においても債務の縮小が要請される。

注(1) 複数協議制は次の趣旨である。

民営化後の高速道建設は，保有機構が高速道路建設地を担当する新会社に委託するが，新会社には事実上の拒否権を付与し，採算面でチェックが働く方式とする。ただ，依頼された新会社が拒否した場合には別の民営化会社にも建設を求める複数協議制を設ける。どの新会社も引き受けない場合は社会資本整備審議会(国土交通相の諮問機関)が裁定。同審議会の議論は公開する。
（日経12月22日）

注(2) 事情は次のように伝えられた。22日夕方，田中は首相をたずね辞意を表明した。

首相は当初，推進委を起爆剤に「改革勢力VS抵抗勢力」の構図を作り出し，国民世論の支持で改革の浮揚力を得ようとした。

しかし，4公団民営化問題の決着には，首相が頼みとしていた推進委からは，異論が相次いだ。首相は国民の目を意識し，建設費2兆5千億円の追加削減と通行料金値下げを盛り込むことで，推進委に配慮したが，推進委が改革の原点としていた「無駄な道路は造らない」という理念が，政府・与党決定では抜け落ちていたからだ。

首相は最後に「8割以上は推進委の言うことを聞いた。一から十まで聞くわけにはいかない。そうなると政治はいらないことになる」と述べたという。これに対し，田中氏は「残りの2割が改革の根本だ」と反論する。今回の結末は，今後の「小泉改革」の進展にとってマイナスとなりかねない。
（読売12月23日）

この「残り2割」の意味は第Ⅶ章第1節第2項でさらに説明する。

注(3) たしかに今回の数字を評価する次のような見方もあった。

建設資金の調達方法がどうであれ，新会社の自主性が担保されれば，不採算な高速道路の建設は難しくなる。高速道路整備計画の未供用部分，約2千キロの建設にも一定の歯止めがかかるだろう。

枠組みでは，建設費の削減も打ち出された。16兆円だった未供用部分の建設費を，車線を減らしたり規格を変更したりすることで2.5兆円減らす。これも，民営化委の議論が生んだ賜物だ（読売2003年12月25日）。

問題はここでいう「新会社の自主性」である。また数字が先行したという

事実である。数字に現実を合わせるのはむずかしい。

注(4) その後2004年1月15日,国土交通省の風岡次官は「建設促進のためリース料を調整することは考えていない」と述べている(読売2004年1月16日)。

注(5) それでは推進委員会の活動はムダではなかったかという質問に田中は次のように答えている(読売12月25日)。

　　——推進委の活動はムダだったのか。

　「ムダではなかった。大きかったのは,議事も資料もすべて公開したことだ。それにより,役所や公団がどういう組織であるかが国民に伝わったと思う。資料を要求しても,なかなか提出されなかったことで分かるように,国土交通省は一貫して,本当の意味の民営化を一切考えず,(公団を)株式会社に名前だけ変えれば良いと思っていた。行革相時代に推進委を発足させた石原国交相も,改革のあり方を示さなかった」

5　小泉改革の到達点

(1) 法案作成にも買いたたき

前節の「基本的枠組み」を受けて2004年3月9日「道路公団民営化法案」が閣議決定され,国会に提案されることになった。新組織の名称や新会社の国の保有比率などをめぐり議論があったのが,次の骨格のように決まったのである。

道路公団民営化4法案の骨格
▽高速道路の建設・管理・料金徴収をする新会社6社(東日本,首都,中日本,西日本,阪神,本州四国連絡の各高速道路会社)と,4公団の資産と債務を引き継ぐ独立行政法人日本高速道路保有・債務返済機構を設立
▽機構は2005年度の民営化から45年で債務を完済し解散
▽新会社は資金を自己調達して高速道を建設。高速道と債務は完成後に機構に移す
▽政府は常時,新会社の株式を3分の1以上を保有する。外資規制は設けない
▽新会社が発行する社債などに当分の間,政府保証を付与できる
▽東日本会社は東北道や関越道など,中日本は東名道や中央道など,西日本

は山陽道や九州縦貫道などを管轄。首都，阪神，本四は現在の地域を引き継ぐ

▽新会社と機構は，機構に支払う高速道リース料などで協定を結び，5年ごとに変更　　　　　　　　　　　　　　　（日経，2004年3月2日に補足）

　特に注目された株式の国の保有比率は原案が2分の1以上であったのを3分の1以上に切り下げた。また政府保証の可否をめぐっても議論があったのを，結局付けることにした。

　法案の名称は次のとおりであり，
　1　高速道路株式会社法案（「道路会社法」）
　2　独立行政法人日本高速道路保有・債務返済機構法案（「機構法」）
　3　日本道路公団等の民営化等に伴う道路関係法律の整備等に関する法律案（「整備法」）
　4　日本道路公団等民営化関係法施行法案

　公団は「会社」に次のように移行する。

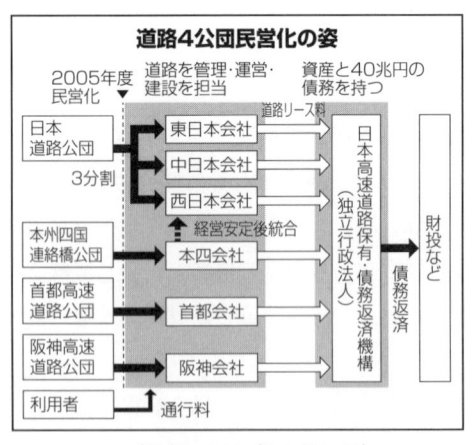

道路4公団民営化の姿

2005年度民営化	道路を管理・運営・建設を担当	資産と40兆円の債務を持つ	
日本道路公団　3分割	東日本会社　中日本会社　西日本会社	日本高速道路保有・債務返済機構（独立行政法人）	財投など
本州四国連絡橋公団	経営安定後統合　本四会社		
首都高速道路公団	首都会社		
阪神高速道路公団	阪神会社		
利用者	通行料		

道路リース料／債務返済

（日経　2004年2月21日）

　全体として核心部分では国の関与を強く認め，関連事業などでは企業に自主性を与えた。与党としてはすでに整備計画の実施に満額回答を得た形になって

おり，国会では野党の批判があっても，予定通りに通過するとみられる。
　しかし計画構想が前節のように決定し，その実施体制が法案のように成立した時，さてそれでは小泉改革が軌道に乗るかといえばそうは望めない。次項にそのことを述べる。

(2) ついに「責任の空白」
　小泉改革が2004年3月に到達した内容は次の3点に要約できる。
　A　達成不可能の計画(20年間に13.5兆円で高速道路2千キロを建設，45年間に負債40兆円の完済)
　B　国の絶対の支配権力
　C　決定権ゼロの擬似「民営企業」

　これらA,B,Cの組み合わせによって国民期待の民営化効果が得られるのだろうか。政・官・業の責任者にたずねたいのはこの質問である。言論界はすでに多くの批判を提示している。首相のいう「株式上場」などできるはずがない。
　今回の改革に特に注目されてきた債務の処理と新会社への経営主体性の付与については前進がなかった。それどころか，投資だけが国の意思で進めば負債の増大になりかねない。
　改革法案が国会に上程され，首相の説明のあった翌日，日経社説は早くもこの点を指摘し，憂慮を述べた（日経3月31日）。多くの国民が同じ思いであっただろう。

真の道路公団民営化へ抜本修正を
　道路公団民営化関連法案の本格審議が衆院で始まった。債務返済より高速道路建設を優先させるこの法律が成立すれば，将来に取り返しのつかない禍根を残しかねない。私たちは徹底的な審議を通じた法案の抜本修正を強く要求する。
　……

巨額債務は規律を失った政治と行政の結末である。だから新会社を政治と行政の手から本当に独立させることなしに債務の返済ができるとは考えられない。この核心のテーマを避けた法案はおよそ「改革」の名に値しないと私たちは考える。

　今回の法案のおかげでむしろ債務が増え将来，国民負担にはね返るおそれは極めて強い。そうなっては改革を信じた国民は泣くに泣けない。

　さて新体制では，国が主導権を握り，限られた資金枠の中に不可能の工事量を入れ込もうとして，国と企業との間に摩擦衝突がくりかえされよう。それによって企業側が強権に泣き寝入りして赤字を積み上げ，その後に開き直って計画を返上するか，それとも着工せずに開き直って返上するかのいずれかになる。

　その過程では道路族議員と国土交通省との間に交渉がくりかえされる。しかし現に資金がないというとき，いかに政治権力で計画を押し付けても，結果は借金の積上げか，工事の遅延でしかない。

　その混乱はかつて1970年代から80年代前半に国鉄において経験されたことであった。何よりの参考例は日本列島改造の大投資を唱えた田中内閣が，国鉄対策に無策のまま退場したことである。

　今回も同様に上記 A, B, C の3条件の下に発生する状況には首相といえども責任の取りようがない。誰も収拾の責任を負えないという意味で「責任の空白」が発生しつつある。国民にとっては大変困ったことに，工事の虫食い状態が全国各地にさらに増加する。

　したがってその解決には小泉改革に代わる次の改革をただちに必要とする。

(3) 民営化4法案の印象

　本章のしめくくりとして法案への私見を述べておきたい。なお政令省令はこれからであり，以下はその前の印象である。法案の文書だけからは，これが「小泉改革」かと目を疑う。「民にできることは民で」といっていたはずの趣旨がどこに生きているのだろうか。民営化推進委員会の田中・松田両委員の辞任

まず，企業の主体性・自主性がどこにあるのだろうか。条文を読む限りでは国の意志が強く支配している。「機構」と「会社」が協定を結ぶといっても，背後には国の目が光る。「上下分離」は，どちらが上か下かは別にして，二段重ねと思われやすいけれども，国・機構・会社の三段なのである。

国と会社との関係だけを見れば，別表のように，特に他部門の例に比べて国の監督が厳しいとはいえない。しかし両者の間に機構が介在するので，このような比較だけでは実際の動きを予測はできない。

会社と機構との関係は，会社を表面に押し出した形で次のイメージのように説明されている。本来は大臣の許認可を上にしたいところであろう。

現実に業務がどのように運営されるかは，各業務に就任する個人の識見による。一般には資金を持つところに強さがある。かつて国鉄が自立採算を堅持し

民営化会社などの政府の関与

	政府の株式保有比率	外資規制	社債への政府保証	取締役の選任	事業計画	関連業務の実施
道路四公団	3/1以上	×	○（当分の間）	代表取締役を国交相が認可	国交相が認可	限定なし（事前届け出制）
JR各社	なし	×	○（当初5年間）	代表取締役を国交相が認可	国交相が認可	限定なし（支障がない限り認可）
NTT	3/1以上	○	×	取締役全員を総務相が認可	総務相が認可	認可制
日本たばこ産業	当初は2/3以上 現在は1/3超	×	×	取締役全員を財務相が認可	財務相が認可	認可制
関西国際空港会社	1/2以上	×	○	代表取締役を国交相が認可	国交相が認可	認可制

（日経　2004年3月9日）

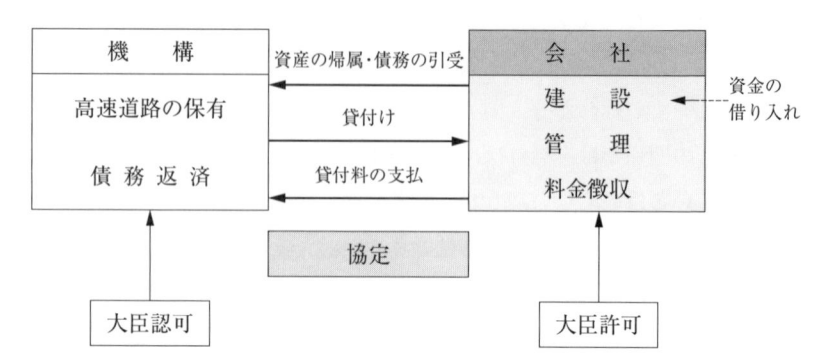

【会社と機構による事業実施のイメージ】

```
┌─────────────────┐  資産の帰属・債務の引受  ┌─────────────────┐
│     機　構      │ ←──────────────────────  │     会　社      │    資金の
│  高速道路の保有 │         貸付け           │     建　設      │ ←  借り入れ
│                 │ ──────────────────────→  │     管　理      │
│   債 務 返 済   │      貸付料の支払        │    料金徴収     │
└─────────────────┘ ←──────────────────────  └─────────────────┘
         ↑                   協　定                    ↑
    ┌─────────┐                                  ┌─────────┐
    │ 大臣認可│                                  │ 大臣許可│
    └─────────┘                                  └─────────┘
```

ていたころは政官への出入りは少なくてすんだ。今度は道路の新会社がどれだけの力を持つのか、発足とともに明らかになろう。

　第2に、機構が資産保有の所有者としての権利義務が部外との間にどのように扱われるかである。差し当たりすぐにもおこるのは、事故・災害のとき所有権者が当事者としてどのように行動するのかである。被害者からは訴えられるし、それは店子(たなこ)の会社だけの責任としてはすまされない。特に阪神大震災のような大災害の場合は、復旧・再建は所有者の責任は大きい＊。

　　＊委員会意見書は「機構は必要最小限の職員で運営するため、その所有する資産管理等の事務処理を新会社に委託するなどの方策をとる」とされていた。しかし国民の財産をこのように借り手にまかせることは許されない。

　機構は民事・刑事の一切の責任問題に対応できるように、全路線に要員を配置し、常時の管理と不測の事態への対応に備えねばならない。

　第3に、機構および会社の財務の数字が公表されないまま法案が審議されるのは、運営不可能の体制を作るおそれが大きい。国鉄改革ではまず資産・負債、収支などの数字が確認された上で法律が制定された。その順序を後先にするのでは、この改革の成功は望めない。ただちに次の改革が必要になる。

第Ⅶ章　展望と提言
──「永久有料制」こそ唯一の解決

　道路公団民営化はようやく法案審議の段階に入り，2005年には新組織が発足する。しかしそれが形だけの民営化であり，改革の実態を伴わないことはすでに述べてきたとおりである。

　ここではまず今回の「小泉改革」(政府・与党案)についての賛否の意見を取り上げ，当面の展望を試みる。道路公団改革には小泉首相への「幻想」は消滅しつつあるといえよう。民営化の二つの必要条件(企業経営の自主性と債務返済)を不明確にしたからである(第1節)。

　次に，本来望ましい民営化はどうあるはずであったかを述べる。2004年体制をさらに改革していく出発点としてである(第2節)。

1　小泉改革への国民の評価と展望

(1) 評価項目への配点に間違い
政府・与党案の評価を巡る対立

　2003年12月22日，政府・与党案が前述のとおりに決まった。その内容を守旧派・道路族が高く評価するのは当然として，小泉首相もまた「民営化推進委員会の意見の8割がたは入れた」と改革の実現を自賛した。改革派の急先鋒とされてきた猪瀬委員も「69点」と高得点をつけた。理由は，分割・コスト削減・料金の引き下げが実現でき，民営化会社の自主性も確保できたというものである。

　一方，この日小泉首相に抗議の辞表を提出した田中一昭委員長代理や松田昌士委員は，「民営化委員会の意見書の骨格を覆すもの」，「基本的フレームが(民

営化委員会の意見書と)全く違う」と批判した。後日,「今後は委員会への出席を拒否する」とした川本裕子委員も「政府・与党案は民営化とは呼び難い」と評した。

新聞は,「惨めな挫折」と社説を切り出した『日本経済新聞』や,「何のための民営化か」と問うた『朝日新聞』を始めとして,政府案への手厳しい批判が相次いだ。

今後とも高速道路の建設が続行できさえすれば,道路公団がどうなろうが関心はない道路族の賛成は暫く置くとして,首相と猪瀬委員が大きな前進あるいは大変な成果と評価した。その案が他方では酷評されたのはなぜであったか。

理由は評価の視点が違うこと以外には考えられない。道路公団改革という問題のハッキリした対象に評価の視点が食い違うなどということは信じがたい話だが,現にそれが生じている。遠因は,2002年12月に,今井委員長の辞任騒動まで引き起こしてまとめられた,民営化推進委員会の意見書にある。

意見書は,道路公団改革の目的を掲げておきながら,その手法としての民営化にあたっての課題の実施策をあいまいなままに残したのであった。民営化だというのに,保有・債務返済機構を介在させる「上下分離」とし,かつ公団方式の「償還主義」と「プール制」を温存したのである。

道路公団改革を「民営化」と方向づけたのは小泉首相であり,そのための民営化推進委員会は「必要性の乏しい道路をつくらない」「国民が負う債務を出来る限り少なくする」解として「民営化方針が決まった」と述べた(『意見書』の「改革の意義と目的」)。

その「基本認識」には次の4項目が示された。

(1) 公団方式による高速道路の建設は限界
(2) 経営の自律性の欠如
(3) 事業運営の非効率性・不透明性
(4) 厳しい財務状況

これらのうち特に民営化を強く要請するのは(2),(3)であった。(4)はむしろ(2),(3)の結果といえる。(1)の解決は国の直営しかない。

したがって「民営化の基本方針」はこれら(2)，(3)の解決として民営化を言ったものと考えられ，それにふさわしい民営企業とすべきであった。ところが「新たな組織のあり方」を「保有・債務返済機構」設置の上下分離とした。民営化としては不徹底なこの体制は新会社が機構から資産を買い取るまで続くのであり，買い取りは「10年を目途に」行なうこととされていた。ただしそれ以上の具体策は示されていない。この案が今回さらに改悪された。また料金収入の流用禁止が示されていたのも無視されたのである。

政府・与党案は，民営化推進委員会の意見を尊重したようでも，この最重要部分は無視して，上下分離は民営化が終わるまでの45年間永続としてしまった。このようにこの案から民営化の実態が失われたのに対し，残った部分を理由に民営化と評価する見方と失われた部分のゆえに民営化の名に値しないとする見方とに分かれたのである。そこに評価の視角の誤りが存在した。

評価視角の取り違え

道路公団民営化は，郵政改革とともに，小泉首相の「構造改革」「行財政改革」の最重要部門と位置づけられてきたのであり，今回の案はこの構造改革・行財政改革の趣旨をどの程度に実行できるのかによって評価されるべきであった。

小泉首相の行財政改革から見た場合，道路公団改革に課せられた問題は次の2点に集約される。
1. 行政改革として＝民に出来るものは民に任せる
2. 財政改革として＝道路公団の借金を減らす

民営化推進委員会の意見書はこの課題に次のような方策を提示していたのである。
1. 「民に出来るものは民に任せる」手法について
　　道路公団の資産を引き継ぐ「上下一体」の普通の民間会社を設立し，上場を目指す(10年以内に限り，暫定的に「保有機構」を設ける)
2. 「道路公団の借金を減らす」手法について

料金収入はすべて債務の返済にあて、いかなる形でも赤字道路の建設にはあてない

　この2点から見たとき、今回の案は新会社を新しい独立行政法人の子会社としており、したがって評価に値しなかった。また通行料収入を建設に流用することでも、値しなかった。

　二つの重要部分が無視された以上、田中委員長代理が、それは小泉改革の名に値しないとしたのは当然であった。次項にそのことを述べる。

(2) 残された2割が基本
《裏切られた盟友》田中委員長代理の印象的発言

　政府・与党案が決定した2003年12月22日、民営化推進委員会の田中委員長代理は小泉首相に辞表を提出した。それに先立つ12月2日、同教授は官邸で小泉首相と会い、委員会の意見が尊重されなかった場合は辞任するとして、以下のような文書を首相に手渡していた。

道路関係四公団民営化について

平成15年12月2日
田中一昭

1．小泉総理が、「民営化推進委員会の意見を『基本的に尊重する』」とされたことは、昨年12月17日の閣議決定をより明確にされたことで高く評価。

2．ポイントは、「基本的に」の中身。それは、『民営化推進委員会意見書』(2002年12月6日)の骨格部分を遵守すること。

3．具体的には、
- 新会社は経営の自主性を持つこと(効率性・経営責任確保、上下一体)。
- 債務の早期着実な返済
- いかなる形においても保有債務返済機構から建設のための資金を還流させない

　(必要性の低い、債務の膨張につながる有料道路建設の停止)。

- 地域分割。
- 料金引下げ。

4．しかるに，11月28日に政府与党協議会に提示された国土交通省案のうち，民営化推進委員会意見に沿った案以外の案（B，C案）は，「民営化推進委員会意見を基本的に尊重する」という総理の方針に反するもの。これらの案は，今回の改革の本旨が「民営化」であるにもかかわらず，民営化ではなく，民営化に名を借りた「建設促進案」。委員会意見は，新たな会社は，「民営化を前提とした新たな組織であり，採算性が確保されること」（委員会設置法第2条第1項）を念頭にまとめたもの。そもそも，それら（B，C案）は，委員会審議において捨て去られたもの。国土交通省の姿勢は民営化推進委員会無視（ということは，総理無視）といわざるを得ない。

5．したがって，上記3．の5点を含んだ案とするよう，国土交通大臣を指導していただきたい。そうでなければ，委員会意見は無視されたことになり，民営化推進委員会そのものが不要であり，委員である意味はないので，職を辞すこととしたい。

以上

このとき，小泉首相は田中教授に対して「20年来の付き合いだろう。おれを信用しろ。俺はぶれていない」と手をとって断言したと言う。しかし，小泉首相は3週間後，この20年来の盟友を裏切った。裏切られた田中教授は，この文書で予告した通りに辞任したことになる。そのさい，慰留する小泉首相と次のような会話があったという。

　小泉「いま辞めるということは小泉改革に反対することだ」
　田中「これ（政府・与党案）は小泉改革ではない」

今井委員長の辞任のあと，事実上の委員長として民営化推進委員会を代表してきた田中教授が，「これは小泉改革ではない」というのである。田中教授は，2002年暮の意見書こそが「小泉改革」を道路公団に適用した基本的枠組みであり，その精神は12月2日に小泉首相に渡した5つのポイントにあり，それが実現されない政府・与党案では「小泉改革」にならないとしたのであろう。

しかし，政府・与党案はこの5ポイント全部を否定したわけではない。だからこそ，小泉首相や一部委員が「改革の成果」を自負ないし評価するという結果になった。その点からすると，12月2日の田中文書はポイントを平板に並べてしまったきらいがある。実際，12月22日の小泉首相との話のなかで，「民営化推進委員会の意見書の8割は実現した」という首相の主張に対して，「(実現されなかった)残りの2割が重要なのだ」と反論したと言われる。その重要な2割がなんであるかは，12月2日の文書からだけでは読み取れない。政府・与党案で何が実現されなかったかを見ることによって始めて分かる。

それは以下の2点であった。
- 新会社は経営の自主性を持つこと(効率性・経営責任確保，上下一体)。
- いかなる形においても，保有債務返済機構から建設のための資金を還流させない(必要性の低い，債務の膨張につながる有料道路建設の停止)。

これこそが民営化推進委員会の基本中の基本である。実際，12月22日の記者会見の中で，田中教授は，「(実現されなかった2割の部分なしでは)政府・与党案は砂上の楼閣」であると批判した。

先に，小泉首相の行財政改革から見た場合，道路公団改革に課せられた問題は次の2点に集約されることをみた。

1．行政改革として＝民に出来るものは民に任せる
2．財政改革として＝道路公団の借金を減らす

民営化推進委員会の基本中の基本の2点，そして田中教授が「これなくしては砂上の楼閣である」とした2点は，これらの2点を言葉を換えて表現したものに他ならない。それが政府・与党案では放棄された。このことをさして田中教授は「政府・与党案は小泉改革ではない」と言ったのである

政府・与党案は何点か

田中教授が「これは小泉改革ではない」とした政府・与党案であるのに，一部委員は，「優」ではないが，「不可」でもなく，「良」と「可」の中間点とか，「69点」とか評している。これは問題の配点を間違えているからであろう。民

第Ⅶ章　展望と提言──「永久有料制」こそ唯一の解決　229

営化推進委員会の意見書を受けて、政府・与党案で解答しなければならない問題が10個あったとする。このうち、小泉改革の具体策としての「民に出来るものは民に任す」手法と「借金は減らす」手法に対する配点が全体の6割を占め、その他の8つの問題に対する配点が40点（1問5点）であるような出題であったと思えばいい。

田中教授はこの最重要問題に対する解答が「白紙」であったから、これは解答になっていないとして、「これは小泉改革ではない」と判断した。しかし、小泉首相はその他の8つの問題には答えたから、「8割は実現した」と胸を張った。政府・与党案を「69点」と言った民営化推進委員は、10個の問題が全部それぞれ10点の配点だと思い込んでいたのであろう。

だから評価が食い違う。しかし、配点は均一ではないのである。それは改革とは本来どういうものであるかを考えればすぐわかる。改革は「既得権」を剥奪するものであり、血が流れるものである。だから難しい。しかしそうであるからこそ、「自民党をブッ壊しても改革をやる」と宣言した小泉首相に国民は期待した。その観点から見れば、12月2日の田中教授の文書にある5つのポイントのうち、次の2点こそが「既得権」を剥奪し、血を流すことになるものであった。

- 新会社は経営の自主性を持つこと（効率性・経営責任確保、上下一体）。
- いかなる形においても、保有債務返済機構から建設のための資金を還流させない（必要性の低い、債務の膨張につながる有料道路建設の停止）。

最初の点が実現すれば、もはや国交省による新会社の支配も、新会社の事業に対する政治の関与も不可能になる。第2の点が実現できれば、新規の高速道路の建設は、それが採算にのらない限り、税金でやるしかない。高速道路の建設スピードは大幅にダウンするであろう。だからこそ、これら2つの問題には、その2問さえ解ければ合格点が与えられ、解けなければ即不合格になるくらいの重みがある。

今回の政府・与党案は、この問題にゼロ解答であった。だから、「既得権」は完全に擁護された。誰も血を流さなかった。道路族は高笑いし、国交省道路局

はほくそえんだ。分割やコスト引き下げや,料金の引き下げは,実は誰も困らない。実のところ,「上下分離」で経営責任があいまいなままでは,コストの引き下げも料金の引き下げも,お題目や最終的に国民負担に終わる可能性がある。その程度のものだ。

しかし,この実態が理解されたとはなおいえない。小泉首相は新年になっても,「道路公団民営化は民営化推進委員会の意見を尊重している」と主張し,改革の路線に変化はないとしている[1]。一部の委員の主張もそれを擁護しているものとなっている*。小泉首相は自身の「行財政改革」を本当に理解しているのか。あるいは意図的に捻じ曲げているのか。そして,この小泉首相の主張がそのまま受け入れられることになるのかどうか,それとも,政府・与党案の「反改革性」が暴かれることになるのか,次項にそれを展望することにしよう。

*猪瀬,大宅の2委員は,田中,松田の辞任後も,正式の委員会としてではない懇談会を開いている。

(3) 当面の展望
民営化推進委員会の空中分解＝終焉と小泉首相の人間性

7人で発足した民営化委員会は,2002年12月意見書を取りまとめる段階で意見の対立から今井委員長は委員長を辞任し,その意見に同調していた中村英夫委員とともにその後の委員会を欠席している。

今回は田中委員長代理と松田委員が辞任し,委員は5人となった。さらに,政府・与党案を批判した川本委員も今後の委員会をすべて欠席すると通告した(出席見込みは2人)。

2度にわたる分裂劇の結果,民営化推進委員会は空中分解し,事実上終焉を迎えた。小泉改革の目玉として,鳴り物入りでスタートした民営化推進委員会は,小泉首相の指導力不足をあからさまにし,今回の政府・与党案が民営化推進委員会の意見書が示した基本的枠組みと大きく異なることを示しただけで終わった。

小泉首相はこのことだけでも,責められるべきであろう。この事態を捉えて,

第Ⅶ章　展望と提言―「永久有料制」こそ唯一の解決　231

『毎日新聞』（2003年12月25日）は「社説」で「私たちはそろそろ小泉改革の賞味期限が切れたと考えざるを得なくなった」としている。「丸投げ」を批判されつづけてきた小泉首相は，この委員会の空中分解＝事実上の終焉に対して，一体どのような弁明を行うのか。田中，松田両委員の辞任，川本委員の出席拒否をどう受け止めるのか。この中で，2003年12月2日に田中教授が小泉首相に提出した文書をどう理解し，一体いかなることを根拠に，田中教授に「俺を信頼しろ」と言ったのか，そして小泉首相が了解した政府・与党案でもって，田中教授の信頼に応えられると本当に思ったのか，そういったことがすぐに明らかになるだろう。これは，小泉首相の人間性にかかる問題でもある。彼が本当に人間として信頼に足りる人物であるかどうかが，ハッキリしてこよう。

国会での論議

小泉首相は「民に出来るものは民に任せる」としてきた。そして「民営化する以上は上場を目指す」とも国会で答えた。今回の民営化法案はこの発言に応えるものでなければならない。しかし，政府・与党案では，道路4公団の資産と債務を引き継ぐ，独立行政法人が設立されることになっており，しかも，民営化推進委員会の意見書とは違って，45年間にわたって存続する。政府・与党案を批判する川本委員は「新しい特殊法人ができただけ」とする。「民に出来るものは民に任せる」という基本方針と明らかに矛盾する。道路公団の民営化のために何故，新しい特殊法人が必要なのか。何故10年間で廃止して，資産を民営化会社に引き継がせられないのか。このような組織で，いかにして「政治の関与」――それが赤字道路の膨張を招いた――を防ぐことができるのか。そのことに論理的に対応できる内容を盛り込んだ法案作成は容易ではあるまい。

上場については，政府・与党案でも，「将来，上場を目指す」とされた。しかし，

1．民営化会社が，基幹的経営資源を国の機関である独立行政法人に握られ，リース契約でも極めて弱い立場にあること
2．基幹的経営資源である高速道路は45年後には無料開放され，そこからの

　　　　料金収入はなくなること

を考えれば，そのような会社が「上場」できるとは，およそ考えられない。将来における「上場」の可能性を法案で準備することは事実上不可能であろう。

　コスト削減を法案の中にどう盛り込むかは，民営化会社の経営責任とその裏返しとしてのインセンティブをどう明確にするかということにかかる。2002年の半年間の民営化推進委員会での議論の中で明らかになったことは，経営責任とコスト削減のインセンティブのない公団という組織においてはコスト削減は実行可能性がほとんどないということであった。民営化にあたっては，これをどう担保するかが極めて重要な課題となる。

　単に民営化するだけでこのことが担保されるわけでは，勿論ない。それは，今回の政府・与党案の先行事例ともいえる東京湾アクアラインの実態をみれば簡単にわかる。東京湾アクアラインは資金調達と建設の実施を民間会社に任せて行われ，完成後資産と費用は道路公団に引き継がれた。今回の政府・与党案と同じである。しかし，東京湾アクアラインの建設コストは当初の1兆1,500億円から1兆4,400億円に膨れ上がった。すべての費用を道路公団が引き継ぐ以上，民間会社には費用の節減のインセンティブは生じなかったのである。そしてこの先行事例は，償還計算という机上の計算さえできれば，どんな赤字道路でも建設が可能になることを示している。

　これまで道路公団はまがりなりにも「上下一体」であった。そこでさえ，経営責任がない場合は赤字道路の建設が続くことが2002年の民営化推進委員会の議論で明らかになっている。政府・与党案では，「上下分離」であり，経営責任はいっそう不明確になる。当初予定どおりの建設費で完成させることが不可能になったとき，建設費の増加分は誰がどのように負担するのか。東京湾アクアラインと同じように，独立行政法人がかぶるのか。請け負った民営化会社の負担になるのか。これを明確にする必要があり，後者であるとすれば，これは日本の全ての公共事業の請負形態にも影響を及ぼす問題をはらんでいる。前者であるとすれば，また「親方日の丸」のまま，赤字道路の建設が続く。どちらにしても，法案作成は困難を極める。

第Ⅶ章 展望と提言—「永久有料制」こそ唯一の解決

もう一つ大きな問題は「道路公団の借金を増やさない」という課題にどう応えるかである。政府・与党案では高速道路にかかる債務は「非拡大」とある*。しかし，民営化会社が大規模な高速道路を完成してそれを独立行政法人に引き渡した瞬間に債務は一気に拡大する。典型例は第二東名であり，これが完成したとき，債務の規模がいまより大きくならないという保証はどこにもない（第Ⅵ章第2節注(1)参照）。

* 「機構の有利子債務については，高速国道および本四道路に係るものは，それぞれ民営化時の総額を上回らないものとし，」とされている（基本的枠組み）。

有能な官僚たちはこの多くの困難を克服するかもしれない。おそらくは，1問5点の配点しかなかったような軽い問題を10点であるかのように見せかけて，本来最も重要な問題であった諸点をあいまいにする法案を作成し，また議論の多くを「将来の課題」として逃げるのであろうが，それは問題の先送りに過ぎない。国会での議論の中で，これらの問題点が全て暴かれるであろう[2]。

そして何よりもハッキリするのは，このような法案を提出する小泉内閣の「反改革」姿勢であり，この法案によって実現される道路公団の民営化が名ばかりの民営化であって，「小泉改革」としての「道路公団改革」ではないということである。

道路公団の当事者としての対応

日本道路公団の総裁は2003年11月，民間経営者出身の近藤剛に代わった。近藤総裁は就任当初こそ，永久有料化や「上下一体」を主張して，民間出身者らしいセンスをうかがわせたけれども，自民党の道路族に一睨みされるや，すぐにその主張を撤回してしまった。そして今回の政府・与党案に対しても，「経営自主権は最大限確保された」として，高い評価を与えた。政府・与党案では民営化会社の経営リスクはほとんどない。リスクのない会社に一体どのような経営自主権があるというのか。経営者としての判断能力を疑うしかない。現に政府・与党案には，後述するように財界からも批判の声が上がっており，また，

政治評論家の屋山太郎は，仮に近藤総裁が民営化会社の社長になったとしても，ファミリー会社の社長になるだけだと批判した（「正論」『産経新聞』2003年12月25日）。

国会では近藤総裁も数多く答弁に立つことが予想される。経営者として，経営自主権とは何を意味すると考えているのかを必ず聞かれるであろう。その答えによっては近藤総裁の経営者としての資質が問われることになる。

一方，道路公団職員からは，今回の政府・与党案に対しては，「一体何のための民営化なのか」という声があがっていると聞く。上述の論文において，屋山は「（道路）公団職員の失意落胆は計り知れないものがある」と評しており，それが真実であろう。民営化とは，「政治の関与」を排除し，市場の規律の中で自己責任で経営を行っていくはずのものであったのが，政府・与党案では新たにできる独立行政法人の子会社になるだけなのだからである。

藤井前総裁の圧制の下で耐え，ついに藤井を放逐した，道路公団の改革派職員はこのまま黙ってはいまい。民営化とは本来どういうことなのかを示す反撃が間もなく始まるであろう。

マスコミ，有識者等の反応

政府・与党案に対するマスコミの厳しい論調についてはすでに紹介した。道路公団改革は挫折であり，首相の責任が問われるとし，郵政事業等の他の改革についても深刻な疑問が投げかけられている。政府・与党案を受けた国交省の法案が明らかになり，あるいは国会での論議が進むなかで，マスコミは小泉首相の「反改革性」や「改革意欲の喪失」をよりいっそう批判するであろう。「抵抗勢力との闘い」が唯一小泉首相の国民的人気の拠り所であったのに，その拠り所をもはや小泉首相は失ったことを，今後マスコミは明らかにしていくであろう。今回の改革は改革派に挫折であると同時に，それ以上に小泉政権の深刻な失政となる。

財界の反応も厳しさを増していくだろう。政府・与党案が決定する直前に経済同友会は道路公団民営化に対する提言をまとめた。ロイター通信は次のよう

第Ⅶ章　展望と提言―「永久有料制」こそ唯一の解決　235

に報じている(12月16日)。

　道路公団民営化は，推進委の意見書遵守を＝経済同友会提言　［東京16日］
　経済同友会は16日，……民営化後の組織形態などを検討してきた「道路関係四公団民営化推進委員会」の意見書を遵守すべき，との提言をまとめた。同友会が民営化をめぐる提言を出すのは今回が初めて。
　提言では，道路4公団の改革は「不十分な情報開示のもとで，財政投融資に依存して道路の建設が進み，過大な負債が積み上がるといったこれまでの道路行政の抜本改革を目指したものだ」と指摘。
　民営化後の道路資産の帰属については，新会社が永続的に道路資産を保有するとしているほか，焦点となっている道路建設では，新会社が個別路線・区間の採算に基づいて行うべきとした。
　同日，記者会見した北城代表幹事は，高速道路の整備計画(9,342キロ)の未供用区間，約2000キロの新規建設について，「どこにつくるのか(新会社に)自主権限を持たせるべきだ」と述べ，当面，不必要な道路建設には歯止めをかけ，40兆円とされる道路4公団の債務を優先して返済する枠組みが必要と強調した。
　同友会は提言で，国交省が公表した民営化案のうち，「案―3―BおよびC」*では，建設に歯止めがかからなくなり，国民負担の増加を招くおそれがあると指摘。この案では実質的に民営化ではなく，業務の民間委託に過ぎないとしている。
＊(角本注)図6-1の国交省案

　政府・与党案は，この経済同友会の提言を完全に無視することとなった。経済同友会の批判は新年になってからも続いた。1月6日に開かれた，日本経団連，経済同友会，日本商工会議所の新年祝賀パーティーで，北城代表幹事は「改革のスピードが遅い。道路公団民営化も形ばかりとなった」と批判した(『毎日新聞』2004年1月7日)。政府よりとされることの多い財界からこれだけ明確

な批判が出されることは珍しい。それほど今回の政府・与党案が，抵抗勢力の前に屈服した骨抜き案であったということであろうが，民営化法案が，「民にできるものは民に任せる」，「道路関係公団の借金を減らす」という小泉構造改革の基本線とかけ離れたものであることが明らかになったとき，財界の批判は強まることはあっても，弱まることはあるまい。

　また，これまで道路公団問題について発言してきた多くの有識者も，ほとんどが今回の政府・与党案の批判にまわった。屋山太郎の批判はすでに紹介したとおりであり，ジャーナリストの桜井よしこも，「小泉構造改革は掛け声だけ」，政府与党案は「(道路)族議員への満額回答」(「日本ルネッサンス」『週刊新潮』2004年1月8日号)と断じた。両氏を始めとする有識者の批判は今後さらに強まろう。抗議の辞任をした，田中一昭教授や松田昌士・JR東日本会長も，これまでの経緯を明らかにするとともに，小泉首相の改革姿勢に対する批判を展解することが予想される*。

　＊『文藝春秋』2004年3月特別号の松田・田中対談「〈道路公団〉裏切りの民営化全内幕」参照。

小泉への幻想の消滅へ

　こうしたことからすぐに想定できるのは，「小泉改革への幻想の消滅」である。上述した『毎日新聞』(2003年12月25日)の社説が，「私たちはそろそろ小泉改革の賞味期限が切れたと考えざるを得なくなった」と語ったのは，それを端的に示唆している。

　先に田中教授を，小泉首相に「裏切られた盟友」としたのと並んで，実は今回の政府・与党案決定の過程で，「裏切られた盟友」にもう一人の人物を挙げることができる。2003年9月まで小泉内閣の財務大臣を務めていた，塩川正十郎・前衆議院議員である。塩川は，政府・与党案の作成作業が大詰めに来ていた同年12月8日，官邸に小泉首相を訪ね，民営化推進委員会の意見書を尊重するよう求めた。そのとき小泉首相は，塩川に「何年か後に上下一体にする，と法律に明記させればいいんだろう」「既存道路の料金収入を建設費に回さない

のは原則だ」と語ったという(『産経新聞』2003年12月23日)。しかし，政府・与党案はこの首相発言とは似ても似つかないものになった。結果として塩川は小泉首相に裏切られたことになる。その塩川は，2004年1月8日のTV番組の中で，「有権者も慎重に考える必要がある」と意味深い発言を行っている。おそらく，夏の参議院議員選挙を意識しての発言であろう。抵抗勢力との闘いを放棄した，賞味期限の切れた，小泉首相を総裁に頂く政権政党に対する有権者の判断が，道路公団改革の真の方向性を決めることであろう。

(4) 道路公団改革に国民の責任

　道路公団民営化は，当初は小泉という責任感の強い指導者が言い出したのに対し，周囲は逆に責任感を失い，ついに改革から程遠い法案に行き着いた。なぜそうなったのだろうか。国民はどうしたらよいのか。

　改革の進行を当初から密着取材してきた専門家は過去3年間を回顧し，責任の移動と望ましいあり方について次のように述べる。

無責任ウィルスに蝕まれた道路公団改革（2004.1）

　われわれの社会には「責任量保存の法則」というものがあるといわれる。それによれば，どんな場合においてもわれわれがとる責任量は相対的に決まっており，一方の責任が増えれば同じ分だけ他方の責任が少なくなってバランスをとるようになっているらしい。この法則が恐ろしいのは，責任感の強いリーダーが頑張れば頑張るほど，組織内に「無責任」というウィルスを蔓延させてしまうことである。無責任ウィルスは，意思決定のいろんな場面で発生し，徐々に組織を蝕んでいく。ウィルスが進行するにつれ，組織メンバー相互の信頼は失われ，組織は進むべき共通の方向を失うばかりか，場合によってはその存在意義すら喪失してしまう。この法則に照らしてみると，今回の経過は次のように理解できる。

　道路公団改革は，どれほど無責任ウィルスに侵されたのだろうか。

　まず道路公団民営化を打ち出した当初の段階。改革意欲に燃える小泉首相

が改革を叫べば叫ぶほど，国土交通省は，頑なに現状維持の主張を繰り返し，「特殊法人合理化計画」（2001年12月）において，小泉首相は国土交通省の強い抵抗を押し切って道路公団民営化方針を打ち出したものの，そのことは不幸にも，国土交通省を，改革に対して全く責任を負わない状態に追いやることになり，『この改革は首相が唱えたものだからわれわれは関係ない』とでも言わんばかりに，彼らは終始改革に後ろ向きであった。

次に遅々として進まない民営化推進委員会の審議。委員会が，強い使命感のもと，熱心に議論を重ね改革プランを提言しても，改革の主体たる道路公団も国土交通省も動かなかった。財務諸表隠蔽をはじめとしたサボタージュに象徴される「無責任ウィルス」が其処彼処に見受けられ，結局，委員会は，必要な情報が得られず，資料修正等の瑣末なことにまで手を焼く始末で，本来行うべき生産的な話し合いを十分行えないまま，最終答申をまとめなければならなかった。

そして，小泉首相のいわゆる「丸投げ」。改革のプロセスとして，委員会という特命チームを組織したまではよかったが，その後，議論が混迷しても，首相がリーダーシップを発揮することはなかった。委員会が改革を強く主張しても（あるいはすればするほど），首相からは具体的なメッセージは示されず，委員会は孤立無援を余儀なくされた。無責任ウィルスは，首相の当初の使命感までも挫いたのだろうか。委員会の最終報告は実質的にたな晒しにされ，特命チームはまさに梯子を外された形で，改革は頓挫した。

無責任ウィルスへの対処法は，「協働」であるという。責任過剰の側が自らの過信を戒め，一歩引いた形で責任過小（無責任）の側の参加を促す。あるいは，責任過小（無責任）の側が自ら，できることを申し出，責任過剰に苦しむリーダーの責任の一端を肩代わりする。責任の押し付け合いやとり合いを止めて，一歩前に出る，あるいは一歩退く。言葉にすれば簡単で，誰でも出来そうなことであるが，渦中の人間にはなかなか出来ない。ただ，その簡単なことをしようとする努力が，組織に，共通の進むべき方向を形づくらせ，信頼と秩序を回復することに役立つ。無責任ウィルスに蝕まれる組織を，病

第Ⅶ章　展望と提言——「永久有料制」こそ唯一の解決　239

床から救う一歩となるのである。

　道路公団改革は，多くの場面で無責任ウィルスに蝕まれ，失敗の道を歩み出してしまった。それは，かつて国鉄が破綻に向かった道であり，不良債権にあえぐ金融機関がたどった道でもある。

　今回は皮肉にも，最終的に過度の責任を負うことになったのは，国土交通省である。それまで静観を決め込んでいた国土交通省は，小泉首相の改革意欲の薄れと委員会の混乱に乗じて，反撃に転じ，2003年末，改革を否定するかのような政府・与党案を提出したのである。それは，彼らにとって，『それ見たことか』と溜飲を下げる瞬間であっただろう。しかしそれは，新たな無責任ウィルスが生まれる瞬間でもあった。「責任量保存の法則」に基づけば，その後に待っているものは，「挫折」である。責任を過剰に抱えた国土交通省は，いずれ現スキームが破綻の兆しを見せたとき，その失敗の責任を他に転嫁することであろう。

　では，責任過小の側は誰か。小泉首相であろうか。民営化推進委員会であろうか。否，それは国民ではあるまいか。道路公団改革を挫折させないためにできること，それは，国民の側が，「協働」を申し出ることではないか。道路を今後もつくり続ける，14,000kmの高規格幹線道路網を張りめぐらすという，過度の責任（行き過ぎた使命感）は，いずれこの国までを滅ぼしかねない。その危惧を，そして，そうあってはならないという良心を，国民の側が，国土交通省に，政治に，粘り強く訴えなければならない。それは，道路公団改革を成功に至らしめるだけでなく，無責任ウィルスが跋扈する日本という国を，少しずつ変えていくきっかけになるかもしれない。

　（参考文献：*"The Responsibility Virus"* by Roger L. Martin, 2002）

　以上に述べられたとおり，今度は国土交通省に責任が集中する。ここで重大なのは責任が集中するとその責任者は任務に怠慢になって「無責任」となり，さらに次には「責任の空白」が発生することである。その解決が今後の政策成功の基本前提となる。かつて国鉄改革もそのような過程を経たのであった。

ここで「無責任」というのは責任者がなお業務遂行可能なのに責任を果たさない状態であり，「責任の空白」はその責任者さえ事実として存在しなくなった段階である。制度としてはいても，有名無実なのである。

(5)「無責任」と「責任の空白」を解決しよう
不可能の計画は誰も責任を負えない

前項が教えたのは責任が1か所にかたよるとまず無責任が発生することである。

責任は「権限」のあるところにも存在し，「義務」のある場合もそうである。権力者が強大になると，権限行使に無責任になり，放漫投資に陥りやすい。他面，納税者・支払い者の国民はその負担の増大を過重と感じたとき，支払い意欲を失う。税金や料金の軽減を求め，不買運動にも走る。高速道路を避ける。

ところで権力者側も一枚岩ではない。道路族は既存の計画の達成を求め，小泉首相はまず投資額の縮小を試みた。3年間の議論の末に，投資額を縮小した上で計画は完遂という不可能の妥協に落ち着いた。責任論からいえば，「無責任」そのものであり，誰もこの計画に責任を負うことができない。政策継続が不可能となり，責任のなすり合いが始まる。しかし解決できない。

本書では3年間の議論の末に不可能の妥協に至った経過を「第1幕」とする。次の「第2幕」ではさらに状況が悪化しよう。政治家たちは種々の名目を掲げて投資枠を優先獲得しようとする。全国2千kmにすでに薄く広くと資金がばらまかれていたのが，さらにそうなっていく。それらが開通するころには当初の予測より利用が減少していよう。経営は絶望である。

参考までに前述の1999km＝70区間は進捗率別に，70〜79％＝1，50〜59％＝2，40〜49％＝4，30〜39％＝2，20〜29％＝5，10〜19％＝8，1〜9％＝26，0％＝22なのである。全国の道路族政治家が資金を奪い合ってきた姿がよくわかる。多くの区間が開通時期ははるか先である。

他方また，第二東名のように神奈川県において海老名以西の区間が示されていて，以東は計画にさえ出ていない場合もある。おそらく政・官・業ともに着

第Ⅶ章 展望と提言—「永久有料制」こそ唯一の解決 241

工は不可能とあきらめているのであろう。そこにも国民の意思が示され,政治権力の限界があるといえる。

この状況において小泉改革が資金枠を圧縮した結果がどのように出てくるだろうか。まず第1は工事の長期化である。新会社はつぶれるとは誰も思わない「準公企業」であり,工事のゆっくりは,政・官・業いずれも当然と考えよう。それは資金を抑えた政治が悪いと説明するだけである。ただし政治家の集票のためには完成しない方が好都合ともいわれる。

元来が緊急度の高くなかった区間であり,関係者すべてが無責任に陥っていく。

長期の資金計画は人間の能力を超える

いま解決しなければならないのは日本道路公団では建設資金,他の3公団には経営継続の資金である。国民の関心は前者に集まっている。地域が全国に広がり,金額も大きいからである。

さらに4公団共通には過去債務の問題があり,それをそのまま借り続けるのかどうか。政治の建て前は「無料開放」となっている。今回の妥協では日本道路公団については民営化後45年で債務を完済するのだという。しかし民営ならなぜ「完済」するのかの疑問があるし,またこの完済が高速道路2千kmの投資と両立するのかどうか,説明がなければならない。私見では,くりかえし述べてきたように,両立はありえない。これら二つがこれから議論されよう。

3公団も債務完済とするのかどうか,地方自治体との関係があり,答えはこれからである。これらもなぜそうする必要があるのかが問題なのである。

今まさにこれらの重大事項について特に日本道路公団に「責任の空白」が発生している。

まず現実にいつ,どれくらいの金額が必要か誰が知っているのだろうか。2001年には20兆円,2002年は16兆円,そして2003年12月には13.5兆円(公団3兆円,新直轄3兆円,新会社7.5兆円)とされた。ただしそう伝えられたと感じただけで,情報を追っていても,なぜそうできるのかわからない。2003年11月28日の

発表では1,999km=70区間に2003年以降13兆9,853億円とされていた。その説明には「平均2割を削減した額」と書かれている。ただし第三者には，元の数字がどの程度の確実さなのか判断できない(合計は角本集計)。

いずれにせよ，この種の数字は将来に向かって正確に出せといっても無理であり，およその規模を示すに過ぎない。しかしそうだからといって頭から根拠もなしに抑えつけて成り立つわけはない。今回の数字は着工すればただちに妥当かどうかが判明しよう。

ところで日本道路公団は経費節減と関連事業収入増大とを特に推進するという。それらはいずれも正しいとして，経費節減が首相の希望の水準にまで達成できるのかどうか，私には国鉄赤字時代の悪夢が思い出される。企業内部では士気の低下となり，結局は赤字の累積となった。このとき政・官にあったのは「責任の空白」なのである。時にはそうでない期間もあったけれども，その努力の効果は赤字先送りの中で消えた。

もっと正確にいえば，たしかに現行の制度ではそれぞれの責任者は定められていても，その責任能力を超える事態が発生すれば，もはや責任者はいない状態なのである。一体現在の日本道路公団制度の下でその公団や役職員あるいは総裁が赤字の責任があるからといって，28兆円の処理に責任を負えるのだろうか。

そこで監督行政の責任がいわれる。しかし現在の行政組織にその能力が用意されているとは考えられない。かつての国鉄問題は運輸大臣の処理能力をはるかに超えていた。運輸族の干渉の下で赤字が年々増大したのである。今回は4公団40兆円を45年で返済できるという。しかしそれに今後の投資分を加えればさらに困難が増大する。企業にそれだけの課題を背負わせるだけの計画能力が一体行政にあるのだろうか。新会社からの貸付収入の納入を予定し，債務返済機構は完済できるなどと，今後45年間を予測するのは人間の能力を超える。

将来の可能性の判断に行政の数字は有効でも，その大まかな数字によって企業経営の針路を拘束してはならない。行政にはそれだけの判断能力は備わってはいない[3]。大切なのは実行の主体をつくり，それに一切をまかせることなの

第Ⅶ章　展望と提言―「永久有料制」こそ唯一の解決　243

である。

　道路公団の民営化というのは，そのような主体を作り，それに実行の責任を与えることであった。通常の企業に可能な程度の債務を負わせ，それ以上であってはならない。

　投資計画も同じである。何年間に何兆円で何kmにできるはずという命令を与えるのでは，命令者は実証責任を負うべきである。今後20年間の数字を誰が算定できるだろうか。しかも全路線が赤字という場合，それを企業の形で実行するには無理がある。この意味でも「責任の空白」が発生する。鉄道の例ではJRと新幹線建設の関係がそうであり，JRにその建設責任を負わせることはできなかった。

　今度は新会社の建設した施設と債務を機構が引き取るという仕組みである。しかし，だからといって，何兆円で何kmができるはずとはいえない。それより高い経費がかかるおそれもある。高くても引き取るのでは国の方が限界に達する。機構発足当初の債務額を増加させないで2千kmを建設できるという見込みはどこかへ消えてしまう。このような目論見そのものが架空の計算であった。今回の基本的枠組みによる諸計画は誰も責任の取りようのない「責任の空白」である。国鉄改革＝JR発足の直前の姿に似る。

　その解決はどうしたらよいか。次項にそれを取り上げる。

唯一の解決

　われわれに可能な唯一の解決は，将来に向かって数字を決めて使命を与えるのではなく，将来に行動していく責任主体を設定し，その責任者を選定することである。現有能力の運営も，今後の能力の追加整備もそれに一任する。不具合があれば責任者を交代させ，組織を改編する。

　道路公団のように料金収入による自立採算を前提とした組織については，市場の規制を受けるように新しい主体は民営企業とする。民営である以上は永久有料でなければならない。

　国鉄改革の場合，将来5年間までの収支の予測はあったけれども，それは計

画値や目標値ではなかった*。誰もそのような数字に自信はなく，そのような可能性がありうるとの確認だったのである**。

> *JRの発足をひかえて1987年3月「政府最終経営見通し」は堅実そのものであった。しかし直前に始まっていたバブル経済が需要を押し上げ，収入は5年間伸び続けた。その事前の推定は明らかに不可能であった。しかし次の10年間の予測はさらに困難であったといえる。周知のとおりほとんど停滞だったのである。参考にJR北海道と東日本の数字を示す。
>
> | 〔営業収入〕 | 北海道 | 東日本 |
> |---|---|---|
> | 1991年度推定値 | 936億円 | 16,884億円 |
> | 1991年度実績 | 1,063 | 19,499 |
> | 2001年度実績 | 908 | 19,018 |
>
> (『交通年間1988』交通協力会, p.318,『数字でみる鉄道』による)
>
> **国鉄改革は長期予測がいかに困難かを示した好例である。JR6社の旅客人キロを国鉄再建監理委員会は1983年度に対し漸減と予想した。1983年度を100.0とし1990年度96.0，2000年度93.5とした。実績は123.2と124.8であった。

今回の道路公団改革もそのように考えればよいのであり，当面第1年度が無事順調に発足できるかを確認するだけで足りる。累積債務はとりあえず第1年度は増加しないこととする。

それによって投資額が政治の希望する金額でなければ，新直轄(すなわち国・地方の負担)を増加すればよい。それが不可能であればそれが国民の能力の限界と見るべきなのである。

開き直りに「枠組み」は崩壊

ここで法案審議の第2幕，その実施の第3幕における展開について予想を述べておきたい。前項に述べた解決を政・官・業は理解しないし，新会社に政・官の権力が数字の枠を強制するに違いない。権力は高速道路投資がその想定どおりに行なわれることを期待し，宣伝する。しかしそれは資金枠を根拠なしに切り詰めた数字であり，企業の実施側と対立しよう。

ここで1980年前後に国鉄に起こったと同様の開き直りが発生し定着する(文献5, p.177-185参照)。すなわち政治行政の権力が不可能の政策実施を企業

第Ⅶ章　展望と提言—「永久有料制」こそ唯一の解決　245

に強制したとき企業はそれが不可能と反発し，開き直る。強制するなら資金を用意せよ，資金調達は国の責任と要求する。国鉄の例では1960年代後半から70年代前半にかけての山陽新幹線建設は政治の無理を聞いて大赤字を積み上げ，次に70年代後半から80年代前半の東北新幹線では資金は国の責任という主張を通した。政府はその資本費に伴う経費を自分で引き取るとともに，次の新幹線工事を当分の間凍結とした。

　2004年の法律では，新会社の資金調達の債務は確かに機構が引き取る。しかし「7.5兆円」の枠で特定の区間が建設可能のはずと強制しても，企業は不可能と返上するので，枠は守られない。建設を続ければ7.5兆円を大きく超えていき，債務返済計画が破綻する。それでも建設を強行するのかどうかに国民の批判が集まる。1980年ごろ国鉄改革への関心が盛り上がったのもそのためだったのであり，2004年以後ただちにこの議論がおこる。

　これまで道路公団改革には楽観論が支配してきたけれども，権力が企業を不可能に追い詰めたとき，追い詰められた者の反発は強い。命令しても資金が出てくるわけではない。反発はまず新会社内部で職員の役員に対する開き直りとして発生し，やがて組織内部における建設部門と財務経理部門との対立となり，次に企業をあげて行政との衝突になる。資金不足の分だけ工事は遅れる。

　2003年12月の建設費削減，すなわち10兆円を7.5兆円としたような切り詰めは，権力で強制しても通用するはずがない*。その初年度から反発がおこり，ただちに工事の停滞となる。第3幕の紛争は新会社発足と同時，あるいは発足の前に発生し始めよう。したがって2005年以後は2004年に政・官・業が想定し，国民に説明していたのと全く違った事態の発生となろう。

　＊今回の小泉内閣の切り詰めは，古来の権力者が土木工事に行なってきた暴挙に相当する。江戸時代は木曽川等の治水に江戸幕府が薩摩藩に犠牲を強いた「宝暦治水事件(1753-1755年)」があった。今は東北新幹線の例のように不合理な強制は権力者側に押し戻される。

　注(1) 2004年1月19日国会における施政方針演説では，道路公団改革について，競争原理の導入・ファミリー企業の見直し・日本道路公団の地域分割にふれて4公団の民営化をいい，有料道路の事業費を当初の約20兆円からほぼ半分に

減らすと述べ,「債務は民営化時点から増加させず, 45年後にはすべて返済します」とした。さらに通行料金を当面平均1割程度引き下げることをあげ,「このような改革は, 道路関係四公団民営化推進委員会の意見を基本的に尊重したものであります」と委員会に言及した上で, 法案提出を示し,「2005年度に民営化を実現します」と結んだ。

注(2) なお政府・与党案における「プール制」および「債務返済における『長期固定・元利均等方式』」採用の有無について私見を述べておきたい。まずプール制が解決したとの説があるけれども, 全国プール制は機構が全国各社からの貸付料納入を一括するので, 新会社が複数でも機構においては存続する。

高速道路の料金収入の大半はリース代金として「保有・債務返済機構」に支払われ, 機構で一括管理される。リース代として計上された収入にはもはや色はない。九州の高速道路の収入も全て「どんぶり」になる。機構がたとえば北海道の赤字道路の債務を引き受けたとする。その場合, 機構はこの債務の返済に東名のリース代(もともとは東名の料金収入の一部)を充てることになる。つまり「プール制」は温存されたのである。

次に債務返済は, 委員会の審議途中でも前述図5‐6の左右いずれとするかの議論があった。「長期固定・元利均等」という場合そのどちらかは断定できない。数年ごとの元利均等もありうる。

重要なのは新規建設の資金に機構が関与するのかどうかである。委員会意見書は新会社が資金を調達することとしていた。政府・与党案はリース代収入から新規建設の債務を返済するので, 返済額合計は新規投資の進展により違っていく。元利均等の計算を事前に予定できない。

すなわち意見書では・会社が機構に支払うリース代は, 機構が民営化時点で4公団から引き継ぐ既存債務を元利均等で返済することを前提に設定することとされた。

同意見書では, 機構は「民営化時点で四公団から引き継ぐ既存債務」の返済のみに専念し, 新規の高速道路は新会社の責任において建設することとされ, 建設に伴って新たに発生する債務は全て新会社の負担になるとされた。すなわち, 機構の管理する債務は機構の設立時点で確定することになる。これが, リース代を「長期固定・元利均等」を前提に設定できる根拠である。

しかるに, 2003年, 12月22日の政府・与党案では, 機構は発足後も, 新会社が建設する高速道路の資産とともに, その建設に要した費用の全額を引き受けることとされている。つまり, 新たに高速道路が完成するたびに機構には新たな債務が付加されるのである。しかも, 論理的には, 機構の発足時にはいつどのような額の債務をどの会社から引き取ることになるか不明である。したがって, 前もって「長期固定・元利均等」の債務返済計画を立てること

自体が不可能であり,「それに基づくリース代の設定もまた論理的にありえないことになる。
　機構に新たな債務が増えるたびに,その債務を含めた全体の債務返済計画が見直され,それに伴ってリース代も変わっていくのである。

注(3) 行政がしばしば示すのは答えからの逆算である。45年後に債務完済とすれば,利率や利用量をそれにあわせて設定する。見る者はそれによって答えが出たように誤解しやすい。しかしその手法も今後は通用しにくい。状況はそれほどに悪い。

2　望ましい民営化への提言

(1) 全体の枠組み

提言1　市場に依存・市場を活用

「民営化」というのは企業経営を市場の慣行に従わせ,同時に市場の力を活用することである。公企業は独自の財務方式を用い,そこに策略・詐術が持ち込まれやすい。市場が開発してきたのはそれらが入りにくい制度である。道路公団に代わる新会社は市場に普通の財務諸表を採用すればよい。45年後に「無料開放」するのではなく,「永久有料制」を本書がいうのもそのためである。

　市場の力を活用するというのは資金を市場から調達することであり,公企業についてはその株式の上場によりどれだけの資金を国が入手できるかが肝要である。

表7-1　日本道路公団2000年度仮定損益計算書

(単位:億円)

経常費用	20,125	経常収益	22,211
事業資産管理費	3,464	業務収入	21,092
一般管理費	985	受託業務収入	6
引当金等繰入	5	政府補給金収入	1,008
事業資産減価償却費	6,109	資産見返勘定戻入	22
業務外費用	9,562	業務外収益	83
特別損失	454	収益合計	22,211
当期利益金	1,631		
費用合計	22,211		

日本道路公団の場合，2000年度に表7－1の利益1,631億円を生じていた(経常収益の7.3%)。

　ただし表7－2の貸借対照表では資産28兆7,736億円に対し6,175億円(2.1%)の債務超過であった。

　市場に受け入れられ，株式を上場できるにはこれらの条件をどのように改善したらよいか，これには市場の側の判断が求められる。

表7－2　日本道路公団2000年度仮定貸借対照表

(単位：億円)

資産の部		負債及び資本の部	
流動資産	1,488	流動負債	3,820
固定資産	285,486	固定負債	270,289
繰延資産	761	(負債合計)	274,109
資産合計[a]	287,736	資本金	19,801
		剰余金	△6,175
		(資本合計)	13,626
		負債・資本合計	287,736

(注)　計算は億円単位の四捨五入。
　　　a　原資料は「固定資産合計」。

　比較例としてJR東日本の場合，資本金2,000億円，営業収益15,656億円(鉄道15,351，その他305)，営業外費用2,376億円の規模(1987年度)で発足した(400万株，1株額面5万円)。

　2002年度は営業収益18,994億円(鉄道18,373，その他621)，営業外費用1,732億円であった(『数字で見る鉄道』)。

　株式の上場は次の経過をたどった。

　　　1993年10月　250万株　　10,759億円
　　　1999年8月　　100　　　　6,520
　　　2002年6月　　 50　　　　2,660
　　　　計　　　　 400　　　 19,939

第Ⅶ章　展望と提言—「永久有料制」こそ唯一の解決　249

それによって国は17,939億円の売却益を得た(額面総額2千億円)＊。
＊JR西日本も2004年全株式の売却の予定。売価は額面価格の約8倍の予想がある。

同様の扱いが道路公団にもなされるのが望ましい。

提言2　永久有料の堅持

　市場との関係を保つには企業は永久有料でなければならない。国鉄の分割民営化を唱えたとき，それは当然の前提であり，その可否をたずねる議論はなかった。外国では高速道路も無料。我が国もそうあるべきだとの説があるけれども，人口高密度，交通量も高密度であれば，原因者負担の原則により有料が望ましい。同じアメリカでも東部に1940年代から有料道路制が定着しており，西部からの来訪者が批判の目で見ても，東部にはそれを変更せよとの意見は盛り上がらない(第Ⅲ章第3節注(2)参照)。
　また企業の永続は労使が経営意欲を持つ基本の前提である。JRの成功もそれを当然の前提にしてきたことによる。
　永久有料を前提に自立経営というのが市場に参加できる基本条件であるから，それを望めない路線は別の組織に移さねばならない。新会社発足前にまずその振り分けが必要であり，また今後の開業路線はすべて赤字であるから，国自体の運営によるより仕方がない。その際料金制度を共通にするかどうかは便宜の判断である。
　高速道路はすべて日本道路公団という時代は終わった。その建設は公約と政治がいうのであれば別の方式を作ればよい。目下準備中の「新直轄方式」はまさにその答えである。

提言3　経営の基礎は財務の数字

　道路公団の改革がいわれるのは負債増大の経営に不安があるからであり，状況を適切に表示しない公団財務諸表がまず批判され，次に民間基準の計算をすればどうなるのかが注目された。公団では，一般に経営管理に使用される方式

さえ採用していなかった。

　それを急ぐべきなのはいうまでもないとして，ここで私の提言は，せっかく財務諸表（民間基準）を作っても，政・官・業に読む力がなければ宝の持ち腐れに終わることである。かつての国鉄がそうであり，債務急増の危険を見落としてしまった。日本道路公団の藤井総裁解任の理由の一つが「幻の財務諸表」（第Ⅱ章第1節第4項）であったのも，貴重な教訓である。

　表7－1，7－2の二つを比較して，損益計算書では黒字なのに，貸借対照表では債務超過というのでそれらは公表されなかった。しかし説明をつけて発表しておれば，以後の公団対策論に役立ったはずである。

　私見では，資産は，減価償却と除却を民間基準の扱いとしたため減少し，負債はそのまま残したので，債務超過になった。損益では収入も支出も特に修正しなかったから，黒字を続けたのである（第Ⅱ章第1節第2項参照）。

　十分説明のつく事態に対し世間の疑惑を招く方向に進み，信用を失墜したのは財務諸表の示す警告を読みとる力が欠けていたからであった。企業の再建はまずその是正から始まる。

　ここで今日までの数字の扱い方に一言しておきたい。

　数字は一つの実態の中の仕組み・構造の状況を教える。個人の体の健康が諸機能の計測で示されるのに似る。前述の図3－2，3－3は分析していけば多くのことを示すはずである。

　数字はまた他との比較，過去の自分との比較を教え，警告をも発する。傾向の変化がその好例である。表1－2，1－3，3－1などがそうであった。それらを見れば，1999年度と2000年度との間に断層があったことがわかる。

　数字の隠蔽は企業の戦略戦術として普通に行なわれる。その危険は自分でも実態を見失うことであり，ましてこれまでその方法でよく把握していない者がそこに詐術を入れれば混乱を生じる。日本道路公団において民間企業基準の財務把握をよく理解せず，貸借対照表だけを先に公表し，損益計算書は4日後の発表としたのは多くのことを教える（表2－2）。

　数字にはさらに多くの商品と同様に有効期限があり，現在の傾向がいつまで

第Ⅶ章　展望と提言—「永久有料制」こそ唯一の解決　251

も将来に通用するのではない。図7−1において1990年ごろまでを見ていた人は成長の永続を信じやすかったであろう。しかし90年代の停滞が来たのは周知のとおりである。未来の予測はそれほどにむずかしい。1985年からの10年間に1.86倍（有料道路は1.66倍）であったのが，以後は激しく下降した。

図5−2は2001年にそのことに気付いた人が将来に可能な幅を予測した。未来はこのような態度で望むべきことを示す。しかし2003年12月22日の政府・与党による「民営化の基本的枠組み」では民営化後45年で債権完済と予告した。しかも今後20年間に高速道路を2,000キロ開通させる。

その前提条件の例に70区間の中の8区間が示された（表3−3）。その採算性は金利0であってさえ，「料金収入で返済できる建設費の割合」は100％に達しない。

図7−1　道路投資額の推移（2000年価格）

(2000＝100.0)

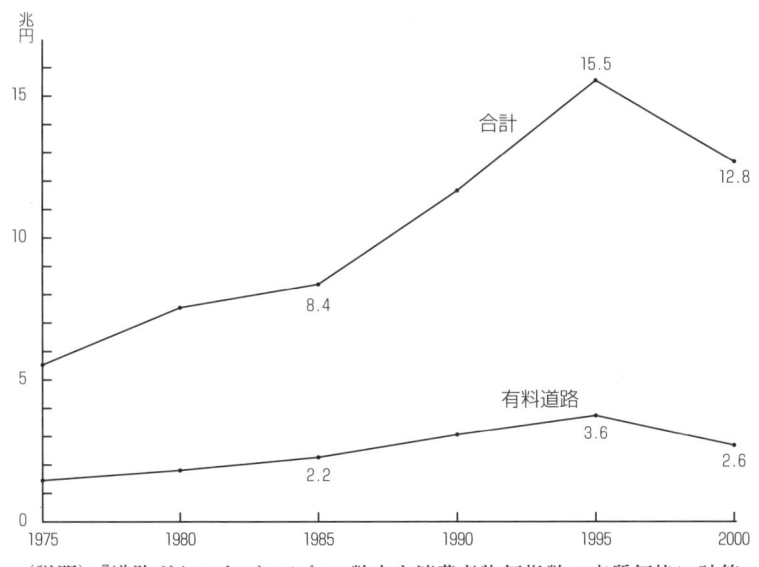

（説明）『道路ポケットブック』の数字を消費者物価指数で実質価格に計算。

このような超長期の予測は，たとえこれらの区間が黒字の想定でもなお危険であり，まして全区間赤字ではそうである。

提言4　地方にできることは地方で――新会社の体制

鉄道の例でいえば，明治末期，全国に17社あった私設鉄道（山陽線，東北線など）を官設鉄道（東海道線，北陸線など）と合併させて発足したのが国有の鉄道企業であり，次に80年余り後にそれを7社に分割した。旅客鉄道は6社への地域分割である。そのJRの経験が参考になったのかどうか，道路公団についても地域分割がいわれるようになった。

もしそれが「地方にできることは地方で」という趣旨に基づくものであれば，その趣旨が生きるように分割されねばならない。それには地方ごとの主体がそれぞれに誇りと責任を感じ，努力する精神を奮い立たせる地域区分とすべきである。これが本書の第4の提言である。

それには各地方が持つ歴史と伝統を大切にするのが基本であり，単に収支の数合わせでは企業の経営精神は育たない。東北と北海道，中国と四国とを一つにする考え方は実例があるけれども，経営困難な方に依存心を生じやすく，共倒れになってしまう。それよりは発足当初に資金あるいは債務負担分割の面で工夫し，後は各自それぞれの自立経営とすればよい。

これに対して道路公団を引き継ぐのは建設主体の企業であるから，建設能力は1社に集中しておき，地方の各新会社は単に道路管理会社とすればよいとの主張がありうる（第Ⅱ章第1節第5項補論）。たしかに鉄道では旧日本鉄道建設公団がそのような性格であった。しかし全国各地に道路が分布し，地方機関や自治体がそれぞれに建設管理しているのを見れば単純に地域分割すれば足りる。しかも今後の建設予定は減少傾向にある。

次に新会社の体制についての私見を述べる。委員会意見書の上下分離，あるいは国土交通省が主張してきた方式，すなわち「返済資金」から「建設資金」への還流はやめ[1]，単純に日本道路公団を9社に地域分割する。その際，負債の分割を工夫して各社それぞれ自立できるように配慮すればよい。

第Ⅶ章　展望と提言—「永久有料制」こそ唯一の解決　253

　なお地域分割については4公団の資産・債務を一括して機構が継承し，その上で地域に分けるというのが委員会意見書であった。しかし歴史の異なる企業を統合するより，それぞれの特殊事情と関係者の責任を明らかにした方がよいと私は考える。本四と四国の企業は一体の方が望ましいとの見方は成り立つけれども，すでに本四の対策が決定しており，それを存続させる方が処理が簡単である。

　また都市2公団と日本道路公団を一体とすればたしかに利用者にはわかりやすくなる。しかしその反面，都市の実情への対応がおろそかになりやすい。広域高密度の市街地では関係自治体の参加が望ましいと思われる[2]。

　以上のように考えて単純に各公団はそれぞれ別個とし，日本道路公団だけを地域分割する。委員会意見書は分割後の会社ごとの自立採算を重視したのであろうが，交通企業として，地域内利用の比率が大きい高速道路では土地の事情に対応する管理が特に大切である。収支の方は別途財務の施策で考えればよい。

　現在の公団の支社組織はそのように工夫されており，役職員もそのように訓練されている。北海道，東北，北陸，中部，関西，中国，四国，九州の8支社に関東を加えて9社とすればわかりやすい（他の3公団とでは12社）。

　その際の財務の調整は次のように考えればよい。まず自立の企業としては，負債が収入額に対して一定倍率以内であり，かつ収入が管理費・減価償却費・除却費をまず支払い，次に利子を支払って，なお負債を返済していく可能性が条件となる。しかし上記の9社には難易の違いがあり，それを次のように調整すればよいと考える。

　すなわち各路線が営業収入によって管理費・減価償却費・除却費を支払いうる限度に範囲を決定し，支払えない路線は一般道路に移す。

　各企業はそれらを支払った後になお利子を支払いうる限度に負債額を決定する。この限度を超える負債は他の黒字線（黒字会社）の負担になるように調整する。（国鉄改革もそうであった。）

　整理していえば路線は次のように

　(1)　営業収入＜（管理費＋減価償却費＋除却費）

(2) 営収＝(管＋減＋除＋利子の一部)
　　(3) 営収＝(管＋減＋除＋利子全額)
　　(4) 営収＞(管＋減＋除＋利子全額)
の4種類に分かれるとして，
　　(1)は一般道路とする。
　　(2)は債務の一部を負担する。
　　(3)は債務の全額を負担する。
　　(4)は他の路線の債務をも負担する。
　一つの企業全体としてこれらの(2)の状態であるとすれば，分割後に(4)の会社に債務の一部を負担してもらう。日本道路公団は2003年度においてなお(4)または(3)の状態と考えられ，9分割して以上の措置を取るのは可能と判断できる。

(2) 改革案の作り方
大切なのは正攻法
　改革は反対派との戦いであり，好機をとらえていっきに進むべきである。その際，力を多項目に分散せず，重点事項に全力を集中しなければならない。
　それには，役に立たない学問や外国情報に頼らない方がよい。対策は算術程度の常識を着実に実施することである。
　国鉄改革——今日のJR体制もそのようにして成功したのであった。それは誰にも理解できる正攻法の進め方だったのである。
　まず数字を調べて何がどの程度に可能かを確かめた。すでに改革決定の前に極端な赤字原因のローカル線と一部車扱貨物輸送の整理に着手していた。それらによる人員縮減も進みつつあった。その上で実態に即した地域分割を算定し，負債の分担方式を決定した。それらの地道な努力が今日の安定経営を可能にしたのである。
　今回もこの手法に学べばよい。首相と担当相がそのように措置するかどうかで一切が決まる。

その際に配慮すべき項目を念のために掲げる。行動の指針である。

A 基本の考え方
　(1) 正義と合理性の理念に立脚する。
　(2) 何が必要であり，何が可能であるかを確認し識別する。
　(3) 人間の能力には限界があり，将来の予測は困難である。将来は幅を与えて計算し，複数の対応を用意すればよい。
　(4) 政・官・業の策略・詐術には特に警戒を要する。道路政策はその好例であった。
　(5) 世の中に奇手妙案はない。民主党の無料化案も実行可能性の地道な検討が大切といえる。
　(6) 歴史と経験は多くを教える。

B 対策の立て方，進め方
　(1) 実態の動きに着目。長期の傾向とともに，特に次の項目には突然の転換に注意。
　　○ 財務諸表の資産と負債，損益
　　○ 建設費および運営費
　　○ 利用量および利用者の動向
　(2) 対策の原則
　　○ 自己責任(原因者負担)の原則(利用者および企業労使)
　　○ 負担の公平・受益の公平(利用者および納税者)
　　○ 将来予測には過信の戒め
　　　超長期の償還計画などは放棄
　　○ 詐術の入りにくい組織構成
　　　民営を優先し，不可能の場合にのみ国・地方の直営

学問にとらわれず

通常の常識では，何かことを成し遂げようとする場合，学界やコンサルタントに知恵がないかとたずねる。そのような人が多い。しかし明日を予想する方

高速道路の評価手法の重み付け

	費用対便益	採算性	外部効果
国交省検討委	39.5	24.7	35.8
民営化推進委	36.1	35.7	28.2
全国知事平均	27.8	22.7	49.5

(注)単位は％。費用対便益などの3項目を，100になるよう数値化している

法は人間にはないし，一時流行した「未来学」への関心は消え去った。あるいは費用便益，費用効果をいう人たちもいる。しかし誰がその便益や効果を予測できるか。

　野球チームが優勝してその効果がいくらだという。しかし特定の百貨店の販売が伸びても，どこか他の店が落ちていては社会としての効果ではない。また1分間短縮すれば何円の節約だといい，高速道路の便益を計算する。しかしその路線が赤字であれば他の利用者か納税者が負担させられる。その可能性がなければ計算の意味はない。

　20世紀後半，新しく学問が進歩したようでも，実際はわれわれの知恵は20世紀初め，国鉄を創設したころと全く違わない。

　最近の話題では今後の高速道路建設の優先順位付けに意見が対立していた。例えば三つの機関の項目別の重み付けが次のように異なるといわれた（産経2003年10月15日）。このような場合，三者の適否を判定する方法はない。

　なお「採算性」は，自立経営の企業の立場ではこのように集計すべきでなく，独立の項目として扱うべき絶対の条件である。

　2003年11月28日の国土交通省案において建設すべき路線の評価に三つの方式それぞれの採点が示された。

　すでに民営化推進委員会の意見書は次のように述べていた。しかし将来の需要量推定は「より信頼性や精度の高い」ことを求めても，現に成功例はない。たまたま一回はあたっても，同じ手法が二度，三度的中する保証はない。委員

第Ⅶ章　展望と提言—「永久有料制」こそ唯一の解決　257

会の文章は具体例を提示しない限り，不可能を国民に要求したことになる。知事たちにも説得できない。

(3) 将来交通需要推計について

　本委員会の調査等により，国土交通省が作成している将来交通需要推計について一部不適切な部分があったことが判明した。当該推計は，長期にわたる予測を行うものであり，今後は，最新のデータ，知見，科学的な根拠等に基づき，社会経済動向等の変化に対応して逐次見直しを行い，より信頼性や精度の高いものとする必要がある。

　ここで私の提言は，将来予測は広い幅をもたせること，それを信じないで柔軟に対応していくこと，当面の経営計画は3〜5年程度にとどめることである*。国鉄改革の際，各社の財務への予想も，5年を超えて10年としていたら，大きな誤差を生じていたであろう。1987発足のJRにバブル経済が幸いしたのは1991年まで，すなわち5年間だけであった**。経済も交通もそのような世界である（前節第5項「唯一の解決」参照）。

　＊図5－2を見れば「正しい予測」がいかに困難かを感じるはずである。
　＊＊JR6社旅客人キロは1987＝2,047億，1991＝2,470億，2001＝2,411億であった。

外国にもとらわれず

　日本文化の特色は，残念ながら外国依存度の大きさである。しかし今日，世界に評価されるのは，やはり日本の特殊条件に基づいて日本人のわれわれが考え出し，工夫したものである。一例として東海道という特殊な人口密集地域があったから，自立採算で建設経営できる新幹線が生まれた。名神・東名の有料制もそうである。事情はアメリカのニューヨーク付近に似る。

　ところが新幹線は「欧米」にさえないのにと反対した人たちがいた。やっと開通が近くなり，モデル電車が走るようになって反対は少なくなった（文献1, 10）。

高速道路の方は1950年代にアメリカ大西洋岸の有料制があって幸いした。さらに我が国は外国に遅れていると絶えず激励された。それどころか次のような文章が最近も配布されている。

　わが国の本格的な道路整備は，昭和29年度の第1次道路整備五箇年計画の発足以来，着実に進められてきましたが，その歴史が，わずか50年弱であり，ヨーロッパが歩道と車道を分離した道路整備を2000年も前から行っていたことと比較すると，格段の差があると言わざるを得ません。自動車台数当りや人口当りの高速道路延長等を対比すると，わが国の道路整備水準は，欧米諸国の水準にまだまだ届いていないことが，わかります。
　一方，わが国社会は，諸外国に例を見ない速さで少子高齢化が進展し，労働力人口の減少，医療・年金負担の増大等によって，社会資本整備に充てることのできる投資余力が小さくなると考えられます。
　したがって，現役世代の割合が大きい今のうちに，本格的な高齢化社会を迎えるまでの準備期間として「道路」という重要な社会資本整備を，急ぐ必要がありましょう。
（日本道路協会『世界の道路統計　2002』）

さてこの文章を読んで読者はどういう姿を想像されるだろうか。
　私が提案したいのは早くこの種の文章を卒業することである。たしかに2000年前ローマ人は歩車道分離のローマ街道を造ったにせよ，その後には長い断絶があり，ヨーロッパ都市の歩車道分離の普及は19世紀からである。
　この種の文章にふしぎなのは「欧米諸国」「諸外国」といった概括である。交通計画，交通政策はすべて地域の事情に対応すべきであり，超広域の一般論は意味がない。

国民に通じる表現を

2004年に入って国土交通省の法案が示された。それまでに前述のように委員

第Ⅶ章　展望と提言―「永久有料制」こそ唯一の解決　259

会の案と民主党の「無料化」案，それに改革派個人の「永久有料化」案とが並んでいた（図5－4）。

　すでに改革反対の代表者のひとりは解任されて退場し，道路族もあからさまには改革反対はいえなくても，なお建設に固執する。

　この段階において，いずれの案が通るかは民主党の主張が加わった以上，それよりも与党の案の方が国民にわかりやすくなければ国会の論戦に勝てない。勝てなくても議員の数で押し通すのでは，やがてその政党そのものが支持を失う。我が国の民主主義もそこまで来たといえる。

　さらにそれよりも，すべての案は実行可能であり，かつ国民には公正・公平であると認められねばならない。この点について小泉首相の判断が特に重要である。

　最後に司馬遼太郎の次の文章を加えておきたい。難解な戦略への戒めであり，本書に取り上げた「政府・与党案」もそれに似ている。なぜ，どうして45年後に債務を完済できるのか，私にはわからない。民営化推進委員会の意見書もまたそうであった。不可能を要求してはならない。

　ちなみに，すぐれた戦略戦術というものはいわば算術程度のもので，素人が十分に理解できるような簡明さをもっている。逆にいえば玄人（くろうと）だけに理解できるような哲学じみた晦渋（かいじゅう）な戦略戦術はまれにしか存在しないし，まれに存在しえても，それは敗北側のそれでしかない。

　たとえていえば，太平洋戦争を指導した日本陸軍の首脳部の戦略戦術思想がそれであろう。戦術の基本である算術性をうしない，世界史上まれにみる哲学性と神秘性を多分にもたせたもので，多分にというよりはむしろ，欠除している算術性の代用要素として哲学性を入れた。戦略的基盤や経済的基礎のうらづけのない「必勝の信念」の鼓吹や，「神州不滅」思想の宣伝，それに自殺戦術の賛美とその固定化という信じがたいほどの神秘哲学が，軍服をきた戦争指導者たちの基礎思想のようになってしまっていた。（文藝春秋刊『坂の上の雲』（三）p.11，砲火）

3行目以下は特にかつての日本陸軍についてである。道路公団政策はそれほどに神秘性はないけれども，道路投資と経済発展や地域開発を結びつけやすい。しかしその「経済的基礎」を欠き，「戦術の基本である算術性を失い」の姿なのである。それを道徳訓や理念で補おうとしても結果は不毛に終わる。役職員に無理を要求してはならない。

(3) 投資半減の時代
改めて「無料化」案の意味
　2003年8月民主党が高速道路無料化を唱え始めたとき，それは有料制に対する無料化であったと同時に，道路投資額の大幅の削減を意味していた。間もなく11月の選挙においてその縮小規模が金額で示された。9兆円の道路予算の枠内に2兆円の公団関係費を吸収するのであった。公団の累積債務はその枠の中で処理していくという（第Ⅴ章第2節第1項）。
　一見無謀に思われ，また有料の方が公平公正とも考えられたけれども，この主張は意外に多くの支持を得た。その最大の理由は国民が道路投資の縮小を望んでいたからである。
　実はすでに1995年ごろをピークに我が国の道路投資（正確には能力拡張だけでなく維持補修を含む金額）は下降に向かっていた（図7－1）。ただそれでも国民の負担が重いから軽くせよというのが一般の要求であった。
　1990年代半ばから今日までの道路関係者の努力はこの下降を最小に食い止めようとの試みであり，投資をめぐって国民の意見が分かれた。政治の中では小泉内閣が初めて国民多数を代表したのである。
　菅民主党代表も別の形でそれに応えようとした。国民としては，投資額の縮小には菅の主張をさらに加速し，費用負担方法は小泉のいう公団民営化を永久有料の形で実現すればよい。著者としてはこれが今後に目指すべき方向といいたい。資金を年金・福祉・治安など他の用途に充当すべき時代なのである。

第Ⅶ章　展望と提言—「永久有料制」こそ唯一の解決　261

もはや道路ではない

　前項に述べた見解に対して政治には有効な反論が見当たらない。高速道路建設についてくりかえされるのはそれは「公約」であり，国は裏切ってはならないというだけである（第Ⅰ章第2節第1項の金子一義発言を参照）。しかしそれならば企業方式に代えて別途の資金源を用意すべきである。国の財政資金をどう使用するかの役割こそ政治の仕事にほかならない。

　国土交通省は新会社からの返済資金の転用を工夫する。しかしそれは債務完済とは両立しない。その唯一の解決策は納税者負担の増加である。すなわち国・地方の直轄か企業への公共助成である。

　次の総選挙までにこの論点に二大政党がどのような対策を持ち出すか。国民として資金枠を大きく抑制した中で，優先順位を政治に決定させ，細く長く投資させていくことになる。もはやそれは整備新幹線と同様に地域への効果は大きくなく，それでも政治が言い張る投資がなされる。空しくてもなおしばらくこの状態が続く。その打ち切りが早く来るのが望ましい。

注(1)　諸井虔（日本道路公団改革本部長，発言時）は上下分離に反対を述べている（読売，2003年11月25日）。
　　「上下分離だと，民営会社の仕事は高速道路を管理するだけになり，経営に工夫を凝らしたり新しいアイデアを取り入れる余地はほとんどない。事業としての妙味も乏しい。民営会社は最初から資産・債務を持たせてスタートしなければだめだ。」（なお序章第2項の諸井の主張を参照）

注(2)　石原東京都知事は首都圏だけの「首都圏高速道路構想」（仮称）を発表している（日経12月13日）。

3　本書の結論

(1) 国鉄改革の成功と失敗に学ぶ

　国鉄改革は成功とされ，今回の道路公団改革には評価が分かれる。私は今一度の改革がただちに必要と考える。

　まず事情は，両者は歴史も問題意識も著しく異なっていた。共通だったのは

いずれも,政府直営でない「公企業」だったことだけである。その公企業も道路公団は政府計画の実施会社＝作業会社に近かった。鉄道事業はそれ自体として自立採算が世界共通の原則であるのに,道路は有料が特例と扱われていたのである。

国鉄が分割民営化をいわれたのは,毎年巨額の営業赤字を生じ,かつ債務を累積したからであり,その原因には①赤字の輸送　②労使紛争による非効率　③赤字投資　④過去債務の処理の遅れがあった。

これに対して日本道路公団の場合は,企業全体としてはなお営業は黒字であり,しかし今後の開業区間がすべて赤字であるから,ただちに対策が必要とされた。その一方で,かつての国鉄でもそうであったように,赤字でも投資せよとの政治行政の圧力が大きかった。企業内部からもそうだったのである。日本道路公団の場合,毎年の収入に対し14倍もの負債が累積したのに,なおこの圧力は大きい。

国鉄と公団にはこのように違いがあり,いずれも国民が強くその解決を望んでいたとしても,その切実さには大きな差があった。それでも改革（＝JR発足）に至るまでには国鉄の赤字は23年も続いたのである。

原因が違い,切実感が違うと同時に,「民営化」という対策を受け入れる対応能力も違っていた。鉄道事業はその発足当初から企業であるのが普通であるのに,公団は減価償却費の観念さえ存在しない経営だったのである。日本道路公団では資産の取得価格さえ記録されていなかった。これからそのような企業体を普通の民間企業にする話なのであり,この面では政・官・業にその意味を理解させるのは容易ではない。

この3年間も財務諸表がないままの机上論が続いた上での対策決定なのである。国民が不安を感じ,また数字が公表されていたのは毎年の収入と債務の規模であった。示されなかったのは支出の内容であり,減価償却費を計上した場合の経費も,資産額も不明であった。そのような企業に巨額の負債が累積し,毎年の収入の10倍を越え,先が心配というので対策論がいわれ,その一つに民営化論があったわけである。

第Ⅶ章 展望と提言―「永久有料制」こそ唯一の解決

　それでは鉄道，道路それぞれにどれくらいまで負債に耐えられるか，企業経営として安全か。これが民営化の第1の論点になるはずであった。ふしぎなことに今回はそのような検討があったのかどうか。注目されたのは，何年後に「無料開放」という期間の議論だけであった。私見は次項に述べる。

　次の論点は，無料開放にせよ，永久有料にせよ，どのようにしてその目標に近づくかである。毎年の収入が2.1兆円の中で管理費等と利子を支払って，1兆円程度あるいは数千億円を返済していくとして28兆円は気の遠くなる目標である。45年で完済という目標が示されたけれども，今後20年間に建設に投ずる7.5兆円の債務と合わせれば債務返済機構にその両立を求めるのは不可能である。企業としては負債返済に全力をあげねばならない。JRの場合は分担した債務の確実な返済に努力し，負債の縮小にも成功しつつある。それが民営化の意味といえよう。

　第3の論点は今後の投資をどう扱うかである。国鉄改革ではJRにはそのような期待はせず，整備新幹線はJRに負担とならない方式が工夫された（最近の投資額は年2千数百億円，過去10年間〈1993～2002年度〉に2.2兆円）。2004年，九州新幹線（新八代・鹿児島中央間）が開通した（第Ⅵ章第3節第2項参照）。

　道路の場合，高速道路2千キロを20年間に13.5兆円で作ると決定された。新会社の7.5兆円はその企業経営に負担とならない仕組みとなっており，おそらく国の負担すなわち納税者の負担で補足する。その意味では新幹線に似ている。新会社は現有の債務の返済に専念すればよい。しかしながら既存の債務を機構が貸付料（リース料）収入で完済し，新規債務も返済するのは不可能と考える。

　現実には7.5兆円では計画どおりの建設はできず，資金を追加するか，工事内容を削減するかの難問も起こる。

　またそれに関連して機構と新会社との協同がむずかしい。かつてJRについても新幹線保有機構を4年半で解消したのと同じ問題を生じよう。

　以上に述べた国鉄改革は一般に高い評価を受けるけれども，その教訓は失敗の部分の方により大きいかもしれない。

その第1は未来の予測である。国鉄改革では過去何回もの失敗にこりて，未来を予測するのは最小にした。再建監理委員会が示したのも，1985年当時得られた実績(1983年度分)に基づき1990年と2000年の輸送量を，それまでの傾向により微減としたことである(第1節第5項)。実績は増加であり，この意味で予測がいかに困難かを教えたと同時に，この予想は当時の国鉄経営者に緊張感を与える効果があった。一言でいえば未来予測は信用してはならない。
　第2は政府が引き受けた部分では債務返済は失敗であった。民営化以後10年間に処理するはずであったのに，かえって負債額を増加させてしまった(文献9，p.163～167)。
　第3に民営化企業としてのJR経営は7社とも自立経営をすでに17年にわたって継続している。存続可能な条件と分野を与えられれば自己責任の経営が成功する例証といえる。
　以上三つの教訓が今後のすべての政策に妥当するとはいえないにせよ，道路公団改革についていえば，まず①10年，20年先の通行量を推定し，それを前提に投資と収支を議論するのは無意味であり，弊害が多い。次に②政府が引き受ける役割は，今回の上下分離では非常に大きく，しかも根拠のない目標値が積み重ねられ，成功は望めない。途中ではさらに政治が介入し，混乱を生じよう。③民営の新会社には民営の名にふさわしい自主性が大切であり，それが与えられなければ，運営と投資が放漫に陥るのは避けられない。

(2) ただちに次の改革を

　2004年小泉首相の目指す改革は成功しない。権力者たちがなお在来の枠組みにこだわり，利権の保全をはかっているからである。民営化の趣旨はそれらをすべて投げ出して新しい体制に将来を任せることであった。そうなっていない以上，今回の形だけの民営化は失敗であり，ただちに次の改革に移らねばならない。
　かつての国鉄改革も同じ失敗を何回かくりかえした。小泉首相はその経験から学ぶべきなのである。極端な失敗は1972～74年の田中内閣であり，企業経営

第Ⅶ章 展望と提言―「永久有料制」こそ唯一の解決　265

に不可能を強制しながら超長期の投資計画を掲げた(文献55)。しかし不可能を強制され続けた国鉄はやがて数年後に東北新幹線についてはその資本費の調達は国の責任と開き直り、この開き直りに国は譲歩するよりなかった(第1節第5項)。

　2004年に進行中なのはそれを思い出させる経過である。根拠不明の数字が「5・3・2(ごさんに)」といった掛け声のように掲げられ、それを強権によって新企業に強制する(第Ⅵ章第2節第1項)。しかも一切の業務を政治行政の支配下に置く。30年前に国鉄がたどった道であり、その間に国民の負債は急増した。権力者たちはそれほどに既得権益に固執したのである。権力者たちは企業にまかせては解決せず、政治行政が介入すれば成功すると思い込んだのであった。しかし権力を振えば振うほど解決は遠のいた。「責任の空白」が今も続く。

　<u>この経験からいえるのは次の4つの基本原則である。</u>

(1) 何が可能であり、何が不可能かの識別

(2) 誰が責任者であるかの責任の明確(自己責任の原則)。事前に数字や目標を決めるのではなく、何が可能か、何をするかはすべて責任者に任せる。大切なのは責任者に可能な範囲を命じること、不可能を命じないことである。

(3) 責任の範囲の限定―①期間　責任者は自己が責任を持ち得る期間について対策を策定すべきであり、20年とか45年という目標設定は人間の能力を超える。それはまた当面の責任の回避を招く。

(4) 責任の範囲の限定―②地域　企業の対象地域は地域相互間の依存心が生じないように狭く設定すべきである。在来の公団方式についていえば(3)は償還主義(すなわち債務の先送り)の弊害、(4)はプール制の弊害の阻止のためである。

　これらの基本原則は、要するに「可能・不可能」を識別する責任を設定することであり、この責任が果たされるように期間と地域とを設定することである。

　重ねて国鉄改革の例でいえば、権力者側が失敗の連続に自信を喪失し、すべてを新企業に任せたときに改革は成功した。なお企業間の損益調整のため新幹

線について設けた上下分離の制度も4年半で解散し,今日の成果となったのである。

さてこのように基本原則をあげたとき,小泉改革2004年がいかに改革でないかが明らかである。それは改革の名の下に過去の利権に固執し,本来の改革をいっそう困難にする反改革でしかない。しかもその不可能を架空の数字(例,7.5兆円)で偽装したのである。逆にそれらの数字を解明していけば次の改革の糸口となる。

可能・不可能の識別では,新会社に巨額の投資をさせながら債務の完済をいう計算の根拠をまず示すべきなのである。

責任の明確では,権力機構がなおすべてに認可制などの手続きによって参加するおそれがある。

期間と地域の不適切はくりかえすまでもない。

それでは日本道路公団を引き継ぐ企業はどうあるべきか,どうすべきかを,最後に今一度述べておきたい。

単純に現在の支社を参考にして複数の新会社を設立し,それぞれに自立できるように財務の面で事前に調整し,以後はすべて各企業の自己責任とする。各企業は運営と債務の返済に専念する。今後の道路建設は,開業後の赤字には一切責任を負わないことを前提に(赤字は国が補償することを前提に)する場合のみとする。

債務の返済は,永久有料の企業として,今後の諸条件の悪化(利用量の停滞・減少,利率の上昇等)に備えて全力をあげる。その際,企業として安全と評価される目標を設定し,当面3〜5年にそれにどれだけ接近できるかという計画を作成実施する。その際の目標設定の考え方はすでに序章第4項に述べたとおりである。

国鉄の経験により具体策の私見を参考に述べる。道路公団については政府も公団も財務の数字を国民に示したがらなかった中で,国民がただ一つ確実に知ったのは収入と負債の実績であった。したがって当面はこれら二つの関係により,今後の方向づけをする以外に方法はない。

第Ⅶ章　展望と提言―「永久有料制」こそ唯一の解決　267

　国民は収入が伸びないのに負債だけが増大するのを不安に感じ，対策を求めた。それでは負債は収入の何倍程度なら安全と感じるだろうか。国鉄の例では黒字の最後の年に1.4倍であり，鉄道業としてはこの程度にもどるのが望ましい目標であった。それに対して民営化論がいわれ始めた1975年が4.0倍，改革2年前1985年は5.6倍に達していた（表3－2参照）。

　それではJR発足の際，なお債務の一部を負担可能とされた本州3社に負わせた債務を見ると14.5兆円であり，それは3社初年度の収入の3.2兆円に対し4.5倍であった（1987年）。理想の1.0倍台には遠くても，この程度なら負担可能とされたのである。

　この2004年に全株式の売却を完了と予定される西日本の場合，当初2.8倍を引き受け，2002年度は1.3倍にまで改善した。国鉄改革が評価されるのはこのような実績による。しかし国鉄改革における今一つの重要部分，JRの分担以外の「負債の返済」は土地売却の停止などの措置が介入し，かえって負債額を増加させた。政治の失敗であった。

　それでは道路公団はどうしたらよいか，私見を述べたい。

　日本道路公団の場合，表2－2で計算すれば，2002年度に負債総額は収入総額の14.4倍であった。時系列で見ることができる表1－3では1995年度が11.5倍，2002年度が13.4倍である（固定負債の業務収入に対する倍率）。

　この場合道路の事業としてどの程度の倍率なら安全と認められるだろうか。その際の判断の基準は収入から管理費等を引いた残りが利払いに十分であるかどうかである（序章第4項）。国鉄では収入に対する営業費の比率が大きく，（収入－営業費）は収入の28.2％であった（1963年度）。これが鉄道業の性質である。日本道路公団では表7－1において（経常収益－管理費）は経常収益の80％であった。表2－3では（収入－管理費）は収入の77.9％であった。

　これらの比較から明らかなのは，日本道路公団の収入は利払いにおいて鉄道事業の2倍以上の能力を持つことである。したがって国鉄改革の際に収入の4.5倍の負債を認められたことから考えて，その1.5～2.0倍の7.0～9.0倍は認められよう。すなわち現在の約14倍の半分余りを取りあえず企業が到達すべき倍率

(目標値)と考える。

　毎年の収入が2兆円に対し28兆円の負債を14兆円分だけ減額するのに，何年で可能であるか。2002年度は1.1兆円の返済でも，金利の上昇があればこの額は減少する。そこで例えば0.8兆円ずつ返すとすれば18年となる。18年たてば企業としても債権者としても安全水域に入る。

　しかしその前に今後数年で今よりも安全になるのが望ましい。この計算では5年後に4兆円減少して負債は24兆円，収入に対して12倍となる。このように地道に努力していけばよい。やがて10数年後には上場できる水準に到達する。本来は国鉄のように負債を国の措置により減額するのが望ましいけれども，財政事情が許さなければ，以上が次善の策となる。

　この間に国が新会社に建設を要請する場合，その結果が企業の負担にならないよう(債務を増加させないよう)に処置して行なえばよい。ここに述べた返済計画を狂わせないことが大切である。

　このことを前提に，本書に述べてきた提言を要約すれば次のとおりである。

　第1に今後の有料道路利用は停滞か減少と推定し，また利率は上昇の可能性を予想する。21世紀半ばに向かって諸条件は悪くなっても良くなることはない。

　第2に民営化は，保有・債務返済機構のような組織は作らず，単純に現在の公団業務を引き継ぐ民営化会社を設置する。

　第3に日本道路公団の新会社は地域別に，現在の支社の配置を参考にして設置する(9社程度)。3公団はそれぞれ1社とする。

　第4に新会社はそれぞれ自立経営が可能なように財務の面で調整する。

　第5に日本道路公団の負債の半分14兆円は可能な限り速やかに返済する。それにはおそらく10数年を必要とし，それが終わるころには企業の返済能力は低下していよう。しかしその後も返済に努めることが望まれる。

　第6に投資は今後の路線がすべて赤字である以上，自己の創意としては行なうべきではない。国の要請があり，国が建設に伴う赤字をすべて補償する場合にのみ行なうこととする。

　第7に固定資産税等についてはJRが当初に受けたと同等の特例措置を認め

第Ⅶ章　展望と提言―「永久有料制」こそ唯一の解決　269

る。

　第8に料金の算定においては利潤を含むものとする。一般に公企業について適正とされる額を認める。

　第9に経費の節減と料金の決定は新会社の決定すべき事項である。

　さて以上の結論は，上下分離の国土交通省案に比べて特に納税者の負担が多くなるわけではない。道路の新規建設の国費の負担も変わらない。この提言の長所は信頼できる民間企業に業務を担当させ，道路の建設運営に「責任の空白」を解消できることである。

参考文献

1　角本良平　東海道新幹線，中公新書，1964-4-30
2　　同　　高速化時代の終わり，日経新書，1975-3-27
3　　同　　国鉄改革をめぐるマスメディアの動向，交通新聞社，1992-3-10
4　　同　　鉄道と自動車 21世紀への提言，交通新聞社，1994-6-25
5　　同　　国鉄改革 JR10年目からの検証，交通新聞社，1996-9-10
6　　同　　交通の改革 政治の改革，流通経済大学出版会，1997-7-10
7　　同　　鉄道経営の21世紀戦略，交通新聞社，2000-5-26
8　　同　　JRは2020年に存在するか，流通経済大学出版会，2001-6-10
9　　同　　鉄道政策の危機―日本型政治の打破―，成山堂書店，2001-9-28
10　　同　　新幹線開発物語，中公文庫，2001-12-20
11　　同　　道路公団民営化 2006年実現のために，流通経済大学出版会，2003-5-20
51　加藤秀樹と構想日本　道路公団解体プラン，文春新書，2001-11-20
52　草野　厚　国鉄改革，中公新書，1989-2-25
53　　同　　国鉄解体，講談社文庫，1997-2-15
54　清水草一　この高速はいらない，三推社・講談社，2002-8-22
55　田中角栄　日本列島改造論，日刊工業新聞社，1972-6-20
56　田中一昭　偽りの民営化，ワック株式会社，2004-2-29
57　並河信乃　検証行政改革，イマジン出版，2002-1-21
58　宮川公男　高速道路　何が問題か，岩波ブックレット No.620，2004-4-6
59　山崎養世　日本列島快走論，NHK出版，2003-9-30

（注）文献10は1の，53は52の再刊。

年表1　1949〜2004年

年	国鉄＝JR	道路公団
1949(s24)	6.1　日本国有鉄道設立	
1956		4.16　日本道路公団設立
1957		5.1　第1回国土開発縦貫自動車道建設審議会開催
1958		10.19　名神高速道路初の起工式
1959		6.17　首都高速道路公団設立
1962		5.1　阪神高速道路公団設立 12.20　首都高速1号線宝町－芝区海岸4.5km供用開始
1963		7.16　名神・栗東－尼崎間71.1km供用開始
1964	10.1　東海道新幹線開業	
1965		7.1　名神高速道路全線開通
1966		7.1　国土開発幹線自動車道建設法制定　予定路線32路線　高速道路総延長7600km設定
1969		5.26　東名高速道路全線開通
1970		7.1　本州四国連絡橋公団設立 ＊70年度東名高速道路収支黒字に転換
1971	11.14　青函トンネル起工式 ＊71年度国鉄償却前赤字	
1972		9.26　道路整備特別措置法施行令一部改正：高速道路プール採算制に変更
1973	＊73年度末国鉄債務超過	11.14　関門橋開通　本州・九州が結ばれる 11.20　田中首相本四架橋工事の延期を指示 ＊高速道路の供用延長1000kmを突破
1975	3.10　山陽新幹線全通	1.11　高速自動車国道料金水準改定認可（初の料金改定実施は4.1） 12.21　本四架橋のうち大三島橋着工
1976		7.2　大鳴門橋起工 ＊高速道路の供用延長2000kmを突破
1978		10.10　児島・坂出ルート起工
1979		5.13　大三島橋開通
1981	3.16　臨時行政調査会設立（2年間）	
1982	6.23　東北新幹線　大宮・盛岡間開業 7.30　臨調　国鉄分割民営化答申 9.24　新幹線新規着工の凍結 11.15　上越新幹線開業	11.10　中央自動車道全線開通 ＊高速道路の供用延長3000kmを突破

年				
1983	6.10	国鉄再建監理委員会発足	3.24	中国自動車道全線開通(縦貫道網が概成)
1985	3.14	東北新幹線上野・大宮間開業	10.2	関越自動車道全線開通(横断道初の全線開通)
	5.15	「分割・民営化の政府方針に従わない国鉄総裁は交代を」(亀井委員長)		
	6.24	仁杉総裁辞任		
	7.26	監理委「国鉄改革に関する意見」答申		
1986	12.4	国鉄改革関連8法公布	4.26	明石海峡大橋起工式
1987	1.30	新幹線新規着工凍結の解除	8.26	「国土開発幹線自動車道建設法」改正 予定路線43路線 高速道路総延長11520km
	4.1	JR発足	7.10	東京湾横断道路事業許可
			9.9	東北自動車道全線開通
				＊高速道路の供用延長4000km突破
1988	3.13	青函トンネル開通	3.24	常磐自動車道全線開通
			4.10	瀬戸大橋開通
1989 (H1)	8.2	北陸新幹線高崎・軽井沢間起工式	5.27	東京湾横断道路起工式
1991	6.20	東北新幹線 東京・上野間開業		＊高速道路の供用延長5000km突破
	9.3	新幹線保有機構解散		
1993	10.26	JR東日本株式上場	11.19	第二東名・名神施行命令
1994			3.17	徳島道の一部区間開通により全国すべての都道府県に高速道路が開通
1995			7.27	九州自動車道が全線開通
			10.19	第二東名起工式
1996	10.8	JR西日本株式上場	10.29	第二名神起工式
				＊高速道路の供用延長6000km突破
1997	10.1	北陸新幹線高崎・長野間開業	12.18	東京湾アクアライン供用開始
	10.8	JR東海株式上場	11.3	北陸自動車道全線開通
1998			3.30	第二東名・名古屋南－東海間供用開始
1999			5.1	西瀬戸自動車道開通(本四3ルート完成)
2002	12.1	東北新幹線盛岡・八戸間開業		＊高速道路の供用延長7000km突破
2003	10.1	東海道新幹線品川駅開業		
2004	3.13	九州新幹線新八代・鹿児島中央間開業	3.30	道路公団民営化法案の国会上程

＊戦後日本の交通政策(財運輸経済研究センター)
＊日本道路公団三十年史
＊年報(日本道路公団)

年表2　2002〜2003年　財務諸表を中心に

年	財務諸表	記事
2002	1　「幻の財務諸表」作業開始 6.24　道路関係四公団民営化推進委員会第1回会合 7　「幻の財務諸表」作業完了 8.30　民営化推進委員会「中間整理」 10.4　固定資産税算定のための財務諸表作業結果(図1-1右側) 12.6　民営化推進委員会「意見書」小泉首相に提出	6　片桐事務局次長(民営化推進委員会) 8.23　片桐上下分離案に反対発言(民営化推進委員会)
2003	 4.26　「直轄高速道法案」成立 5.16　朝日新聞「幻の財務諸表」の現存を指摘 6.9　民間企業並財務諸表の概算値発表 6.13　民間企業並財務諸表の公式発表 7.10　片桐論文(文藝春秋8月号)亡国の総裁退陣要求 7.14　衆議院行政監査委員会木下委員「幻の財務諸表」資料配布・追及 7.18　扇国土交通大臣6月公表の財務諸表の「監査」実施を表明 7.22　藤井総裁の更迭を求める委員会決議 7.25　公表の民間企業並財務諸表は「監査」の価値なしとされ,「検証」に決定 8.7　「幻の財務諸表」の現存を確認(公団) 8.10　文藝春秋論文第2弾(日本道路公団「改革有志」) 8.29　公表の民間企業並財務諸表の「検証」の結果,特に問題なしと判断 9.2　扇国土交通大臣は藤井更迭の理由なしと表明 9.5　扇国土交通大臣は公団作成の財務諸表に納得と表明 9.10　文藝春秋論文第3弾(日本道路公団「改革有志」)	1　片桐道路関係四公団民営化推進委員会事務局次長から日本道路公団本社総務部調査役へ復職 3　片桐にフランス行き打診 5.8　藤井からフランス行きの話あり　拒否 5.19　片桐人事部長に最終的に「不同意」を伝える 5.22　週刊新潮に藤井激怒,急遽6.1付片桐異動を指示 5.23　6.1付　四国支社副支社長内示 6.1　片桐四国支社副支社長 6.16　改革派3職員(片桐の元部下)地方転勤 7.10　公団平井民営化総合企画局長の反論会見 7.25　片桐を民事裁判に提訴 　　　藤井総裁初の記者会見,幻の財務諸表の存在を否定 8.1　片桐四国支社調査役に降格 8.22　片桐の刑事告訴 9.1　片桐への民事裁判第1回 9.22　小泉改造内閣発足

2003	10.5 石原国土交通大臣と藤井総裁の会見 　　　（5時間）　辞任を求める 10.6 藤井辞表を提出せず 10.7 解任手続きとして聴聞の日時通知 10.17 聴聞(9時間)　藤井の要求により公開 10.23 藤井は圧力を受けた政治家名を発表 　　　（週刊文春） 10.24 藤井解任	11.9 衆議院議員選挙 11.19 第2次小泉内閣発足 11.20 日本道路公団総裁に近藤剛就任 11.27 日本道路公団は片桐・文藝春秋への 　　　訴訟取り下げ 12.1 改革派3職員本社異動 12.22「民営化の基本的枠組み」（政府・与 　　　党協議会）

著者略歴

角 本 良 平（かくもと　りょうへい）

1920年　金沢市に生まれる。
1941年　東京大学法学部卒業。経済学博士。
同　年　鉄道省入省。運輸省都市交通課長、国鉄新幹線総局営業部長、国鉄監査委員、運輸経済研究センター理事長、早稲田大学客員教授、帝都高速度交通営団管理委員などを歴任。
現　在　交通評論家。
著　書　「新・交通論」、「交通研究の知識学」、「交通の風土性と歴史性」、「交通の未来展望」、「交通の政治システム」（以上、（日通総研選書）白桃書房）、「現代の交通政策」（東洋経済新報社）、「国鉄改革をめぐるマスメディアの動向」、「鉄道と自動車 21世紀への提言」、「新幹線 軌跡と展望」、「国鉄改革 JR10年目からの検証」「鉄道経営の21世紀戦略」（交通新聞社）、「鉄道政策の危機」（成山堂）、「交通の改革 政治の改革—閉塞を打破しよう—」、「交通学130年の系譜と展望—21世紀に学ぶ人のために」、「常識の交通学—政策と学問の日本型思考を打破—」「JRは2020年に存在するか」「道路公団民営化　2006年実現のために」（以上、流通経済大学出版会）ほか多数。

自滅への道　道路公団民営化 II
（じめつ　みち　どうろこうだんみんえいか）

発行日	2004年4月25日　初版発行	
著　者	角　本　良　平	
発行者	佐　伯　弘　治	
発行所	流通経済大学出版会	
	〒301-0844　茨城県龍ケ崎市平畑120	
	電話　0297-64-0001　FAX　0297-64-0011	

Ⓒ R. Kakumoto 2004　　　　　　　　　Printed in Japan／ケーコム
ISBN4-947553-31-6　C1031　¥3000E